超 越 复 仇

BEYOND REVENGE: THE EVOLUTION OF THE FORGIVENESS INSTINCT

迈克尔·E·麦卡洛（Michael E. McCullough） 著

陈燕　阮航　译

中国人民大学出版社

·北京·

导 论

INTRODUCTION

关于复仇与宽恕的三个朴素的真相①

2001年10月26日凌晨，25岁的钱特·马拉德正驾车行驶在位于沃思 xiii
堡正东南的州际820公路上。刚参加完一个漫长的晚会，她要回家了，但
仍处在亢奋的醉态。身体的疲惫，加之体内酒精、大麻、迷幻药等多种物
质的作用，让她判断力下降，反应迟钝。因此，她无法保持足够快的反应
去控制将要发生的事情。就在绕着马蹄形弯道拐向287公路的时候，马
拉德的车正好撞上昏暗的高速公路边的一个行人。那人名叫格雷戈里·
比格斯，是一名失业的泥瓦匠，年仅37岁。由于反弹，比格斯被抛在马

---

① truth 有"真理"、"真相"、"事实"等含义，国内最常见的译法是"真理"。但就本书的
内容看，作者用 truth，主要意指从社会心理学或道德心理学的角度来说明的某个人性事实。而
"真理"在中文语境中往往让人联想到哲学或形而上的层次，理论规范的意味较强。译为"事实"，
则理论方面的意味又嫌弱。出于以上考虑，本书将之译为"真相"，以突出其"作为事实"的含
义，表达较弱的规范意味。本书脚注均为译者所做，此后不再一一说明。

拉德的引擎盖上，头和上身穿过挡风玻璃，落到了副驾驶座的车底板上，双腿仍被挡风玻璃卡着。

药品的作用、喧闹的响声、破碎的玻璃，一开始马拉德被这些东西搞懵了，甚至不知道有人卡在玻璃上。当她意识到是怎么回事后，就从287公路的溪村出口驶出，停好车，下车看能否提供些帮助。但一碰到比格斯的腿，她又慌乱起来。由于还受药物影响，处于不清醒状态，她想不出下一步该怎么办。于是她不顾比格斯还被玻璃卡着，继续驾车回家，将车开进车库，并关上了车库的门。就这样，马拉德让比格斯待在车库里流血至死。比格斯曾一再乞求马拉德帮帮他，但马拉德作为一名助理护士，坚持认为她无法为他做任何事，于是听任他死去。后来的法医可以证明：比格斯如果得到及时的医疗护理，几乎肯定能在这次车祸中存活下来。

第二天上午，马拉德在家里和男友约会，而车子以及比格斯的尸体则留在车库。夜幕降临后，她和两位朋友一起，将尸体丢弃在附近的公园里。一名知情者向警方透露，马拉德后来还就这次事故开过玩笑。

警方过了好几个月才收到线报，追查出马拉德。马拉德被拘后受审，以谋杀罪被判处50年监禁。在听审会上，格雷戈里的儿子布兰登有一个机会作受害人影响陈述①。但他并没有利用它来请求尽可能严厉的判决，而是对法庭和马拉德的家人说："此案无胜者。就像我们失去了格雷一样，你们也将失去女儿。"布兰登接着说道："我仍要将宽恕给予钱特·马拉德，并且要让她知道，我在为马拉德一家祈祷。"[1]

像这样的宽恕行为当然令人吃惊，但布兰登·比格斯的表现并非绝无仅有。1995年4月，蒂莫西·麦克维制造了俄克拉何马城的默拉联邦大楼爆炸案，23岁的朱莉·韦尔奇遇害。其后的几个月，朱莉的父亲巴德满脑子想的都是复仇。"爆炸发生后第三天，我看到蒂莫西被人从法庭带出来，

---

① 受害人影响陈述为美国法律术语，指的是关于受害人所受影响之陈述，是在给已被裁决有罪者判刑之前，由缓刑官为准备的一种不公开的官方文件。它旨在向法官说明犯罪行为给受害人或其家庭所造成的影响，以供法官量刑时考虑。

这时我真希望有人拿一把步枪，从高楼上将他射死。我要他下油锅。实际上，我要是有机会，早就亲手把他杀了。"

接连好几个月，巴德都试图用酒精来麻醉自己，以缓解悲痛，平息复仇的渴望，但还是不起作用。于是在 1996 年 1 月的一天，巴德在一次可怕的宿醉之后，回到了俄克拉何马市中心第五街区西北 200 号，即默拉联邦大楼曾经的所在地。就在那儿，他幡然醒悟："接下来的几周，我心中开始平复，最终的结论是，正是复仇和憎恶杀害了朱莉和其他 167 人。由于1993 年得克萨斯州的韦科事件①，蒂莫西·麦克维和特里·尼科尔斯一直敌视政府。明白他们带着复仇欲的所作所为后，我知道得将自己的仇恨引向别处。"

他记得，爆炸发生几星期后他看过对蒂莫西的父亲比尔所做的一次电视访谈。"比尔正在花圃劳作，"韦尔奇写道，"当记者提了一个问题时，他对着电视镜头看了好几秒钟。这时我看到了这位父亲深藏痛苦的眼神，当然大多数人是看不出来的。我之所以能看出来，是因为我也生活在这种痛苦之中，并且我知道总有一天得去告诉这位父亲，我确实同情他的感受。"

在一次去纽约州访问期间，巴德与比尔·麦克维及其女儿（即蒂莫西的妹妹）珍妮弗取得联系，要去他们家简短拜访一下。

前半个小时，我们在花园里相互认识。接着我们进了屋子，在餐桌边聊了一个小时。他 23 岁的女儿珍妮弗也在家。进屋的时候，我注意到在壁炉上方挂着一张蒂莫西的相片。在我们就座的时候，我一直端详着那张相片。我意识到，我得就此说点什么，于是我盯着它说：

① 所谓韦科事件，指的是美国联邦调查局打击大卫教派的一次大规模行动。其行动地点在得克萨斯州韦科市，时间是 1993 年 2 月 28 日至 4 月 19 日。起因是联邦调查局拘捕大卫教派教主考雷什，引发大卫教与美国政府间的对抗。联邦调查局动用了大批警力包围骆驼山庄，即大卫教在韦科的总部。双方对峙 51 天，大卫教派无一教徒投降。此后联邦调查局用坦克进攻庄园，庄园突然起火。除九人外，包括考雷什在内的 86 名教徒全部葬身火海。韦科事件被视为美国政府应对邪教组织的一个失败范例。

"我的天，多帅的小伙子啊！"比尔答道："那是蒂莫西高中毕业时拍的。"说着他的右眼就滚出了一颗大大的泪珠。毫无疑问，那一刻，我从一位父亲的眼中看到了他对儿子的爱。

拜访结束，我起身告辞。珍妮弗从餐桌对面走过来，给我一个拥抱。我们哭了起来。我捧起她的脸，对她说："我们三人的余生都会生活在此事的阴影之中。只要愿意，我们就可以作出尽可能好的安排。我不想你哥哥被处死，我会尽力阻止死刑。"

这还不是宽恕，但由此宽恕终究会来。"大约在蒂莫西被处决的一年前，我觉得从内心里宽恕了他。这是一种解脱，与其说是对他不如说是对我。"[2]

本书并非为了介绍如布兰登·比格斯和巴德·韦尔奇一般的似已超越复仇欲的人，而是要寻找宽恕之道。本书也不仅要"探讨宽恕"，还"探讨复仇"。它关涉下列内容：一个悲痛的父亲谋杀了一名应该对其家庭惨剧负责的空管；缺乏法律保护的男女，以复仇作为抵御侵犯的首选方式；为制止外国入侵，政府首脑发布一定要报复的强硬讲话而不留回旋余地，以致有时被迫采取致命的武力；为对抗被视为不正当的外国占领，意图报复的人们抓捕西方人，将之斩首并焚尸示众；一名被剥夺权利的孤独者，觉得受到了体制的虐待，于是将一台巨型推土机改装成进攻工具，以报复给他带来痛苦的人们，将他们的住所和工作场所夷为平地。本书将探讨你曾见闻的各种骇人、卑劣、悲惨的复仇事件。

在更宽泛的意义上，这也是一本研究**智人**[①]这一物种的著作，是一本关于我们自己的书。人们或许乐于作出这样的假设：像布兰登·比格斯和巴德·韦尔奇这样的人拥有某些特性，因而比一般人在同等情境下更能表现出宽恕。但我打算驳斥这一假设。布兰登·比格斯、巴德·韦尔奇就是

xvi

---

① 原文为 homo sapiens，该词是拉丁文，原意为"聪明的人"。智人是现代人作为一种人种的学名，即全部现代人所在的属和种。

普通人，与一般人没什么分别。我写这本书的目的，并不是想解释是什么让像布兰登·比格斯、巴德·韦尔奇这样的"超级宽恕者"显得与众不同，而是要说明我们可以怎样去改变这个世界，以使更多的人能够表现出像他们一样的行为。

我还要挑战如下的观念：那些有复仇冲动的人或多或少是有缺陷的、病态的，或者是有道德缺失的。的确，有些复仇者受到严重的心理疾病的困扰，但大多数并非如此。我们或许会凭直觉认为，平常了解到的作出恐怖的复仇行动的那些人总是有些另类。但从根本上说，他们与你我并没有什么不同，大多数情况下，他们之所以不同于我们，是因为他们的生活环境以及他们认为为维护自身利益而可供支配的手段。如果能换个时间、地点或者置身于不同的境况，那个用推土机的伙计可能与我们任何人没有两样。

本书是为如下的读者而写的：他们想搞清楚，人类令人鼓舞的宽恕能力以及令人发指的报复倾向从何而来；他们不想接受所有关于宽恕之力的 *xvii* 貌似虔诚的表白，以及所有关于复仇之毁灭性的空洞说教；他们想弄明白，人性的真实面目是什么。

本书也是为那些想要改善这个世界的人们而准备的。

当然，理解世界与改善世界是两个相关联的目标。你如果真的想致力于创建一个更美好的世界——让世界宽恕更多而复仇更少，就得了解关于宽恕与复仇的三个朴素的真相。

真相一：复仇欲是人性的一种固有特征

社会科学与生物科学经过一个世纪的研究，揭示出一个至关重要而又令人不安的真相：复仇的欲望是正常的，是人性中的一种固有特性。也就是说，在这个星球上，每个神智健全的人都具备产生复仇欲的生理机制。未产生过复仇念头的人，即便有也极少。复仇欲的潜在破坏性及其表面看来的不明智，可能让我们对上述事实熟视无睹。但如果从进化论的视角对复仇进行科学考察，我们就会达成一致的结论：寻求复仇的意愿在人类祖先那里就服务于重要的职能，而今天它仍然在那些重要职能的许多方面发挥作用。我们还可以观察到，复仇的习性并非严格限定于人类：它在动物王国随处可见，并且其他动物与人类的复仇动因也相似。另外，归功于最新的科学研究，现在我们能够描述在寻求复仇时大脑实际上要达到的目的，也能够知道有哪些文化、社会和生态因素会让复仇更可能发生、且发生得更猛烈。我们如果能更好地理解复仇的自然属性、复仇所服务的职能、诱发复仇动机的因素，就能以更好的方式去改善世界，使复仇更少，使其破坏性更小。

xviii

真相二：宽恕的潜能是人性的一种固有特征

申言复仇是真实的、常规的、根深蒂固的人性特征并不意味着宽恕就是我们用文明贴上的一层薄薄的外衣，以遮掩那根本上说是残忍而令人不快的复仇之心。这种想法大错特错。事实上，你一旦使用进化论的观念来考察过去一个世纪关于宽恕的研究，就会得出如下结论：我们的宽恕潜能丝毫不逊色于复仇习性。与复仇习性一样，人类的宽恕潜能为我们的祖先解决了进化中的关键问题，并且今天仍在解决这些问题中发挥作用。而且它与复仇习性一样，绝不是人类所独有的。灵长动物、海豚、土狼、山羊和所有鱼类等很多种动物，都能作出某些非常类似宽恕的行为。以进化的观念来考察也有助于我们明白，人类要有一颗宽恕之心需要些什么，哪些文化的、社会的和生态的因素，能促使思维系统作出宽恕的决定。关于进化的思考还有助于我们设想运作"宽恕本能"的新途径，以帮助解决今天人类在个体、社会，甚至地缘政治方面所面临的某些挑战。

真相三：要让世界宽恕更多而复仇更少，
不要试图改变人性，而要改变世界！

就其本身而言，人性是数十亿年来生物进化的产物，其具体内容取决于基因程序。换句话说，它简直就是被锁定的。

有一个乐观悖论是：我们逐渐固化的、经由进化发展而来的被基因掌控的人性，对于环境来说又是活跃的、丰富的、高度敏感的。人性之本质在于帮助人们调适自身行为来适应不断变化的环境！这种灵活性与环境敏感性意味着，我们的行为虽然无可选择地基于人性，但仍然可能让这个世界有更多的宽恕、更少的复仇。如何做到呢？让人类栖居的社会环境（家庭、近邻、社区、国家、半球以至整个地球等等）之中激发复仇的因素越来越少，而激发宽恕的因素越来越多。帮助人类适应各种状态是人性所支持的一个功能，我们沿某个方向来改变这些状态，就会导致更多的复仇；而沿另一个方向引导则会有更多的宽恕。因此，你只要把握了左右人类复仇欲与宽恕取向的各种状态，你的家庭、学校、工作场所及社区就会多一些宽恕，少一些复仇。

我希望更深入地思考如下问题：作为物种之一，我们是谁？改变我们及社会的前景如何？在这个小小的星球上，以宽恕来改善我们的生活之可能性有多大？作为这一大胆探索的开始，让我们先就如下说法的含义略加思考：存在着如此这般的人性——作为一系列心理的与行为的倾向，它们源于自然选择的提炼与塑造，受到生活环境的培育与激发，并对于确定我们的想法、感受以及行为产生深刻的影响。每个个人的复仇与宽恕习性，并非由于文化、抚育、好或坏的生活经历而创造出的新的东西，而是作为物种生就的一部分天性。

目 录
Contents

（索引请参考 http：//media. wiley. com/product ＿ data/excerpt/6x107879775/
078797756x-2. pdf，本书在页边提供了原书页码。）

第一章　让复仇与宽恕复归于人性

对于人性的重大问题，人们争论的兴味似乎永不消退。人类有自由意 1
志吗？抑或其实是无依无助地受着无法控制之力的摆布？我们的行为在何
种程度上是文化的产物？又在何种程度上源自人类在本源性的存在状态下
的生物学事实？如果没有诸如父母的教养、宗教、文化、政府等教化因素
的影响，人们将如何行为？我们仅仅是一种非常聪明的动物，抑或还有别
的某种东西将我们造就成独特的人类？其中最首要的是：从根本上讲，人
类是善的还是恶的？

围绕"我们根本上是善的还是恶的"这个问题的争论无休无止，而
1996 年出版的两本书让我对此问题重燃兴趣。它们之所以激起我的好奇
心，部分原因在于，其提出问题的方式不是通过考察人类，而是通过研究 2
某些与我们最具亲缘关系的灵长类动物。在其著作《天性善良》（*Good
Natured*）中，灵长类动物学家弗兰斯·德·瓦尔（Frans de Waal）运用
案例研究的方法，结合自己几十年的研究成果提出了如下观点：人类从其
早已灭绝的始祖那里所继承的，不只是贪婪、欺诈和对权力的渴求，还有
各种道德水平很高的行为方式，比如：建立并施行有益于群体的规则，让
贫困者分享其财物，同情不幸者，安慰受苦者，并对慷慨者感恩图报。从
德·瓦尔的观点看，作为生物遗传的结果，我们的人性既"天生野蛮"，
又"天生高贵"[1]。

这就是答案吗？别忙着定论。对于这一古老的争论来说，德·瓦尔的
叙述确实是一项重要而新颖的成果。但在我的书架上，就在《天性善良》
旁边放着另一本书。它指出，还得讲讲人性的道德清单上"天生野蛮"的

一面，其中非常重要的东西有待说明。在其著作《雄性暴力》（*Demonic Males*）中，哈佛人类学家理查德·兰厄姆（Richard Wrangham）及其合著者戴尔·彼得森（Dale Peterson）承认，黑猩猩拥有德·瓦尔所描述的协作与道德特征，但令他们印象深刻的是，黑猩猩的道德很大程度上是"内群体"性质的。[2]它们似乎有某套对待本族群内部成员的规则，对待其他族群的黑猩猩则大为不同，采取的是另一套冷酷得多的规则。

多年来，人们一直相信，黑猩猩大多爱好和平且温顺（不会做出诸如此类的事：为琐事争吵，因遭受不公而抗议，为争夺族群内的领导权而展开暴力竞争等）。然而其后自然科学家开始公开一个个这样的案例：一个族群的黑猩猩想方设法捕住另一族群的黑猩猩，然后将之残害。此类冲突的血腥后果比如说黑猩猩的尸体，为灵长类动物学家提供了研究线索。他们着手将之汇集，并逐渐得出结论：雄性的青壮年黑猩猩会不时聚集在一起，结成某种类似于"战斗团体"的队伍，其目的是在其领地边境巡逻，3 杀死其他族群的黑猩猩。谋杀通常似乎是碰巧的，即一旦发现依靠己方成员的力量即可制服的陌生黑猩猩，就将之俘虏；但在某些情况下，袭击似乎经过策划，显得更邪恶。

可能发生怎样的恐怖事件呢？以下即是其中一例。20世纪60年代初，简·古多尔（Jane Goodall）开始研究居于坦桑尼亚的凯瑟克拉地区的一个黑猩猩族群。这个族群有15头凶猛的成年雄性黑猩猩，作为单个族群已过于庞大而难以妥善管理。终于，凯瑟克拉族群分离出一个新族群即卡哈马族群，两个族群的雄性数目大致相当。当然，这两个新族群中的个体一度是亲密的伙伴。但分离之后，凯瑟克拉族群与新的卡哈马族群之间的关系变得越来越疏远和紧张，最终完全敌对，而后成为死敌。在之后几年里二者间充斥着劫掠和随机的攻击。卡哈马的雄性以及不少雌性逐一消失，终于在某一天卡哈马族群不再存在。它们被来自凯瑟克拉的旧友灭绝了。

兰厄姆和彼得森将之归因于雄性同盟。他们认为，在黑猩猩的进化历程中存在可追溯的某个时间点，此刻雄性对族群内的其他雄性产生强烈而积极的心理依赖（这被称为**联盟的纽带**）。他们论证说，之所以产生联盟的纽带，正是因为它有助于群体更好地运作。但在增强群体凝聚力的同时，对其他族群的个体之敌意与即时袭击也随之而生。[3]雄性同盟有助于古人猿守住自己的领地，照顾亲属与同伴，但它也产生了对群体外成员的敌意。

人们禁不住会产生这样的联想：凯瑟克拉与卡哈马这两个族群好比《西区故事》（*West Side Story*）中的火箭帮与鲨鱼帮①；或者可比作《蝇王》（*Lord of the Flies*）②中徘徊无助的男孩们，他们分裂为两个相互敌对的群体，一派由猎手杰克领导，另一派的领导者则是文明的守护者拉尔夫。黑猩猩似乎和我们一样，具有结盟的心理倾向，即在群体内形成紧密的组织，并助长对外群体的敌意。当今社会心理学的大量研究都说明，人类对待亲戚朋友和家人持有一套道德规则，对待外人则是用迥然有别的另一套。[4]

只需稍加注意就能认识到，黑猩猩像我们一样将其社会圈子分成火箭帮和鲨鱼帮。我是在 2003 年 10 月的一天意识到这一点的。那天天气凉爽，我在耶基斯国家灵长类研究中心的野外基地观光。它隶属于埃默里大学，其中栖息着两个分离的黑猩猩族群，且正是弗兰斯·德·瓦尔多年来研究的族群。我从书本上了解到黑猩猩具有侵犯性，但仍让我感到惊讶的是，研究中心的这两个黑猩猩群落被完全隔离，甚至它们很可能不知道对方的存在。耶基斯的研究人员力图保持这种状况：两个群落生活在研究中心的大森林两端。我问导游，如果某天下午让两个群落汇聚在一起，那将会发

---

① 火箭帮与鲨鱼帮，指的是美国 20 世纪 50 年代经典音乐剧《西区故事》中的两个少年流氓集团。他们经常挑衅格斗，酿成流血事件。

② 《蝇王》又译《童年无悔》，是英国当代著名作家、诺贝尔文学奖获得者威廉·戈尔丁（William Golding）的代表作，并被拍成同名电影。在这部哲学小说中，作者通过虚构一群天真儿童的荒岛遭遇，来探讨人性的恶这一严肃主题。"蝇王"即苍蝇之王，源自希伯来语 Baalzebub，《圣经》中 Baal 被视作"万恶之首"；英语中，"蝇王"是污物之王，也是邪恶的代名词。

生什么。她瞪了我一眼说道："只能说情况会很不妙。"

虽然几年前就读完了《雄性暴力》，但我并未急于了解详情，之后得知的若干细节引发了我的思考。我在一篇报刊文章上了解到，在加利福尼亚州贝克斯菲尔德市附近，有个名叫"动物天堂牧场"的动物保护区，其中有两头雄性黑猩猩，分别是 16 岁的巴迪与 13 岁的奥利。文章报道了它们如何逃出笼子袭击一名男性游客：在它们被园主的女婿击毙之前，游客的大部分面部都已被咬掉，睾丸和一只脚被撕脱。[5]

德·瓦尔的书名意指黑猩猩（或许包括我们）是"天性善良的"，兰厄姆和彼得森则认为，它们（或许也包括我们）是"邪恶的"。这就恰好为我们思考人性中的宽恕与复仇之所在提供了一个关节点：宽恕与复仇两者或许都具有天生的性质。然而，相较于当今大多数社会科学家、事实上也是绝大多数人思考复仇与宽恕的方式，这一断言意味着一种大为不同的取径。

复仇是种传染病？宽恕是其疗方？

大多数人将复仇欲视为某种无疑是反常的东西，它类似于入侵寄主的病害，能自我复制，而后感染其他的可怜心灵。这种观点其实在西方社会占据了正统地位：复仇是种入侵脆弱寄主（或许是这样的人，他由于陷入困境或童年的不幸，而削弱了对该病的抵抗力）的传染病，它释放毒素，从道德、生理与心理方面毒害寄主，而后爆发出对于复仇者及其复仇对象的破坏性效应——有时它从一个寄主传播到另一个，最终其爆发规模达到流行病的程度。西方的这种正统复仇观，我称之为复仇的**疾病模式**。

复仇既然被视为肮脏、危险、可传染的，谈论它也就成了禁忌。即使是在愤怒、义愤填膺、充满报复欲之时，我们也不敢用复仇之名来为报复的正当性辩护。这是由于害怕由此就显得小气、卑劣、不道德、不成熟，或者说就是十足的邪恶。在其《野性的正义》（Wild Justice）（为数不多的质疑复仇疾病模式的书籍之一）中，苏珊·雅各比（Susan Jacoby）写道："无论多么的不现实，我们都更安心于宽恕与释怀的观念，而不安于复仇在公私领域的现实状况。复仇被视为来自蒙昧状态的不安回声，并不可避免地让人联想起人类秩序的脆弱。"[6]

上千年来，复仇的疾病模式一直是西方思想中的标准思考方式。这一诉求部分地源自西方最有影响的宗教传统。基督教与犹太教的圣典以及流行的虔敬都强调这种观点：宽恕是在做善事（它们也有属于其自身的、称赞和鼓励报复的方式，这一点留待第十章再讨论）。[7]西方世界最伟大的戏剧家、散文家和小说家们，也让复仇的疾病模式成为惯用的处理手法。比如说，许多古典悲剧以及伊丽莎白时代的诗歌与戏剧，就充满这样的情节：血腥复仇就像埃博拉病毒一样流播。[8]

如果说西方的宗教与文学设定的复仇疾病模式仍是动态的，那么西方社会的治疗学观念就将此模式固定下来并持续至今。心理健康执业者的作用，曾限于预防和处理心理失衡、鉴别与培养知识才能、帮助退役军人完成从战地生活向文明生活的转变。而如今的心理健康专家则宣称，其覆盖 *6* 了包括复仇在内的所有人类行为。心理健康专家追随医学模式，将诸多不如意的行为都概念化为病态，由此他们在 20 世纪就能有资格颁布复仇的疾病模式。

事实上，以前的精神病学对复仇的讨论并不多，直到 1948 年，著名的精神分析学家卡伦·霍尼（Karen Horney）发表了名为"复仇的价值"（The Value of Vindictiveness）的论文。在文中霍尼阐述了复仇欲如何使得人们一时甚或终身失去理智，并发展成一种慢性病："这种冲动能够成为主导一生的情绪，而让其他包括自利等一切都处于从属地位。所有的才智和精力因而都致力于一个目标，即成功地复仇。"[9]霍尼甚至认为，那些复仇冲动被抑制的人，可能会出现诸如头疼、腹痛、疲劳和失眠之类的症状。总之，复仇欲产生的心理毒素非常厉害，足以致病。

毫不令人惊讶，霍尼的观点得到了热烈的回应。因为只要读过西方的文学经典（霍尼的大量引证源自于此），任何人都会熟悉这种观点。复仇就是患者体内某处出了问题的明证，因而应作为一种异常来治疗。这一观念现在已确立得如此牢固，以至于人们很少加以反思。甚至于心理健康专家都视其真实性为理所当然，而无须经验的验证。

例如，《英国精神医学杂志》（*British Journal of Psychiatry*）上有篇文章题为"随被谋杀或误杀的丧事而来的精神问题"（Psychiatric Problems Following Berearement by Murder or Manslaughter）。它将人们经历亲人被杀之后的"偏执性寻仇"描述为常见的"诊断类型"之一，其伴随症状是创伤后紧张性失常、严重抑郁、焦虑性失常。[10] 在另一项研究中，科学家们考察了科索沃的阿尔巴尼亚人的心理健康状况，当时这些阿尔巴尼亚人正经历科索沃战争中最具暴力性的几场事件。科学家们认为，重要的是要估量其调查对象对于塞尔维亚人的憎恶与仇恨。[11] 我并不是说，估量受害群体的憎恶与仇恨不重要，或者偏执性寻仇**不**是人们在亲人被杀后的通常表现。相反，这些反应即使不普遍，也有典型性。然而，认为复仇欲是一种病症，甚至更进一步将之视为造成病态或疾病的原因，这仅仅只能作为一种预设。

霍尼以及复仇疾病模式的其他支持者，其正确之处在于将复仇欲与心理病态相关联：报复是精神分析学家所谓有"人格障碍"的心理异常者的诸多特征之一。[12] 而且毫无疑问，就我们在现实世界中所见的、由复仇驱动而作出的最残暴行为而言，其中某些行为主体存在某种形式的心理异常。2007 年 4 月的一天上午，弗吉尼亚理工大学的本科生赵成熙在狂暴状态中枪杀了 27 位同学和 5 位教师，然后自杀。这被不可思议地归因于复仇欲。他确实遭受着严重心理疾病的困扰，以致损害了其现实检验①、道德判断以及同情他人的能力。[13] 但即便如此，这也并不意味着复仇欲导致疯

---

① 心理学专用名词，指的是区分内心幻想与外界现实的认知活动。

狂。一个同等可疑（在赵成熙案件中更显可疑）的解释是：心理异常和情感问题让人们对人际伤害变得敏感，从而难以抗拒当觉察受伤害之时而产生的自然而然的复仇冲动。[14]

更新的研究表明，人们一旦想起过去某人对他们的伤害而产生报复念头，就会血压升高，心率加快。[15]这些发现意味着，长年积怨，会损害心血管系统，转而形成一种心理机制，由此产生的敌对的念头和感受会导致早夭。[16]但这也绝不能证明，复仇欲本身就是一种疾病。在我看来，清扫车库的念头会滋生心血管亢奋及负面情绪，但没有人会认为，准备去清扫车库就是需要治疗的某种疾病或某种形式的病态。但是，疾病模式的威力是如此之强，以致问题一旦被规定为疾病，好心的人们通常就会着手去搜寻疗方。

作为"疾病"的复仇与作为"疗方"的宽恕： 对标准社会科学模式的反思

当代的许多心理健康专家从疾病模式的观点来看宽恕，认为正如疗方之于疾病、解毒剂之于毒药、止痛药之于伤口一样，宽恕之于复仇和怨恨也是最佳"疗方"。一位精神分析学家最近这样来称赞其同事关于宽恕的著作：它"对于治疗情感和心理异常的重要性，或可等同于磺胺剂和青霉素的发现之于传染病的治疗"[17]。近来的另一本书的标题则将宽恕称作"最伟大的治愈者"[18]。但是，与复仇的疾病模式一样，宽恕的"疗方"模式也是错误的。

复仇欲是种疾病而宽恕是其疗方，这一观念之所以在如此多的人看来是如此正确，是因为它如此令人满意地吻合于社会科学中占统治地位的范式——约翰·图比（John Tooby）与勒达·科斯米德斯（Leda Cosmides）所谓的"标准社会科学模式"（Standard Social Science Model）。[19]标准社会科学模式基于这样一种论断，即，人们思维中的一切均来自外部力量对思维的作用，这些外部力量包括：人的一生中所受的激励与惩罚，与关爱者之间的互动及其角色模式，以及特定文化的规范与习俗。人的情感、思想、偏好以及知觉偏差都是文化的产物。当然，黑猩猩的特性或许可以视作"天生善良"或"邪恶"，但人类呢？标准社会科学模式对此的回答是："绝不可以。"

标准社会科学模式有诸多观念根源。第一个根源在于激进的行为主义。从 20 世纪 20 年代直至 60 年代，"认知科学"这一学科领域更强有力地控制着心理学，激进的行为主义也就占据了心理学家的头脑。第二个根源在于文化相对主义。文化相对主义坚信，人类的文化创造完全是出于对其所处环境的回应。它在 20 世纪前半叶统治着人类学家的思想。第三个根源在于这样一种信念，即主导人类行为的原因在于人类文化，而不是人类的生理。它持续控制着社会学家的思想，一直到今天。几十年来，社会科学家们的工作就是在标准社会科学模式的影响下展开的，而这一模式让他们无视关于人性的深刻事实。[20]

最为严重的是，标准社会科学模式让我们相信，不存在任何普遍的人类心理特性。按照标准社会科学模式，作为一名美国人，我如果碰巧看到一名安达曼岛居民现出某种笑容，也无法判断他是否就感到喜悦，因为表达喜悦的面部表情并非普遍如一。怕蛇，更关心自己的而不是他人的孩子，或通过一起进餐来增进友谊，这些也并非人类普遍存在的倾向。按照标准社会科学模式，所有这些特征既不是也不可能成为普遍的。人类纯然是由于获得的经验，才形成其思考、感受及行为的方式；而每种文化都是互异的，因而来自不同文化的人也不同。即使存在着普遍的人类解剖结构——每个人都有一个血液循环系统、一个四室的心脏、一个肝脏，神经系统之上矗立着大脑——也不存在普遍的人类心理。作为物种，人类既不可能"天生善良"或"邪恶"，也不可能有其他特性，因为根本不存在某种我们可以先作出相关概括的"人性"。

复仇与宽恕向人性的复归

尽管标准社会科学模式盛行，并且为"复仇是种疾病而宽恕是其疗方"的奇想提供着安全庇护，但我并不相信，复仇欲就是在"外面某处"，像细菌一样等着侵入脆弱的人类。而下文即将揭示，反对这一观点的论据令人无法抗拒，标准社会科学模式看来也将进入风烛残年。[21]

归根结底，或许关于人的一般概念确实存在。如果存在，那么复仇欲 10 与宽恕能力是否应当占据其中的一席之地呢？我相信答案是肯定的。而如果我的答案是正确的，那它对于说明如下问题具有深刻的意义：我们如何理解复仇欲，控制其毁灭性后果，并帮助人们释怀于旧怨，从而以一种平和而有建设性的方式继续人生。在此，似乎是恰当的时机来重述将要探讨的、关于复仇与宽恕的第一个基本真相：**复仇欲不是某些不幸者深受其害的一种疾病，而是人性的一个普遍特征。它出自自然选择的机巧，并持存至今，因为它适应于人类祖先的生存环境，而人类这一物种就是由此环境进化而成的。**

复仇欲是人性的组成部分，这一观点未必是我的首创。伦理学家约瑟夫·巴特勒（Joseph Butler）大约在三百年前就讲过[22]，作为哲学家及经济学家的亚当·斯密也有类似的看法。[23] 巴特勒、斯密以及与他们持相同观点者运用神学与哲学的论证来支持其论断，而如今要说明复仇是人性固有的特征，我们还有巴特勒与斯密所不具备的两个资源。

第一个资源是，我们拥有一套进化论的概念工具，它们不仅可以解释人性的普遍心理与行为特征，而且能解释人性的普遍生理特征。1859 年，查尔斯·达尔文的《物种起源》一经出版，就播下了生物科学的种子，并终将生根发芽，形成使得人性概念具有科学可靠性的理论。实际上，将进化论用于解释人类行为与心理过程，已开始取代标准社会科学模式。在随后的章节中，我会对进化论作更多的说明。

达尔文对复仇欲谈得不多，但也没有将之排除在自然选择理论之外。在他看来，复仇的潜能事实上是**一切**人和至少某些其他脊椎动物的特性。在其《人类的由来》（*The Descent of Man*）一书中，他写道："我认为现已揭示：人与较高等的尤其是灵长类动物拥有某几种共同的本能。他们都有同样的感官、直觉和感觉——相似的激情、感情和情绪，甚至还有较复杂者，如嫉妒、怀疑、竞争、感激和慷慨；他们习于欺诈且睚眦必报……"[24]

让我澄清一下：并不存在关于复仇的单一"进化假说"。复仇为什么存在于人类的行为清单之中，进化论可能提供的解释有多种。但本书力求提供一种直截了当的解释，即，复仇的潜能是人类的普遍特性，其原因在于，它有助于人类祖先克服威胁其生存与繁衍的社会问题，因而得到了自然选择的特定形塑。

这一关于复仇起源的解释要能成立，人类进化过程中必须发生过两件重要的事情。第一件事是复仇欲必须曾有效地帮助生物体克服特定的**适应性问题**，即来自其所处环境（包括其社会环境）的挑战，而一旦未能克服，生物体繁衍的成功率就会降低。第二件事是个体在寻仇动机上的差异，必须可以通过某种机制而得到传递（进化论专家传统上假定，传递的基本机制是基因遗传。我也这样认为。但文化传递的进程也会在其中发挥作用）。[25]如果选择与传递这两个条件在多代的繁衍中延存，复仇的潜能就可以成为物种的一个特性，即使是像我们这样的物种。关于正统的（且极可能是正确的）基因进化观如何看待怨恨在人性中的位置，科普作家罗伯特·赖特（Robert Wright）有一段恰当的表述："其进化，并不是为了有益于物种，也不是为了民族，甚至也不是为了部落，而只是为了有益于个体。而且实在说来，上述说法也会误导人；这一冲动最终的功能在于让个体的基因信息得以复制……就其起源来说，它并不比如下东西更美好：饥饿、厌恶、贪婪，以及由于其以往的成功而在世代的基因遗传中得以留存的其他任何东西。"[26]

我们今天也许会将复仇视为一个问题（如下一章所述就是如此），但从进化的观点看，它也是一种解决问题的方法（如第三、第四章所述）。*12* 情感学家尼科·弗莱吉达（Nico Frijda）回应了赖特关于怨恨的观点，认为复仇"其本身是通过调整以适应于个体的利益追求。复仇是件可欲的且有时是可实施的、自然而然的事情"[27]。

为理解复仇在人性中的位置，我们的第二个资源是：科学证据提供了大量可观的资料，它们支持着一种具有惊人一致性的解释。这要归功于众多社会科学家、生物学家及计算机科学家多年来对复仇的考察（其中有些是出于进化论的观点，另一些则不是）。要解释复仇欲为什么可能是人性固有的组成部分，其实无须像巴特勒和斯密那样建立基于神本论的或斯多葛式的预设，而是可以通过评估业已确立的科学事实，然后从进化论的观点来解释。经过一个半世纪的发展，进化论已变得更为成熟。

复仇的"事实"与"应当"

你或许开始担心，对复仇的进化论解释可能用来证明，作为一个物种，我们的复仇倾向是正当的。毕竟，进化论已用于辩护从男性不忠到种族灭绝的一切东西。但是，如果仅仅由于复仇**事实上存在**因而就**应当存在**，这种命题被称作"自然主义的谬误"：不可能仅仅从"事实"就推出"应当"[28]。人性含有导致某种行为的倾向，并不就意味着这种行为具有道德正当性或者说可以放纵这种倾向。例如，最近有两位进化论专家推断，某些物种由于自然选择，将强奸作为其性策略之一[29]，但即便如此，这也不会——逻辑上也行不通——在道德上证明强奸是正当的。

与此类似，如果我们的结论是复仇的潜能是任何文化中任何健康的人都具有的本性，那么这一事实也不能用来为复仇的行为作道德辩护。在此我并不是要提议（即使我这么做，也绝不会有人听），我们要突然之间舍弃几千年来的伦理与法律思想，更不用无视弃震撼人心的历史教训，它们为我们寻求控制复仇冲动的途径提供了指导。但是，如果复仇欲确实深植 *13*

于人性，我们就必须了解这一事实。要改善人类的命运，就不能忽视人性的真实状态。

宽恕也是一个经进化而来的人性特征

如果对关于复仇的进化观点有所误解，我们也可能陷入又一种谬误：如果复仇被证明确实是经进化而来的人性特征，我们就可能开始相信，复仇在某种意义上比宽恕的潜能更"真实"或者说是人性的更真实状态。多年来，人的一些积极特性如爱、友谊、忠诚、感恩、诚实、利他、合作、宽恕等等，都被不少生物学家和社会科学家视为人性规则的例外，视为自欺，或者视为在人类残忍、竞争、好斗等真实人性之上的一块遮羞布。[30]马蒂·塞利格曼（Marty Seligman）和米哈里·契克森米哈（Mihaly Csikszentmihalyi）近来讨论了这一在人类品质上闪烁其词的科学观点："在社会科学中有一条常见但未明言的假设，即：负面的特征是真实的；正面的特征则是派生的、补偿性的，甚至是虚假的。但其实存在另外两种可能性：负面的特征是从正面的特征派生而来的；正面的特征与负面的特征是相互独立的体系。"[31]

塞利格曼和契克森米哈是正确的。像人类的其他正面品性一样，宽恕并不是一种冠冕堂皇的虚饰，以遮掩"我们是睚眦必报的野兽"这一丑恶现实。与复仇的倾向相比，宽恕的潜能同等真实，也是人性的本能，同是自然选择的产物——宽恕的潜能在所有这些方面都毫不逊色。相较于兰厄姆和彼得森"雄性暴力"的说法，弗兰斯·德·瓦尔灵长类"天生善良"的看法是同等真实，同样有其生物学根据，同样是进化的产物。这就让我们回到了即将探讨的第二个基本真相：**与复仇欲一样，宽恕的潜能也是人性的一个固有特征。它出自自然选择的机巧，并持存至今，因为它适应于人类祖先的生存环境，而人类这一物种就是在这种环境中成长起来的。**

14　　当受到家庭成员、好伙伴、友邻或密友的冒犯时，人们时常怀有强烈的和解愿望。当然有时也想采取其他可能生效的回应，如逃避冒犯者、想要报复，它们与和解的愿望相冲突。但通常和解的愿望会胜出，由此人们就消除了针对冒犯者的逃避或报复欲。换句话说，人们就会宽恕。而一旦这么做，就可以继续维持珍贵的关系，且这种关系常常比受冒犯前更好、更牢固。

像这样的日常宽恕行动非常普遍，以至于我们很少留意。直到最近，科学家们也没有给予太多关注。事实上，科学家们的研究受着复仇的疾病模式的影响，我们因而将宽恕视为疾病的疗方或伤口的镇痛剂。然而在日常生活中，宽恕通常更像让人摆脱困境的创可贴，只是乍看上去它或许稍嫌乏味①。

当然，乏味并非意味着不重要。这些宽恕事件虽然平淡无奇，但发生于我们的亲密关系之中，是防止社会因嫌隙而分裂的胶合剂。让社会得以有效运转的社会制度，其基础在于这一事实，即，在遭受亲密伙伴的伤害之时，人们具备摆脱怨恨和愤怒的动机与能力。我们处于一定的社会关系之中，难免会相互伤害，我们不可能全都修复，但可以修复很多。我们不得不这样认为：**智人**是一种相互协作的物种，他们通过情感、信任和互助的纽带而得以生存与繁盛。维持一种信任与善意的关系，比在生疏的环境中发展新关系远为有效。

由此看来，以下的观点并不令人惊讶：人类以及不少非人类的灵长类动物甚至包括家养的山羊，一旦在相互交往关系（尤其是亲属和亲密同伴的关系）中违规，都会体验到焦虑与紧张。[32]对于这些物种来说，冲突后的焦虑似乎促使个体积极地修复，以便维持其受损但仍有价值的关系。这样的机制之所以持续至今，是因为在这些好几百万年前就进化出的物种之中，比起那些不能宽恕的个体，能"宽恕"其亲密同伴的个体在艰苦的进化历程中的表现更佳，因而克服怨恨并修复重要关系的能力就成为这些物种的特性。自然选择也就表现为宽恕如何成为**我们的物种**特性的过程，亦

15

---

① 原文为"显得有趣一点"（only slightly more interesting），依文意及下文，似为笔误，故改之。

即如何成为人性组成部分的过程。

可以促使人性去做"不自然的"事情

在《耶路撒冷》（*Jerusalem*）这首诗中，威廉·布莱克（William Blake）写道："宽恕敌人比宽恕朋友容易。"但科学数据表明，布莱克讲颠倒了。宽恕一个你不喜欢、关系不怎么亲密或与你相异的人，比宽恕朋友、与你相似或关系亲密的人要难得多。[33]但有时人们确实做得到。在这种情形下，且不说造成伤害的程度，单是受害者与冒犯者之间关系的距离，就让宽恕显得如奇迹一般，而不像来自人性的法则。

设想有这样的情形：孩子死于严重的医疗事故，悲痛的父母宽恕了医生，而他们可能这辈子都不会再与其宽恕对象相见。医生显然是受益者（他被免除了部分罪责，或者说能合理地认定避免了一场官司），而处在悲痛中的父母不得不承受所有的损失（他们得不到从报复中可能获取的满足；或许还放弃了上诉的权利）。像巴德·韦尔奇这样的父亲，身处悲痛之中仍宽恕了杀害其女儿的凶手，甚至争取免除凶手的死刑。乍看上去，其行为方式似乎难以用进化论的思维来解释。在第二次世界大战期间及其后，许多美国人遇到任何血统为日本裔或德国裔的人时，都感到憎恶。如今在我们这一代，几乎没有美国人对日本人或德国人感到有何特别的不快。以往的憎恶消失了。尽管在美国内战期间及其前后，我们的联盟遭受损害，但美国仍作为一个国家而联合在一起并成功地持存，这一事实仍令我不时地感到惊讶。

16　　如果进一步说，美国人已宽恕日本与德国在第二次世界大战中的罪行，或者说美国的南北联盟已（或多或少）彼此宽恕，我认为这一引申并不过分。但即使这些例子确实表明了宽恕敌人的可能性，仍可质疑的是，由一位研究藤壶和兰花的英国生物学家于150多年前提出的观点，为什么会对此提供恰当的解释路径呢？

如果停留于对进化论的浅层理解，如强调诸如"最适者生存"等等为自明之理，那就会质疑"进化会引向宽恕敌人的心理机制"的观点。你如果对人类如何进化取上述理解，那么如下的看法就是对的：我期望用进化论来解释宽恕，只能是白费力气。但它能作出解释，因而我们就回到了本书将展开论述的、关于复仇与宽恕的第三个真相：**要宽恕陌生人或死敌，必须激发相同于帮助我们宽恕爱人、朋友和亲密伙伴的心理机制，这些机制是通过自然选择，在人类心灵中发展起来的。要在我们的社区乃至世界范围内促进宽恕的增益，我们就必须创建可以激活这些机制的社会环境。**无论何时，无论我们是要宽恕死敌、敌对团体的成员，还是宽恕冥顽不灵的愚蠢邻居，都必须开启同样的进程，即在人类心灵中发展起来的、帮助我们宽恕亲密伙伴的心理机制。一旦宽恕发生，通常是由于我们设法让人性去做"不自然的"事情。这或许听上去有些一厢情愿，但并非如此。事实上，一直以来，我们都促使自然的东西去做"不自然的"的事情。

新玩意儿与旧套路：创建适于宽恕的环境

灵长类动物学家弗兰斯·德·瓦尔曾谈及在泰国华富里省看到的一次奇特的动物园展览，其中三头老虎与两只狗共同生活在同一个围场。老虎在围场懒洋洋地躺着，而狗就从它们的头顶上方走过。显然，狗并不害怕被这些巨猫吞食，尽管老虎的身体是它们的五倍，且老虎最喜欢的猎物就是四足的哺乳动物。

德·瓦尔解释说，老虎在幼年时失去了生母或被遗弃，因而动物管理员让一只狗帮忙来做代理妈妈，将三只虎崽与其狗崽一起哺养。这一群居的做法取得了极大的成功。老虎健壮地成长起来了，狗妈妈和狗崽也活得不错。它们五个组成了一个奇特而幸福的混合家庭。[34]实际上，用狗甚至家猪来喂养虎崽，这种做法已变得很平常。

狗或猪哺乳抚育虎崽，这种行为表面看来似乎完全与进化无涉。狗毫无所得——将三只虎崽抚育成熟，事实上要付出巨大的新陈代谢的代价——老虎则得到了一切。狗没有任何照顾幼虎的基因遗传倾向。类似地，老虎也没有这样的基因遗传倾向：对狗显出额外的仁慈，更不用说孝敬。要是说有什么基因遗传倾向的话，那就是老虎天然地倾向于将狗视为食物。然而面对无助的幼虎，处于哺乳期的母狗抚育子女的天然本能发挥了作用，并视之如己出。而由于从小就由其代理妈妈养大，老虎培育出对狗的深厚感情，也就不会做出伤害它的事情。有谁会举起利爪袭击自己亲爱的母亲呢？

这种不同寻常的家庭组合之所以有效，是因为人类在恰当的时机和地点，将这些生物置于一处，从而它们通过数千代进化而得的行为倾向——狗妈妈抚育子女的本能与老虎对其看护者的感情——可用来解决进化本未选择它们去应对的问题。狗妈妈的行为基于由进化而得的能力，并为意外的命运所引发：在抚育其幼崽的同时，正好面对可爱而无助的幼虎。它察觉出这些幼虎需要母爱，因而将之纳入其关爱范围。幼虎由于年龄那么小，显然对它不构成任何威胁，而足以发动它那历经进化而得的本能，从而为这无助的小动物提供关怀。同样，老虎对其看护者产生情感联结的天然倾向，其预制也并非精细得让它们能将虎妈妈与狗（或猪）妈妈区分开。反而，这里起作用的规则似乎是"无论是谁，谁给你奶喝就得善待谁"。这种本能阻止老虎将其犬科的养母和新兄弟姐妹看做食物。

将无依的虎崽与处于哺乳期的狗放在一起的这一做法，并不是由于偶然的环境原因，而是出自人为的**设计**。其只有在这样的情况下才能生效：处于哺乳期的狗的本性与（幼）虎的本性提供了恰当的资具，可以与设计者的安排相配合。关于动物的另一个故事则表明，天然的愿望是多么热心于与人为的安排相配合。有一只名叫麦迪莫斯尼·吉塞尔的蝴蝶犬怀孕了，开始对一只名叫芬尼根的小松鼠产生不同寻常的兴趣。这只小松鼠从附近的一棵树上跌下来，狗主人黛比·坎特隆救了它。在快生小狗之前的几天，吉塞尔开始将芬尼根的笼子拉到自己床边的地板上。黛比多次将笼子从床边移回原处，但每次这样做，吉塞尔都会拉回来。黛比最终放弃了，任由吉塞尔将笼子放在床边。吉塞尔产后几乎和关心自己的狗崽一样，关心着这只六周大的小松鼠。因此，黛比决定把笼子打开，看看情况如何。芬尼根逐渐融入这个由狗崽组成的新的小群体，在群体中相处融洽。过了两天，吉塞尔将芬尼根与五只狗崽一道加以照料。芬尼根开始与其新的小伙伴一起睡觉、玩耍，仿佛自始就属于这一群体。吉塞尔似乎并不满足于抚养五只狗崽，设法要收养第六只。[35]

如果说人类能够设计出这样的环境条件：将狗在进化中形成的关爱其幼崽的本能，引向对其他动物的关爱（甚至是像老虎这样的天敌），为什么就不能对人类自身作出类似的设计呢？我们为什么就不能这样去改善社会：即使在某一情境中，进化形成的社会问题解决程序，其默认设置是驱动人们寻仇，仍然可以通过人为设计取而代之，以促使人们去宽恕？

尽管我们的基本行为倾向乃自然选择形塑而成，但我们并非本能的奴隶。从自然选择的观点看，吃最有利于我们，但人们有时会由于对迷人观念或美好理念的信守而宁愿饿死。同样，抚育多个孩子长大成人最有利于我们的进化，但不少夫妇宁愿不生育以便集中精力于其他的追求。[36]这是因为我们的大脑促使我们去反思我们自身的处境、从他人的视角看待事物、思考我们及他人的行为原因，为了更高的理念而对我们的嗜好与情绪加以控制，并且激励且劝服他人去做同样的事。各种理由让我们相信，我们能够建立激发宽恕而不是复仇的社会制度。

但在深入探讨复仇、宽恕和人性之前，有必要稍作停顿，以更好地理解复仇在现代世界产生的破坏力。有些人在其个人生活中并不熟悉复仇——了解这种感受，但从未由此做出任何重大的举动——因而或许会认为，复仇是一个折磨他人、发生于其他社会或其他历史时段的问题，但与我们无关。情况并非如此，复仇欲鲜活地存在着，且仍然给我们这一物种制造着诸多问题。

第二章 复仇是个问题：算算代价

20 　　马文·约翰·西梅耶是一名 52 岁的机械师，家在科罗拉多州格兰比。他的朋友说，他性情随和，无忧无虑且富于同情心。他爱好滑雪，不时会与同组的其他滑雪者一起光顾一家酒吧。酒吧老板称他是个"令人愉快"、"天性快活"的人。但西梅耶遭到一些挫折，令他感到受伤害和痛苦。他和镇上的官员就一个重新规划的法令发生了争端，这个法令允许在西梅耶的消声器修理店旁边建一家水泥厂。西梅耶认为，这一重新规划会对自己的生意产生负面影响，因而花了大量的时间、金钱和精力来阻止它。但其努力未见成效，反而招致 2 500 美元的罚款，镇里以侵犯城市法规的名义强迫他于 2003 年末上缴。

21 　　西梅耶并没有隐瞒怨恨，但成功地隐瞒了一项精心设计的复仇计划，他用 18 个月的努力工作来实施这一计划。他编制了一份长长的攻击目标名单：他认为应为其生意失败负责的水泥厂，一家公用事业公司，一家五金店，一家银行，前任镇长的一处住所，一栋市政大楼（内含一个图书馆）。所有这些目标都与令他感到不满的那些人有某种关联，包括镇委会匿名投票赞成重新规划的议员，甚至包括与赞成镇委会决定的当地报纸社论相关的人员。

　　作为一名专业焊工，西梅耶开始着手将一台 53 吨重、30 英尺长、带有 410 马力柴油发动机的推土机改装成攻击工具。他为推土机制作了一个防弹铠甲，其组成是两层厚钢板，其间有一个水泥夹层。他安装了七台摄像机，可以将图像传输到驾驶室里的三台电视屏上。他还在推土机顶部架上三支步枪。推土机就这样变成了致命武器。

2004 年 7 月 4 日，西梅耶进入致命推土机，用其自制的升降机降低了他头顶的顶篷，然后冲进了格兰比的街道。西梅耶在小镇内穿梭，造成一长串的破坏性后果。从其修理店边的水泥厂开始，他缓慢而扎实地撞过了 13 栋不同的建筑物。他还毁坏了人行道、树木、路灯和若干市政车辆。在这一过程中，警察和其他武装人员一直试图阻止他，对着这台推土机发射了好几百磅的弹药，但没有明显效果。

这一横冲直撞的过程随着致命推土机的熄火而结束，其后马文·西梅耶用半自动手枪自杀了。警方花了好几个小时，才找到办法将装甲剥离，以取出他的尸体。令人惊讶的是，除西梅耶之外，无人受重伤。[1]

用专业术语来讲，"复仇"就是伤害某人或某一人群的某种企图，"以作为'觉得自己受到了他人或其他群体的伤害'的回应，在此情况下某人或某群体作出的伤害行为，其意图**不在于**修复自己所受的伤害，也不在于调停当下发生和持续的冲突或产生物质上的收益"[2]。马文·西梅耶的复仇行动恰好符合这一定义：他想伤害曾伤害过他的人，就是这么回事。西梅耶的行为表明，复仇欲可以成为激发人类破坏性的有力因素。但大多数人仍不愿接受这一观点，即，复仇欲是人类对于不公正的一种典型性反应，是**我们的**典型性反应。由于被灌输以复仇的疾病模型，我们宁可将复仇视为邪恶或疯狂者的专利，而不会发生在我们自己身上。

研究者曾进行两次全国性的抽样调查，请美国的男性与女性对一份名单中列出的 18 种个人品质（如"勇敢"、"诚实"、"令人愉快"、"自制"等）进行排序，以考察他们对每种品质的看重程度。在这两次调查中，"宽恕"都位居第四（其前仅有"诚实"、"有抱负"和"负责任"）。[3]在更新近的调查中，研究者调查了 1 030 名美国成年人，请他们说明，"当你觉得某人故意对你做出错事的时候"会如何行为。在这些调查对象之中，42％的人表示会尽量"忽略"这些冒犯，45％的人表示会"尽量宽恕"冒犯者。对比之下，仅有 8％的人表示，他们会"设法用某种方式去报复"[4]。其他研究表明，别的国家如法国和刚果，其民众也认为自己更可

22

能选择宽恕，而不是报复。[5]

当然，这些调查结果其实丝毫不令人惊讶。在世界各地，人们从其父母、幼儿园老师、宗教，以及社会规范的其他守护者那里，都已知晓复仇的疾病模式。人们还知道，作为好公民，他们应该尽量去宽恕那些伤害过他们的人。这会让你觉得，在折磨我们这一物种的社会问题之中，复仇或许没什么大不了的。而一旦直面事实（如本章即将做的），你就会发现，之所以正常而完全能适应环境的人们试图相互伤害，之所以会有谋杀，之所以会发生国际战争，甚至之所以会有恐怖袭击，其原因之一即在于复仇欲。

23

刮开宽恕即见血仇

一旦促使人们实事求是地审视自己，他们通常会承认，宽恕何其之难而复仇欲的出现又何其之易。1999 年，《时代》杂志向 1 049 名美国成年人提问，请他们考虑多种违法行为，并说明如果有人针对他们作出这些行为，他们是否会宽恕。如图 2—1 所示，大多数人说，他们愿意宽恕危险性较低的违法行为，比如撒谎、偷钱，但只有最具圣徒性格或最盲目自信的人，才认为他们可以宽恕那些强奸其女儿或杀害其儿子的罪犯。[6]大多数人在极度暴力和精神创伤的考验之下，其宽恕的自我形象消失殆尽。

因而，人们一旦被具体问及如果受到严重伤害，他们认为会产生何种感受时，他们就容易承认极难做到宽恕。事实上，多数人的确承认，他们24会不时体会到复仇的欲望。研究者曾以美国成年人为样本，请他们回忆在过去的一个月内对某人发怒的时刻。接着要求他们从列有对特定情境的可能反应的一份清单中，选择所有适用于自己的反应——例如，尝试以不同的方式看待当时的情境，喝酒或吃药，与所针对的发怒对象交谈，与他人谈论当时的情境，等等。当问及他们是否"考虑到如何去报复"的时候，6％的调查对象做出了肯定的回答。[7]

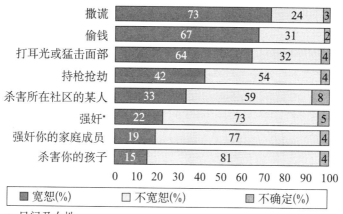

图 2—1 对于设想的多种违法行为，美国成年人宽恕与不宽恕所占的百分比

6％的比例相当低。但要知道，这里的6％是指在一个月的时间之内。如果是一年，又会有百分之多少的人体会到复仇欲呢？研究者调查了513名荷兰学生，问他们能否想起在过去一年中发生过这样的具体例子：某人做了某件伤害他们并让他们产生报复欲的事情，64％的学生给出了肯定的答复。[8]

复仇欲是一回事，由之而产生的行动则是另一回事

因而说到底，我们中的大多数人或许都可以产生马文·西梅耶似的复仇欲。但是，我们不会都**成为**马文·西梅耶。仅有大约三分之一的人表示，不管怎样，他们都会依从其复仇欲来行动。[9]但在深受伤害之时，寻仇的念头确实可能变得非常强烈。对于1998—1999年种族清洗期间流离失所的科索沃的阿尔巴尼亚人，芭芭拉·卡多佐（Barbara Cardozo）及其同事做过专访。截至这一暴行结束，其中许多人都遭受过某种确实恐怖的对待：五分之四的人被逐出家园；三分之二的人曾被剥夺食物或水；五分之三的人自称曾经历濒临死亡的时刻；二分之一的人声称曾受到这样或那样的折磨和虐待；四分之一的人有着其朋友或爱人被杀害的

经历。[10]

考虑到揭示出的创伤已达到这种程度，并不令人惊讶的是：约有一半的男性和五分之二的女性声称，他们体验到非常强烈的复仇情绪。也就是说，他们声称"一直"或"很多时候"对塞尔维亚人都怀有复仇情绪。在自称怀有如此频繁的复仇情绪的人之中，44%的男性和33%的女性表示，若有机会，他们将采取相应的复仇行动。仅有17%的男性和26%的女性表示，他们肯定**不**会采取相应的行动。研究者在一年过后重复了这项调查，其结果表明，人们的复仇情绪以及依照这种情绪来行动的欲望已大大降低。[11]

这些调查结果开始动摇这一观念，即复仇欲是某种例外的或不同寻常的东西。幸运的是，就我们大多数人而言，报复的念头并非时常发生：只要我们是以保护人类权利和福祉的方式来组织社会，人类就倾向于本性善良而守法，且不乏宽恕。在家庭利益受保护的状态下，人们就易于享有家庭的益处。但是，如果你逼迫一般来说本性善良的人类——威胁到他们的生活方式，扭曲其最珍视的东西，伤害其所爱的人——复仇欲就会凸显出来。如果你正好受到伤害，而社会没有给予你可补偿的手段，那么就你是否会作出西梅耶式的寻仇行动而言，其主要的阻止因素与其说是你的理智，还不如说是缺乏相应的复仇技能。

计算复仇的代价

复仇是许多坏事的起因，读读报纸即可知，如纵火、造谣、校园暴力、在休息室里正运转的咖啡机上小便、别人按喇叭时故意拖延将车倒出停车场的时间、路怒①、第一次和第二次世界大战、工作场所射杀、特拉维夫比萨店爆炸、工作中偷窃、泄露国家机密、哈特菲尔德和麦科伊家族

---

① 路怒是形容在交通阻塞的情况下，由于开车压力和挫折而导致的愤怒情绪。

的世代复仇、亚历山大·汉密尔顿与阿伦·伯尔的决斗、体育暴力、投票反对同事的提升、肆意破坏公物或他人财产、婚外遇、射杀不忠的丈夫或妻子、帮派火并、故意给某人注射艾滋病毒、商店偷窃、拖延不决、暗杀、侵犯他国。对于人类的悲剧与不幸，复仇是否分担了过多的责任？我 *26* 不这么认为。本章的余下部分将探讨，就我们身边及报刊所见的人类破坏行为而论，其中究竟有多少是复仇欲在发挥核心作用。

复仇与日常侵犯

科学家将人类侵犯定义为，由伤害他人（受虐狂除外）的欲望所驱动的行为。对于侵犯，社会心理学家优先采取的研究方式是，在可控性良好的实验室环境中观察人们的行为。促使甚或是允许实验对象对他人造成严重伤害，对于科学家来说都是不合伦理的。因此，实验室里的科学家所研究的，通常是相对温和的侵犯形式。比如说，一位社会心理学家如果想研究你的侵犯行为，可能会考察你是否会对某个刚刚欺骗过你的人不停地抱怨。

上述形式的侵犯，尽管可能看上去几乎完全不像现实中通常为人所关注的侵犯类型如攻击与谋杀，但就其中促使人们作出侵犯行为的因素而言，两者往往是相同的。[12]

经过多年的研究，社会心理学家已得知，让人们去蓄意伤害一个素未谋面的人，并非易事。作为人类的近亲，黑猩猩在根本没有明显缘由的情形下，也会袭击陌生人；人类则不同。人类对陌生人表现出的往往是尊重、容忍与合作精神，除非有某种原因促使他不这么做。事实上，如果**想要人们表现出侵犯性以便能研究侵犯行为**，社会心理学家们常常不得不通过侮辱、贬低、激怒、对其人格作出令人不快的回应、夺走其刚挣的钱、或让他们觉得被出卖和忽视、受到不公对待等方式，来刺激研究参与者。*27* 因而实验室中大多数的侵犯行为是"被刺激的"，或者是某人自残后发生的。

那么在社会心理学家的实验室里多年来发生的这种侵犯行为，是否可能有许多其实是由复仇所驱动的？或许如此。但某人在被激怒之后表现出更强的侵犯性，并不意味着他就是在试图报复。在被激怒后，人们可能仅仅由于想通过发泄一下以让自己好受些而变得更具侵犯性。作为对伤害作出反应的侵犯，是由复仇欲驱使还是仅出于挫折？为确认这一点，就需要考察他们对于刺激者的侵犯量是否超过对无辜旁观者（即并未以任何方式刺激他们的第三方）的侵犯。

有些人只是比他人更具恶意，即便未受刺激亦如此。这么说吧，我们可以将100名未受刺激的人做个排序，排序的依据是对未刺激他们的人作出侵犯（譬如，不停的抱怨）的多少。将抱怨最温和的人排在底端，最激烈的排在顶部。由此我们说，最少侵犯性的人，其显示值是1％（1％的人的侵犯性同于或低于此人），最具侵犯性的人，其显示值是99％（99％的人的侵犯性同于或低于此人）。

要了解刺激如何影响侵犯，可以将已受刺激者的侵犯行为与未受刺激者的行为做比较。如图2—2所示，按照界定，百名未受刺激者分组的平均值是50％，他对目标对象作出平均强度的侵犯。图中显示，某人在受刺激时，他对非实施刺激者即**无辜旁观者**的侵犯强度仅上升至54％。这意味着，实验对象的侵犯强度仅仅略高于一般未受刺激者所显示的平均强度。换句话说，你即使受到刺激，也不会突然大怒而试图伤害无辜的旁观者。

你反而会设法逮住刺激施与者。从图中可以看出，一般人在受某人刺激后会表现出强烈的侵犯性（**针对施加刺激者**），其强度要高于88％，即在如果有机会对未刺激他的人作出侵犯的情形下，约88％的未受刺激者会选择实施。[13]这在侵犯行为中是一个**巨大的**增长。事实上，在社会心理学的整个领域之中，关于针对刺激者的侵犯，刺激的效果是最强的因素之一。[14]

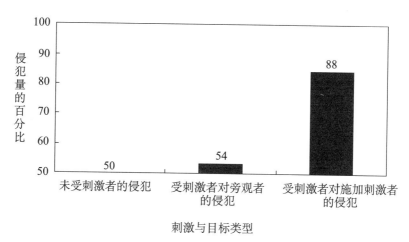

图2—2 针对他人的侵犯量的百分数值表（以刺激和目标类型为功能变量）

总之，这些发现表明：要让某人伤害你，最好的方法莫过于你先伤害他。刺激导致狂怒者——由于某种不分青红皂白的欲望而疯狂伤害他人，这种情况非常少见，它只是复仇的疾病模型的说法。（不要忘记，即使是马文·西梅耶，其侵犯对象也集中于一个相对较小的人群，即他觉得伤害过自己的人。）情况毋宁是，被视为痛苦和不正当的刺激，催生了眼中有着特定目标的报复者。

查查谋杀的资料

29

人类学家告诉我们，人类相互仇杀的历史已至少有好几万年。[15]我们有充足的理由相信，冤冤相报的仇杀是一种跨文化的普遍现象——至少在缺乏制度性凶杀控制机制的简单形式的社会组织里是如此。[16]通观历史，在世界各地的各种社会里，暴徒、专横的领导者、巫师，以及有意无意地杀死他人者，也通常是人们实施致命报复的目标。

尽管由复仇驱动的仇杀是跨文化的普遍现象，但对于较复杂的社会来说，能否控制仇杀意义至关重大。一旦复仇失控，政府将很难维持社会稳定。这也会破坏政府在公民眼中的可靠度，谁会去支持一个无力维护其生活环境安全的政府呢？由于这个原因，早在一千多年前，西欧和北欧的君主们就开始努力消除仇杀。1066 年，诺曼征服英格兰之后，征服者威廉正式宣布血仇报复为非法，以应对仇杀。而早在公元 602 年，力图在封建体制之下统一英格兰的强力君主们就开始推行相关法律，以减少任意的血仇报复。[17]近六七百年来，欧洲的谋杀率有了显著的下降，其部分原因很可能就在于这些法律的实施与某些社会变迁的结合。这些社会变迁让人们更少地束缚于维护其家族和团体的神圣义务。在中世纪欧洲，每年每十万人中二十至四十人被谋杀，到了 20 世纪中叶，这一比率已降至每年不到十万分之一。[18]

但是，谋杀率只相当于七百年前的 1/20，这一事实并不意味着谋杀的动机就是过去的事情。实际上，复仇欲仍是人们相互残杀的重要原因。

30　　据 FBI 统计，2005 年美国有 16 692 人死于谋杀，即被他人蓄意杀害。大约 40％的谋杀案发生于"争吵"或其他重罪的犯案过程中（例如，抢劫、与吸毒和性侵犯相关的犯罪）。约 5％是由于青少年帮派械斗，还有几百件谋杀案是由特定情境而引发，比如"三角恋"、"孩子被看护者杀害"、"由于酗酒和吸毒影响下发生的争斗"。约有一半的谋杀案，其情形要么未知，要么被归为"另类而无特定缘由"[19]。

未发现作为谋杀动机的复仇是由于未寻找

这些谋杀案有多少是由复仇所驱使？FBI 的统计无助于说明这一问题。对于某人为何会被蓄意杀害，"黑帮仇杀"的说法与"孩子被看护者杀害"一样，都没有给出答案。**为什么黑帮成员要杀死受害人？为什么**看护者想杀死孩子？要评估复仇在谋杀中的作用，就有必要问问关于**动机**的问题。

作为运用达尔文理论来研究谋杀的先驱，马丁·戴利（Martin Daly）与马戈·威尔逊（Margo Wilson）认为，检察官们并不真正关心杀人者的具体动机。他们只需要了解，罪案是发生于冷静状态还是出于一时冲动。[20]在庭审中，若是前者，他们就会诉诸一级谋杀的控告；若是后者，其最重的起诉是二级谋杀。由此，罪案调查者的关注点在于确立**预谋**，而不是具体的动机。因此，他们所使用的分类，可以为一般意义上的预谋问题提供参考，但无助于具体地说明动机问题。

幸运的是，一些社会科学家已用更严肃的态度来看待当代社会中作为谋杀起因的复仇，而乍看上去，可归因为复仇的谋杀比例似乎在9％左右。通过分析爱尔兰1992—1996年的全部谋杀案，复仇驱动的谋杀占9％。[21] 1989—1996年，在澳大利亚25岁及年龄稍长者犯下的谋杀案中，由复仇引发的占约占9％。[22] 在香港1972—1992年间所有已知动机的谋杀案中，约有8％是由于复仇。[23] 但是，至少在美国的谋杀案中，较细致的考察表明，9％是一个被低估了一半的比率。 *31*

更确切的评估

提起复仇，许多人——我猜想，包括确认谋杀动机的官员和研究者——脑海里想到的很可能是，一个经营数天、数周、数月甚至数年的精心计划。这种类型的复仇，"服务于冷酷的目的"且以沉稳的手法施行。但回想一下，对复仇的界定比这宽泛得多，它包括所有这样的侵犯行为，即"其意图**不**在于修复自己所受的伤害，也不在于调停当下发生和持续的冲突或产生物质上的收益"[24]。因而复仇不仅驱使了用以平息宿怨的、别有用心的冷血谋杀计划，很可能还引发了许多其他的谋杀事件。一旦把复仇的界定扩大至所有的报复事件（包括在争吵和口角过程中发生或作为最终后果的冲动杀人），复仇驱动的谋杀就显得更为平常了。

威尔逊和戴利运用特别设计的分类体系，以鉴别驱动谋杀的实质性因素，由此考察了1972年发生于底特律和密歇根的所有谋杀案。他们发现，在全部512件谋杀案中，有95件（19％）可归类为"由于此前受到言语或身体虐待而报复"[25]的行为；有212件可界定为发生于非亲属"社会冲突"的情境的谋杀，其中95件（45％）是报复行为。这些案件无疑包含许多冷酷的复仇——对谋杀进行分类的其他学者，以前将之收集并归于"复仇"

的类别——但也包括所有出于一时冲动的、致命的报复行为。

在一项较近的研究中，犯罪学家卡丽丝·科伯任（Charis Kubrin）与罗纳德·韦策（Ronald Weitzer）试图评估 1985—1995 年间发生于圣路易斯和密苏里州的报复杀人的数量。在 1 731 件科伯任和韦策可辨识其动机的谋杀案中，约 20％是由于"报复"，这意味着它们涉及"至少两个时间点：一个起初相互争吵的过程，其中对某一方的冒犯没有得到回报或解决；由此导致随后的冲突，其中被冒犯的一方为早先受到的冒犯实施致命的报复"[26]。

我们应当认真看待对底特律和圣路易斯的评估，因为在运用可操作性的界定并努力调查报复性谋杀的研究类型中，它们是唯一完整的两项美国城市研究。参照其研究结果，我们可以估计，全国范围内约 20％的谋杀动机是复仇。[27] 假如推算美国的总体情况，我们或许可以断定，2005 年度发生于美国的 16 692 件谋杀案中，有 3 300 多件是由复仇欲所驱动。通过比较可以恰当地看待这一数据：2005 年死于仇杀的人数，很可能超过"9·11"恐怖袭击造成的死亡人数。（随便提一下，世界上仇杀最频繁的地方，甚至都不在美国，而是在哥伦比亚的麦德林，1990—2002 年间在麦德林发生的已知动机的谋杀案中仇杀占 45％。[28]）

以下是科伯任和韦策依据圣路易斯的案件报告重构的三段叙述，它勾画出与复仇相关的谋杀是如何进行的：

> 疑犯喜欢欺骗附近的少年，并对他们颐指气使。在案发当天，受害人显然受够了。当疑犯要受害人去商店替他买东西时，受害人拒绝了。接着疑犯称受害人是个"废物"。受害人一拳击中疑犯的嘴，将之击倒在地。受害人叫疑犯拿出他的九把［枪］，并说疑犯是个废物，因为需要武器才能挺直腰板。后来，疑犯的朋友们告诉警察：疑犯对受害人敢打他感到"震惊"；疑犯说，他本以为受害人怕他。疑犯还说，他会"处理这件事"。而其朋友知道，他会枪击受害人，因为疑犯打架根本不行，只会靠枪来摆平事情。在受害人与其朋友们坐在车

中的时候，疑犯向车内开枪，然后逃离现场。

　　疑犯在高速驾驶的过程中撞上了一名正在开罚单的警官。这个受　33
害人被撞得飞了起来，接着落到疑犯的车盖上。车带着这名警官在街
上行驶了约 50 英尺，而后疑犯下了车。接着疑犯走向这个受害人，搜
他的身并不断地踢他的脸。疑犯还说，"他再给我开罚单的时候得多
想想"，"这是他让我在小崽子们面前难堪而得到的教训"，"你不知道
我心里有多么厌恶"。那天疑犯收到了一张罚单，但没有证据证明罚
单是这名警官开的。看来情况是，疑犯对罚单非常恼怒，只是想找个
警官发泄一下。他告诉警察，他不后悔且还会这么做。

　　疑犯指责受害人挡住了他进门的入口，并辱骂受害人，命令他滚
开。接着受害人和疑犯展开了一场肉搏。受害人和疑犯在离开前都威
胁对方。随后，疑犯在开车驾驶的过程中对受害人说了一些话，受害
人回嘴说，"去拿枪杀我呀"。疑犯就这么做了。[29]

　　如以上叙述所示，仇杀常常是由看上去琐屑的冒犯促成的——骂人，
开罚单，侮辱某人作为男性的尊严。这些案件，不仅揭示出仇杀常常是由
琐屑平常的事情以及小小的争吵引发的，而且也恰好说明复仇欲可以变得
多么令人失控。

作为校园杀人动机的复仇

　　复仇是一个特定种类的谋杀的重要原因之一，下文即发生于校园的谋
杀案。过去十年来，我们已经在美国各地的初中、高中、大学见证了大量
的谋杀案，校园所在的城镇有诸如肯塔基州的帕迪尤卡、科罗拉多州的利
特尔顿，以及赵成熙在自杀前杀死 32 人的弗吉尼亚理工大学所在地弗吉尼
亚州的布莱克斯堡。

　　像这样的校园谋杀，其原因并非单一。的确，与其同学相比，校园杀
手好像更应该具有自杀倾向，更容易消沉且被边缘化。他们通常对枪支有
使用经验和获取渠道。另外，他们所在的学校通常都容忍暴力和霸凌。但　34

是，所有这些危险因素都不足以解释，为什么这些青少年会带着刀枪进校园，意图杀死其同学和老师。大多数校园杀手并**不**消沉，也**没有**自杀倾向，而且在消沉和拥有自杀倾向的学生中，大多数即使知道如何得到枪支，也没有对他人的暴力倾向。要搞清楚孩子们为什么会进行校园谋杀，我们得将复仇欲作为考虑的因素。

在科罗拉多州利特尔顿的哥伦拜中学，埃里克·哈里斯和迪伦·柯莱伯德进行了杀人狂欢，十多人被杀死，几十人受伤。一个目击者声称，他们当时叫喊着："这是报复。"[30]但为什么报复？很可能是由于霸凌。令人吃惊的是，对于许多学生来说，严重的霸凌已习以为常。美国41％的初中生和高中生透露，在当学期他们至少有一次被霸凌的经历。约11％的男生透露，他们每一星期左右被霸凌一次。在透露被霸凌的男生中，约18％每一星期左右"挨打，被打耳光，或被推搡"[31]。（我集中说明的是男生的情况，因为93％的校园杀人是由男性干的。[32]）

在校园枪杀他人的人，往往是霸凌的受害者，而不是实施者。对美国校园杀人案的最佳研究表明：在杀死同校同学的杀手中，近20％先前有被霸凌的经历，相较之下，受害者中仅9％是霸凌实施者①。[33]这里指的是**所有**的校园杀人案中的20％，包括在其他犯罪活动中发生的杀人案（它们约占40％，其发生地虽在校园，但不可能与霸凌相关）。如果略去这些犯罪动机的杀人案，由于霸凌而杀人的比例将升至1/3。

但复仇在校园枪击案中的作用，可能比这些数据所揭示的还要大得多。要更好地理解复仇在引发校园杀人中发挥的作用，我们正应当考察"有策划的校园暴力"（在这种罪案中，施暴者以致命的手段袭击受害人，并选择校园作为实施暴力的场所）。在对这一论题最为全面的一项研究中，隶属于美国特勤局（这个组织拥有许多评估暴力威胁的经验）的研究者，分析了1974年至2000年6月期间美国发生的每一件有策划的校园暴力

---

① 原文为"受害者"（victims），似笔误。依文义改之。

案。[34] 这 37 个案件是由 41 人做出的，其中 29 人（占 71%）"在案发前有被他人强迫、霸凌、威胁、袭击或伤害"的经历。在这 41 名行凶者中，25 人（占 61%）据判断是出于复仇的动机。这样看，霸凌及随之而来的复仇欲或许是许多有策划的校园杀人案背后的关键动因。

即便如此，我们仍有必要记住，霸凌极为常见，而复仇的欲望是对此的通常反应。要知道，41% 的中学生在当学期至少有一次被霸凌的经历，而对 9～14 岁学生的一项研究表明，43% 的男孩对被霸凌的反应是想要复仇。因此，尽管作为对被霸凌之反应的寻仇欲望，或许是许多校园杀人案的一个导因，但其本身并不足以导致杀人。学生杀死其老师和同学，其原因不止于被霸凌及随之产生的复仇欲。被霸凌及产生复仇欲，都是寻常的。杀死其同学则是反常的。对被霸凌不仅是想要复仇而且是已采取复仇行动的这些学生，往往还具备其他危险因素，比如学校的问题、心理和行为问题、参与黑帮、家庭生活问题，或有喜欢使用枪支、暴力或间接使用暴力的经历。但是，如果没有复仇欲，那就难以想象这些有问题的、卷入黑帮、喜欢用枪的孩子们，会对被霸凌回应以致命的暴力。如果忽视复仇欲，就遗漏了破解疑惑的一个重要因素。在许多案件中，它是最重要的因素。

复仇欲会导致战争吗？

在大多数传统社会里，群体之间的暴力冲突是生活现实的一部分。人类学家所考察的绝大多数社会，历史上都有发生过战争的一些证据。[35] 也存在某些例外情况[36]，但这些例外大多证实了这一规则：在足够的生态压力（例如，饥饿的威胁）或社会压力（比如其他群体的成员要偷你的东西或杀死你）之下，大多数社会宁愿（尽管本来不情愿）选择战争来平息事端。

有一种被广泛接受的战争起源理论认为，随着社会本身的复杂化，战

36

争的社会动机也变得越来越复杂。[37]在最粗朴的采集社会里，社会组织方式是结成群伙（以血缘为基础、家产共治式的小团体），人们没有任何值得去争夺的个人财产。因此，如果这种群伙水平的社会发生战争，其起因通常是为了防卫。比如，为群伙某一成员的被杀而复仇，或者是为了防止本群伙遭到报复。在以部落组织为基础的社会里，人们之间的战争就不仅有诸如在群伙水平的社会中作战的报复起因，还可能由于要掠夺其他部落的资源。

在更复杂的社会，政府的形式更为集中——比如酋长统治，人们进行战争，除了为了资源和报复，还可能为了声望或社会地位。而一旦社会以国家的形式组织起来，理论上就更进一步了。战争的原因除了为获取声望、攫取资源和报复，还可能是为了控制其邻国。如是，在这种文明演进模式的战争理论中，随着社会的复杂化，新的战争起因在旧起因的基础上不断地层层累积。由此随着社会复杂性的不断加强，战争的复仇因素就变得越来越不明显。但即使在极为复杂的社会，复仇欲对于发动战争所起的作用也没有消失，它只是隐退于背景。

在当今国家组织强盛的时代，复仇欲还会引发战争吗？研究现代战争的学者不太关注这个问题。[38]但或许答案应该是肯定的。

社会学家托马斯·谢弗（Thomas Scheff）认为，在两次世界大战的爆发过程中，复仇欲发挥了虽然不大但必不可少的作用。对此，他作了富有吸引力的叙述。在第一次世界大战之前，普法战争让法国失去了阿尔萨斯和洛林，法国人为这一结果愤恨不已。它导致了一种战后的公众情绪即**复仇**，一种沉浸于要夺回失去的省份并向德国报仇的情绪。谢弗论证说，在费迪南大公①被刺引发危机之后，**复仇主义**致使法国与俄国联合，以保卫塞尔维亚，反抗同盟国。有法俄联盟给俄国壮胆，俄国推进了其备战计划。战火终于点燃，而大多数欧洲国家卷入了这场大战之中。

---

① 费迪南大公是奥匈帝国皇位继承人，于 1914 年在萨拉热窝被塞尔维亚青年普林西普刺死。此即萨拉热窝事件。一般认为，这是第一次世界大战的导火线。

　　第一次世界大战以同盟国战败告终。随着《凡尔赛条约》的签订，德国被迫承担全部的战争责任。德国被解除了武装，其领土和殖民地有不少被割让。德国还被剥夺了国际联盟的成员资格，并被封锁十个月。德国不得不忍受的痛苦和羞辱，让德国人恼羞成怒，这导致了德国人想在世界舞台上洗清冤屈和报复的欲望。这种公众情绪，为像阿道夫·希特勒这样强力的民族主义者上台铺平了道路，并最终让德国投入了第二次世界大战。[39]

　　复仇能够引发战争，这个问题并非仅限于欧洲。最近有位社会学家考察了美国的每一次重大战争，从1898年的美西战争直到2001年"9·11"恐怖袭击后的阿富汗战争。[40]他发现，在每次战争的预备阶段，为了煽动公众对战争的支持，美国总统都会让公众觉得国家已成为不正当偷袭的受害者，以势不可挡的摧毁力实施迅捷的报复行动，此为国家所能采取的唯一理性并符合自我利益的行为。

　　一旦稍加思考就会发现，"复仇的剧本"确实奇特而普遍地存在着。如果没有**缅因号**沉没事件，还会发生美西战争吗？要不是**路西塔尼亚号**这艘美国用来给英国、法国和俄国运送武器的客轮之沉没，还会发生第一次世界大战吗？如果没有珍珠港事件，美国还愿意卷入第二次世界大战吗？如果没有北部湾事件，美国会陷入越战泥潭吗？很可能不会。因为在大多数情况下，公众的反战情绪居于压倒性的地位。但是，通过强调报复的需要，我们的领导者成功地获得了对开战的广泛支持，而这些战争实际上肯定要付出长期、昂贵和流血的代价。复仇的说法，推动着公众去忍受这些代价。 *38*

复仇与恐怖主义

　　复仇并非现代民族国家之间发生战争的"原因"，但似乎仍然是赢得公众支持战争的一个必不可少的途径。同样，恐怖主义主要不是为了复仇。从策略上看，恐怖主义似乎主要是力图削弱某个压迫者或外国占领者的意志。[41]然而，一旦细心倾听国际恐怖主义的主要行为者关于为何要进行恐怖袭击的叙述，就能清楚地观察到其复仇的意图。[42]只需瞧瞧本·拉登于2002年11月的《给美国人的一封信》，就一清二楚了。

> 一些美国作者写文章时常使用这样的标题："我们为什么而战？"这些文章引发了许多反响，其中有的观点符合真理和伊斯兰教的教义，但也有一些说法存在错误。在此，我们要略述真相，以作为解释和警告。希望能得到真主安拉的奖赏，顺利地获得他的支持。在争取真主之助的同时，拟就两个问题对美国人做出回答：问题一，为什么我们反对你们并与你们开战？问题二，我们向你们呼吁什么，想对你们提出什么要求？对于第一个问题，即为什么我们反对你们并与你们开战，答案很简单：第一，因为你们袭击过且不断地袭击我们……在巴勒斯坦洒下的鲜血不能白流，必须得到同等的报复。你们必须知道，哭泣的不仅仅是巴勒斯坦人；成为寡妇的不仅仅是巴勒斯坦人；成为孤儿的不仅仅是巴勒斯坦人。[43]

最近有位社会科学家采访了653位在车臣战争中受过某种折磨的民众，并公布了访谈结果。她发现一个令人困扰的趋向：那些遭受极度折磨的人，不再坚持传统车臣社会表达复仇意愿的文明规则。更重要的是，按照车臣的习俗，复仇只能针对施暴者；但这些战争受害者已不再相信这一点，而是开始认为，如果某民族团体中有成员对自己的家庭成员施暴，那就可以对该团体的任何成员进行复仇袭击。[44]这种扩大化的复仇观念，很可能让他们乐意接受恐怖组织的招募。

基地组织或任何现代的恐怖组织，从未将"复仇"作为组织建立的初衷，其首要目的总是政治性质的。然而，恐怖分子是人为培育，而非自然产生的。恐怖主义之所以能吸引想成为恐怖分子的人，部分原因在于他们觉得，参与其中为他们提供了一个宣泄的渠道，由此可以侵害那些曾伤害他们及其家庭和团体的国家、派系或种族群体，从而满足其报复欲。因此，如果能找到削弱复仇欲的方法，想成为恐怖分子的人的数量也会下降。[45]

复仇欲是对痛苦的疏导

大多数人都想将自己视为宽宏大量者，但一旦感到被伤害、排斥、指责或不友好，其复仇欲就很容易浮现而出。马文·约翰·西梅耶死于2004年6月4日，但其幽灵未死，因为那由于遭受不公对待而产生的复仇欲，是我们所有人共有的情绪。马文·西梅耶的幽灵四处可见：在社会心理学家的实验室里，在犯罪统计资料之中，在各类大报的头版头条。我们的领袖发表鼓动性的演讲，以寻求对其宣战决定的政治支持，此时你就可以感受到，从你的心灵深处发出了马文·西梅耶的声音。复仇欲很可能还引发十多种其他形式的人类破坏行为，只是尚未为人所知，因为科学家们不愿花费心思去发现。[46]

复仇欲是人类暴力和破坏行为的一个重要原因，这一事实不应当让我们无视另一个关于复仇的重要事实，即，它同时也是一种解决问题的方式。复仇当然会导致痛苦和不幸，因而我们有必要更恰当地了解它。但讽刺的是，你越了解复仇是如何进行的，就越能领会复仇确实曾为人类解决所有重大问题。进化论的思想有助于我们确切地理解，这些问题是什么，以及作为其解决方案，复仇之出现是如何可能的。

40

第三章　复仇是一种解决方案

——三个进化论假设

41　　2002 年 7 月 1 日，巴什基尔航空公司的 2937 班机从俄罗斯出发，飞往巴塞罗那。飞机上有 71 人，其中包括 52 个小孩。飞机飞临德国领空时，负责空中导航的是在为瑞士空中导航公司工作的瑞士空管员。当时留下值班的只有一个名叫彼得·尼尔森的空管，当晚当班的另一名空管正在小憩。尼尔森突然发觉，这架俄罗斯客机正危险地迫近一架 DHL 货机，而剩下的调整时间还不到一分钟。尽管俄机上的防撞警告系统对飞行员的指令是爬升，但由于重大的判断失误，尼尔森指令俄机下降。飞行员执行了尼尔森的指令，其结果是与货机迎头相撞，俄机上的 71 名乘客全部丧生。相撞后的残骸散落到 20 英里开外。

42　　在相撞的这一刻，来自北高加索弗拉季高加索市的维塔列·卡罗耶夫一直在巴塞罗那机场等待巴什基尔航班的到达。他的妻子和两个孩子将前来和他一起度假。作为一名建筑师，卡罗耶夫其时正在西班牙工作。他一得知撞机的消息，就立即离开机场赶往失事地点。到达之后，他说服了主管现场的警官，让他去搜寻其家人的遗骸。随后他在纪念这次事故及遇难者的网站上写道："我花了十天的时间，找到了妻子和孩子的遗骸。在 2002 年 7 月 1 日这个悲惨的日子，我的生命已然终止。""我的余生只有回忆。对我来说，唯一的安慰就是每天去弗拉季高加索墓地给他们扫墓。"

　　2003 年 7 月，卡罗耶夫飞回瑞士，参加灾难一周年的追悼会。第二天，他出席了有相关官员参与的会议，希望得到关于这次飞行最后时刻的详细说明。他一再要求了解，这次撞机的责任者是谁。据说他在会议结束前这样讲道："空管是个恶棍，在高加索，我们和恶棍谈话有我们自己的方式。"

2004 年 2 月，卡罗耶夫又飞回苏黎世，寻求瑞士空中导航公司负责人的官方道歉。但其得到道歉的希望落空了。

2 月 24 日，卡罗耶夫到了苏黎世市郊的克洛滕镇——彼得·尼尔森的家乡。卡罗耶夫发现尼尔森在家，两人进行了交谈。卡罗耶夫还是要求获得一个道歉，他拿出他的孩子的几张相片给尼尔森看，并问道："你要是看见你的孩子躺在棺材里，会有什么感觉？"无论尼尔森的答案是什么，都不可能令卡罗耶夫满意。在后来的庭审中，卡罗耶夫怒斥道："我只记得当时我有种非常令人不安的感觉，仿佛孩子的尸体在坟墓里翻来翻去。"他不记得接下来发生的事情（尽管一个瑞士电台报道说，有人无意中听到他说："你杀死了我的家人，我也要杀死你。"）。卡罗耶夫接着向尼尔森的胸部、腹部和咽喉连刺数刀，将之杀死。

第二天，卡罗耶夫被逮捕。2005 年 10 月 27 日，卡罗耶夫以谋杀罪被判监禁八年。[1]

卡罗耶夫的复仇欲源自其自身的心理异常吗——是来自某种心智疾病、恐怖的家庭教育、苦命，抑或其高加索的文化背景？或者说卡罗耶夫身上有某种独特之处，它足以让我们轻易地认为我们绝不会做像他那样的事情？或者是其复仇是出自人所同具的复仇倾向？

本章将着手探讨这样一种可能性，即，驱使维塔列·卡罗耶夫的复仇欲，乃是由于自然选择而为我们所共同具备的。我在前一章讨论的科学论据表明：复仇欲其实相当平常，并且在人类所经历和遭受的诸多痛苦和暴力之中，它都发挥着非常重要的驱动作用。而在本章及下一章，我将论证：受冤屈时寻仇，这一倾向是人性的一般特征，是一种每个神经正常的人都具备的特征。

人性特征及其形成

我们如何获得普遍特征,从而表现出作为一个物种的特点?我们有两只胳膊、两条腿、两只眼、两种性别,为什么其数目是二而不是一或三?进一步说,为什么是胳膊和腿,而不是触角或翅膀?进化理论是唯一科学的人性叙述,它能对人类如何发育成目前形态作出令人满意的解释。这正如一位进化论生物学家的名言:"若无进化之光,则生物学的一切都毫无意义。"[2]

在本章,我将邀请你采用进化论生物学家马丁·戴利与马戈·威尔逊所谓的"自然选择的思维"。我们将努力设想,在人类始祖所要适应的环境中复仇可能发挥的作用。[3] "人类始祖所要适应的环境"显然不同于我们的现代世界。现代世界交往快捷,有着高度分化的劳动分工,家庭规模较小,还有高度发达的文化制度。而人类始祖所处的世界,存在于十万年前甚至更早。其中几乎没有文化制度,除延展出的血缘关系网之外,其他的社会组织都极为弱小。这是一个缺乏私人财产、警察、法庭、监狱和正式法律条文的世界。你要是在这个世界遇到大麻烦,你的最佳(或许是唯一的)助手将是自己的才智、亲戚或许还有少数几个好友。我们采用自然选择的思维时,将尽力设想复仇可能发挥的作用,其所作用的环境将**如彼**,而不是如我们现在所处的世界(尽管今天复仇仍可能不时表现出相似的功能)。

作为自然选择的思维者,我们想要理解的那些复仇的"作用"指的是其社会效果,它们影响着我们的祖先生存、生殖以及照顾其后代发育成熟的能力。换句话说,根据自然选择的思维,如今人类的复仇习性,其终极原因在于它有助于祖先们繁衍出众多后代。但自然选择的思维要能经受住科学的考验,就得与经验的论据相符。在本章及其后的论述中,我们将详细地考察这些论据。

要进行自然选择的思维，有必要从三个概念入手，即变异、遗传与选择。[4]

变异为自然选择的运作提供了素材。你如果对你所认识的人考量一番，肯定会为他们在身体特征、行为举止和个性方面的变异所吸引。其中许多变异都来自个体基因构成的差异。这些基因构成是可遗传的。也就是说，它们可以从某一个体通过生殖过程而传递给后代。

这种个体之间的基因变异，即是自然选择的选择对象。简而言之，自然选择是这样一个过程：某些特征能让有机体更有利地（通过繁殖）生产自身的复制物，而这些特征源自其相应的基因，通过自然选择过程，正是这样的基因更可能呈现于该有机体的子孙后代。其结果是，祖先身上提供生殖优势的特征（这些特征源自基因），就更普遍地表现于其连续世代之中。

例如，如果由于正常的基因变异，某一动物个体在其特定物种的基础上发展出强壮的利爪以便觅食，那么其后代就比缺乏强壮利爪基因的同类个体更优良。由此，与只有一般爪的同类个体相比，"强壮利爪"基因的持有者可能就拥有更多的后代（也就是说，生产出更多的自身的基因复制物）。因而到了下一代，与前一代相比，拥有强壮利爪的个体在这个物种之中所占的比例会略微增大，而它们会继续生产出比一般爪的同类更多的后代。这样一直进行下去：竞争、复制、重复。随着这一选择过程经过许多代的繁殖而不断展开，传递着选择性优势的特征，就可能成为该物种的一般特征。

自然选择对于心理或行为特征的运作方式，是否与运作于生理特征的方式相同呢？嘿！难道非得不同吗？可举例说明。现在我们知道，有一种基因部分地掌控着语言能力的演进，而专家们认为，这种基因是经过特定的选择而在人类的这一独特适应能力的创建过程中发挥作用。[5]我们还知道，当代人的许多行为与心理特征——甚至是诸如性格和才智方面相当复杂的特征——之差异，都在不同程度上是由个体之间的基因差别引起的。[6]因此，既然某些基因主管着诸如语言等普遍存在的适应，这或多或少是物种特有的，既然其他基因的变异是当前人们表现出不同的心理特征之原因，那么决定性格和行为特征（包括复仇的习性）的基因，不知怎么的不受人类进化过程中的自然选择之影响，这种说法就近乎不可思议了。

什么是适应？

"适应"是进化论中最基本、最重要的概念之一，同时它也是进化论中最频繁地被误用的一个概念。进化心理学家戴维·巴斯（David Buss）将"适应"界定为"某种被遗传下来的、可靠地发展着的特征。在其进化期间，它有助于解决繁衍中的某个问题，因而经由自然选择而出现"[7]。罗伯特·赖特将"适应"定义为"过去有助于增进祖先们的适存度①，因而现在仍发挥作用的机制。并且它们都是物种特有的"[8]。

像所有物种一样，人类有许多有趣的适应。生活群体的规模很大之时，语言是对于交流的适应，而其结果是产生更多需要交流的东西。[9]妊娠反应是怀孕期间防止致畸物（影响胎儿发育的毒素）的适应。[10]隐藏排卵期②作为一种适应，是为了应付与生殖相关的交易，这种交易发生于个体获得生殖便利之时，其便利体现在既可以获得许多交配的机会，又可以让父方更关心其后代。[11]

必须说明：并非人类生来的一切都属于适应。[12]进化生物学家乔治·威廉斯（George Williams）指出："适应是一个繁复的专门概念，应当仅

① 依据 fitness 在生物学中的含义，国内主要有"适存度"和"适合度"两种中译。就不同的语境及其相应的中文习惯而言，其中某一种更为贴切，本书有少数地方可能译为"适合度"更妥。但为统一起见，均译为"适存度"，第五章的"inclusive fitness"也相应地译为"广义适存度"。

② 隐藏排卵期，指的是人类不像一般的雌性哺乳动物那样有明显的发情期。雌性哺乳动物的"发情期"，其实是同排卵期有密切联系的。它们在排卵期间通过视觉表观、外激素或者二者皆用来表现自己已做好受孕的准备，从而吸引雄性哺乳动物前来交配。而人类和少数几种动物选择了隐藏自己的排卵期（之所以说隐藏，主要是指男性很难从外观上感知女性的排卵时间）。

在确有必要之时才使用。"[13] 每个地球人都有一个肚脐，但肚脐本身并不是一种适应，而是适应的副产品——它是脐带与胎儿相连的接口。要查找肚脐作为适应的用途，必然是无果而终，因为其成因并非适应。[14] 近年来，社会科学家们声称，艺术与音乐或许具有跨文化的普遍相似性，尽管它们并不服务于任何已知的适应之目的。[15]

通过通常所谓的遗传漂变或中性选择这一过程，其他与适应相关的特征或许会成为物种特有的。在遗传漂变的过程中，由基因变异而产生的特征，因为纯粹机遇而不是该特征在适存度方面拥有任何优势，由此流传开来而成为物种特有的特征。因此，我们必须注意：复仇欲的普遍存在，是由于某个真实存在的适应之伴随物，或由于遗传漂变，这样的假定也是合理的。然而，在后面的论述中，我们并不打算对这些非适应主义的假设多加关注，因为其后的几章所考察的科学证据，将为适应主义的观点作出成功的辩护。

如此不利于适应的复仇欲如何可能是一种适应？

在我们现在生存的世界中，复仇欲既然如此具有破坏性且看来无意义，即，看上去是如此**不利于适应**，那么它又如何可能在进化论的意义上是一种适应？由于你所在的野战排①因几天前遭受的伤亡而屠杀越南妇女和儿童，这样做的进化优势可能是什么？一名男子杀死了有损其女儿贞操的流言散布者，散布者的父亲又杀死了这名男子，这样做能获得何种收益？一个其家人死于空难的男人，谋杀了对该空难负有责任的空管，谁能从中受益？如果复仇是一种适应，我们就得解释我们的祖先因怀有寻仇意愿而可能获得的进化上的收益，尽管在现代世界复仇不再有这样的功用（或是就此而论，仍有如此功用）。将复仇作为一种进化论意义上的适应来

---

① 此例源自获 1987 年第 59 届奥斯卡金像奖的越战片《野战排》。

思考，我们所关注的，主要不是复仇在今天是否"利于适应"，而是在人类以其当代形态存在之前它是否利于适应。

由此看来，研究人类行为的进化论科学家们所要面对的问题似乎相当棘手，而事实的确如此。他们想要解释的，不仅是事情**如何**进行，还包括**它们为什么会如此这般地进行**，以及**它们如何逐渐发展成如此**。一般的社会科学家所不必关注的资料，对于他们来说却常常是不得不去寻求的。[16]在此，他们的努力有些类似天文学家所做的工作，即，通过研究如今所能观察到的事物，去理解宇宙如何起始的问题。进化论的研究者们发掘古墓，考察枯骨；隔离出特定的基因，琢磨其作用；观察幼儿行为；在社会心理学实验室里研究大学新生的行为；在田野及圈养地里观察非人类的灵长类动物；访谈那些与现代社会还没有多少接触的采猎社会的人们。[17]这些都是他们收集资料的来源，从其中任何一个来源所得的资料，都不能确证某一给定的行为是一种适应，但汇集从所有来源得到的资料，就应当可以以这样或那样的方式给出某种连贯的描述。首要的是，如果某个行为的或心理的特征确实是一种适应，所得的资料就应该相互连贯地说明：这一特征有助于解决某个或多个与适应相关的问题。

复仇解决何种适应性问题？

某些情绪状态发挥着明显的作用，这些作用让进化论专家们确信，它们是对某一适应性问题的解决方案的组成部分。例如，恐惧促使我们逃避环境中的潜在威胁，同时它一般会让我们更为谨慎并避免风险。[18]而某些恐惧比其他恐惧更易产生。比如说，当一个玩具蛇出现时，某一个体表现出充满恐惧的表情，灵长类动物初次看到这一情况就会习得对蛇的恐惧；当出现玩具兔或花时某一个体表现的恐惧表情如果被灵长类动物见到，则不会发生同类的自动习得情况。在实验室创造的适当条件下，甚至可以让人们即使没有看见蛇的自觉意识，也能产生对蛇的恐惧（同样，这种效果不会发生于当研究者力图"教导"人们去害怕无害物如蘑菇和鲜花之时）。并且，对蛇的恐惧极难忘却。所有这些证据与这样的理解（在人类进化过程中蛇和其他爬行动物由于其可怕与生存威胁而对人产生的一般心理和行为效果）相结合，即可表明，对蛇的恐惧是**一种真实存在的**心理适应。[19]

一些社会科学家曾通过研究人们为其自身的报复行为而提供的理由，来设法揭示复仇的功能。基于此，有些人提出，人们寻仇的原因在于，他们想要对失衡的道德账予以清算，或是热衷于给侵犯者一个道德教训，或是复仇让人感觉良好并提升复仇者的自尊。[20]所有这些陈述很可能都是对的，并且从一定的视角看可以正确地将它们看做复仇的"原因"。但如此解释不能帮助我们理解这样的问题，即，**为什么我们拥有复仇的潜能或者是这一潜能最初是从哪里得来的**。提出上述复仇假设的社会科学家们没有运用自然选择的思维。

要将复仇作为一种适应予以概念化，就得了解复仇曾帮助我们的祖先适应于何种社会问题。存在着三种非常可能的情况：其一，由于有助于阻止曾侵犯祖先的个体再次作出伤害行为，因而复仇的习性被选择。其二，复仇可能阻止潜在的侵犯者对祖先初次作出侵犯行为。其三，在我们祖先所处的社会群体之中，某些成员没有顺利地"融入其中"而未对公共利益作出适当的贡献，此时，复仇对于惩罚他们（并使之洗心革面）来说是行之有效的方式。让我们分别考察这三种可能性以及支持它们的一些证据。

第一个适应性功能：复仇阻止侵犯者的再次侵犯

复仇的第一个可能的适应性功能是，它能够阻止侵犯者再次作出伤害行为。如果有人伤害你，显然这会促使你防止再次发生这种情况，由此你所能做的，即是以后避开侵犯者。在诸如我们现在的、具有高度流动性的现代社会，我们通常只需终止与侵犯者之间的关系，并以结成新的关系取而代之。但在原始人类祖先生活的封闭社会，逃离并不总是适当的选择。事实上，被群体放逐，常常是一种严厉的惩罚，得冒死亡的危险。因此，我们的祖先通常不得不寻找较直接的方法，以对付他们之中的暴徒。

50　　对于想要欺骗的人，一个应对方法是让他这么做时获利较少。假如一个霸道者确知：通过欺骗你，他可以获得相应的资源（例如，食物、居所、优良的工具、合适的配偶，或者社会地位的提升），从而自身福祉的增量为 x，但他知道，他得付出一定——比如说 $0.5x$——的交易成本（例如，某种形式的受伤，或是他如果在争斗中失败，就会导致地位的丧失），那么一般说来，欺骗你而产生的净收益就仅为 $0.5x$。这个霸道者会为了 x 的收益而设法窃取你的配偶吗？也许会。如果收益是 $0.5x$ 呢？或许就不会。复仇将收益 x 转化为 $0.5x$。

这种性质的复仇被进化生物学家界定为"降低适存度的报复性惩罚"，它在动物社群中其实是相当普遍的现象。例如，如果某只恒河猴发现了一个有很高价值的食物来源，但未发出用来将这一重大发现告知其他同伴的"食物信号"，那么一旦其所为被其他同伴得知，它就很可能遭到攻击。在类似这样的场景中，我们几乎就能看出，进化的逻辑在发挥作用：你如果不准备将你的食物与我们分享，那么我们就会让你偷偷摸摸的尝试变得不那么能增益适存度。理论生物学家们已进一步说明：个体想要伤害欺骗他们的他人，这种社会性冲动可以变得具有"进化上的稳定性"。换句话说，正是由于这种算计能教训侵犯者，让他们得知侵犯行为不划算，因而它正好可以有效地促进复仇的演化。[21]

一旦审视复仇及其效果在当今社会的情况，我们就能发现，复仇在人际关系中发挥着类似的制止作用。有位社会心理学家在 25 年前做了一个简单的实验，考察了这种制止作用。[22] 研究者要求一些本科男生各写一篇文章，然后接受另一人（他其实是为研究者工作）的评价。无论其实际水平如何，所有参与者的文章都得到了侮辱性的评价。

24 小时过后，这些参与者被带回心理学家的实验室，并被给予机会去施加十次不同强度的电击，其电击对象则正是前一天写侮辱性评语的那个51　人（参与者实际上施加不了电击，只是被诱导以致相信他们可以如此）。

回顾前一章即可知，这种安排通常会导致人们作出报复行为：在实验环境中，我如果受到你的侮辱，就更乐于对你施加电击。这种想象中的电击，其强度受控于带有七个按钮的控制板。

通过诱导，一半的参与者还被告知，在实施对前一天的评价者的电击之后，接着他们将与评价者互换角色而自己遭受电击。另一半参与者则不被告知关于其后接受电击的任何情况。与那些认为评价者有机会报复的人相比较，相信自己没有遭报复危险的那些人，在伤害侮辱他们的评价者时施加的电击更强。由此看，对遭报复的担忧起到了阻碍侵犯的作用。另一项研究表明，在经济活动的博弈中，人们得知其对手具有很强的报复能力——尤其是对手对于率先发难表现出反感之时，就会抑制住损害其对手利益的行为。[23]这两项研究表明，一旦认定你的侵犯目标拥有报复你的机会，你就会大大减弱原先想要对他作出的伤害。

第二个适应性功能：复仇警告潜在的为害者，使之放弃伤害行为

对于复仇的适应性功能，其第二个选项——甚或是更为重要的选项——是它能够阻止人们原先伤害我们的意图。原始人类是群居动物，他们与他人共同起居、劳作和进食。因此，他们与其他个体相冲突的结果，会迅速成为人所共知的事情。

包括人类在内，许多社会性的灵长类动物，都是机智而精明的演员。他们观察彼此的举止，然后运用这些信息，作出关于如何相互交往的、富于算计和策略的决定。你有多么胆怯、易相处、慷慨、具有报复心等等这些有关内在性情的任何信息，我一旦可能获得，都可以用于我在自身社交圈子的权衡考虑。我可能累积起的任何感受都可以转化为有用的信息，由此尽量作出你是什么样的人，我是否应当与你交朋友、与你合作、欺骗你、对你卑躬屈膝，或者干脆避开你等诸如此类的决定。因此，如果他人设法欺骗了你，我会非常关注你随后将作出怎样的反应。如果你听任他人侵害你而不寻求报复，那么我就会认为，你是个容易上当受骗的家伙，可

52

能考虑也试着欺骗你。

不要自欺欺人地认为，我所描述的原始人很愚蠢，不足以从事如此老练而精明的思考。作为现代人，我们当然具有这样的思考能力；而我们现存的灵长类近亲尤其是黑猩猩，也被赋予了相应的认知能力，从而能够从事如此算计，甚或**针对其他个体的推断**而作出相应的推断。[24]因此，作出这样的设想也是合理的：我们的原始祖先也拥有相似的认知能力。

社会心理学家已通过实验揭示，在如下情况下，受害者对施加刺激者的报复会更加强烈：有观众看到刺激行为——尤其是观众让受害者得知，他由于受到虐待看上去很弱小；或者是受害者知道，观众意识到他受到了尤为不公正的对待。事实上，人们一旦觉得自己由于所遭受的伤害而为旁观者所轻视，就的确会想尽办法甚至不惜自己付出最大代价，以报复挑衅者。[25]并且，如果两人在街上争吵，仅仅是第三者的存在，就会让争吵发展成打斗的可能性倍增。[26]

复仇的第三方效应，还可以解释一些与暴力的文化差异相关的困惑。首先，在现代美国，为什么南方的白人比东北方的白人持枪施暴的情况更严重？社会心理学家理查德·尼斯比特（Richard Nisbett）和达夫·科恩（Dov Cohen）认为，这是因为在旧南方最初安顿下来的欧洲人是定居的牧民，而不是农民。[27]（听我讲下去，这段历史确实挺吸引人。）

53　　　定居牧民的财产非常容易被盗和剥夺，他们所占的土地通常不适宜于较为精细的农耕。牧地常常供应不足，由此造成了长期的高度社会紧张状态。再者，牧民毕生的生计都系于某种价值不菲而又便于携带的产品之上（如黄牛、绵羊、山羊等，总之是带蹄的动物）。因此，作为牧民，你就得保持警惕，确保牧产品在你睡觉时不会被盗。相较之下，很难在一夜之间偷走某人的农作物，而且无论如何对于农夫来说，具有长期价值的是土地，而不是农作物。

基于上述原因，在尼斯比特和科恩看来，牧民极为明智的选择是确立名誉，即，拥有这样的名声：你要是轻视他们，就得面对某种暴力的报复。在其著作《凝聚力》（*Cohesive Force*）中，雅各布·布莱克-米肖（Jacob Black-Michaud）大量记述了为世代复仇和报复所支持的名誉，它在地中海和中东地区的传统畜牧社会中起着自我保护的作用。[28]名誉对于畜牧文化中的人来说具有相当的价值，为了维护名誉，他们不惜杀人和被杀：一旦丧失名誉，受左邻右舍的欺侮就为期不远了。

那么，最初定居于美国南方的欧洲人来自何处呢？可以作出这样的推测：他们来自爱尔兰、苏格兰和威尔士，畜牧养殖是其传统的农业活动。在定居美国之后的几十年间，他们接着经营烟草、稻谷、染料植物和棉花[29]，但即便此时，他们仍不愿放弃其从事畜牧业时养成的名誉思维。旧日的思维习惯很难消亡，它们经过代代相传，仍留存于由各种各样的文化融成的体系之中。在 17 世纪和 18 世纪，南部边远地区的司法制度极为贫乏或者是根本不存在，为复仇习性所支持的名誉，其必要性或许已变得尤为急迫。对于自己的事务，人们不得不自行处理。与之相对照，定居于美国东北部的欧洲人，主要来自诸如英格兰、德国和荷兰之类的国家，其传统的生活方式是精耕农业型的，并不需要人们过多地关注名誉。[30]

经研究证明，尼斯比特和科恩的观点是有道理的。在密歇根大学，他 54 们请来自北方和南方的本科生参与了数次实验。其中，这些学生被某个暗中服务于研究者的工作人员撞倒并挨骂。在这种情况下，与来自北方的男生相比较，来自南方的男生表现得更愤怒、更具敌意、更准备实施侵犯行为。他们的皮质醇（一种应急的激素）和睾酮（一种与控制和侵犯相关的激素）的水平增长还高于北方男生。

另外，南方男生无意中陷入"懦夫博弈"之时（他们被要求前往大厅赶赴约会。但他们一出发，就迎头碰上一个身高 6 英尺 3 英寸、体重 250 磅的年轻男子，这名男子正从相反的方向走出大厅），其中先前被撞和挨骂的人在给壮汉让路之前迟疑了较长时间。这种情况没有发生在北方男生的身上。被撞和挨骂的南方男生还在握手时更用劲，并被评估者认为比被撞和挨骂的北方男生显得更"有支配力"。最后，被撞和挨骂如果有目击者，南方的男生就会认为，目击者会轻视其男性气概、勇气和刚毅。北方男生则认为，在此情形下，目击者不会因此轻视他们。换句话说，被欺侮和挨骂，在这些南方的年轻绅士们看来是在侵犯其男性名誉，而在北方男性的脑海中似乎并没有类似的念头。这些研究结果进一步证实了这一论断：南方的男性白人正是由于关注作为男性的名誉，因而比北方人更倾向于作出报复性的侵犯行为。[31]

复仇的这种阻止作用还有助于理解这一现象，即，在美国城市中心的贫民区，暴力报复的发生率居高不下。在其非凡之作《街头法则》（*Code of the Street*）中，社会学家伊莱贾·安德森（Elijah Anderson）对比了规范当代城市社区社会互动的两种法则。[32]第一种是体面法则，其所规范的社会互动之特征是轻松、友好和宽容。这种法则适用于维护良好、明亮通畅、多族群的居民区，其中存在着工作机会，有着安全的公共空间。第二种是"街头法则"，其特征是专注于获取和维护名誉（或"尊重"），确立自信、勇敢和干练的形象，以及保护自我的能力。在破败的中心城区，居民贫困，犯罪率高，警力保护不足，缺乏靠正当手段谋生的机会。自早年起，年轻的男性黑人就按照街头法则来规范其举止。这种社区易诱发仇杀。[33]

安德森认为，中心城区的男性黑人之所以信赖街头法则，在很大程度上是因为他们不相信刑事司法体系会在此发挥作用而维护其利益。由此，这些城区中的情形，正如以往（或许现在仍如此）的地中海牧民、旧南方的苏格兰-爱尔兰裔定居者及其后代一般，培育"尊重"作为一种免于受害的保险策略而成为当务之急。如安德森所述，由于实际上或想象中被轻视而产生的报复意愿，是街头法则的一个关键部分。这样讲的主要缘由则在于，它有助于人们获得和维护尊重："对于年轻人来说，这意味着准备迎接挑战而相对抗。他们一旦被打或被侵犯，就可能予以反击，甚至是通过报复性的违法行为来进行事后'清算'。这一规范的要点在于：不许他人愚弄你；得让他们知道，你是个'不可轻视的角色'而不可被戏弄。你不是个能轻易打败的对手，这一信息必须清晰而响亮地表达出来。"[34]

经研究形成的证据基本上支持着这一观点，即，坚持街头法则使得年轻人偏向于一种暴力报复的生活。例如，一项历时三年的、富有代表性的全国调查抽查了 900 多名男性青少年，其结果表明，信奉街头法则信条的男孩（比如说，为了维护你的名誉或报复某个辱骂你的人而发生争斗，这是正当的）在一年之后会更频繁地卷入暴力事件，其中包括更大程度地参与旨在导致某人严重受伤害或死亡的帮派斗争和攻击。[35]

有位绰号叫"烟蒂"的非洲裔美国人，以在圣路易斯大街贩卖海洛因为生。他杀死了一名曾枪击并抢劫他的男子，在说明作出这一决定所蕴含 56 的威慑逻辑时，他向研究人员解释道：

> 你必须认识到，如果我不反击他，你和他都会说，"烟蒂"是个废物。接着每个人都会认为"烟蒂"是个没用的家伙。因此，如果他受伤了，每个人就都会知道，是谁伤害了他……因此，这样做，你甚至根本就不用担心。因为他们会说那次如何如何"烟蒂"被抢劫了，其结果是那个抢劫的蹩脚货消失了。这样他们就会害怕，不敢在这里招惹你……你要是想用这种方式生存，这一点就非常重要。必须让别人知道，你决不是蹩脚货。知道我讲的意思吧？不厉害一点，你就会被忽视……或者死去。懂我的意思吧？因为你会让别人、小伙计、意图抢劫你的人觉得，他什么也干不成，是个垃圾……人们只知道……我有绝对惹不起的名声。[36]

第三个适应性功能：复仇迫使"搭便车者"参与合作

复仇可能适应于人类祖先的第三个功能在于，它有助于迫使人们参与合作。若非如此，人们就会在骗取他人劳作的同时，自己却逃避劳动。合作是动物王国中的普遍现象。食肉动物相互合作，以追踪和捕获猎物；黑猩猩结盟，以便从较为强大但孤立于族群的雄性首领手中窃取权力；雄海豚通过相互合作将雌性分离开，以便分别与其交配；在核实食肉鱼是否处于饥饿状态的过程中，不同种类的鱼三五成群地集合并相互协作；黄蜂、蚂蚁、蜜蜂作为物种，其内部分工协作的方式尤为复杂。[37]但人际合作有一个显著的特征：无须对未来的特定期望，我们就乐于与非亲属甚至完全陌生的人展开合作。实际上，人类社会建基于这种合作。没有合作，农业、自然资源的保护、竞争（更不用说写作、互联网和国际贸易）都将不可能[38]，也就不可能存在我们所知的文明了。

57　　在相当长的一段时间里，大规模人类合作的演化，都让科学家们感到迷惑。就让-雅克·卢梭的理解，问题的要点在于：假定我们有 20 人许诺作出牺牲，以便达成单由一个人不可能达成的某个伟大目标，那么短期内，我们都得牺牲一点个人的时间和精力（在进化论的意义上即我们的"适存度"），以便创造出有利于我们所有人的某种长期收益。比如说，这一群体的目标是进行大规模狩猎。我们如果都愿意从各自的规划之中抽出一定的时间去猎鹿，就要比不进行如此合作而得的成果多得多，由此我们每个人及其家人所分得的肉，也就多于我们就在家附近各自经营之所得。

　　但是，猎鹿并非一项没有风险的活动。它得付出时间，其成果也不确定，而且确实存在于森林中遭遇危险动物的可能性。考虑到猎鹿可能产生的成本，那么像群猎这样的大规模协作活动就难以容忍作弊者或"搭便车者"。用什么方法能确保群猎活动中个人不会偷懒，以免受伤或导致不利呢？肉通常是在群体内分享，而不是由任何一个特定的猎手所有。因而可以设想，"搭便车者"可以从这种狩猎中获利而无须作出任何个人牺牲。

　　另外，如果出现猎杀野兔的机会，用什么方法能防止其中的某个猎手背弃对同伴的忠诚呢？猎兔相对容易而安全，并且对猎手来说取得个人回报的可能性更高。因此，如果有这样的机会，不是每个人都去猎兔了吗?[39]这正如卢梭的正确见解，很难看出有什么理由，让个人愿意信守一种要求他放弃短期收益以服务于公共利益的社会契约。在公共汽车上，自己逃票做个搭便车者而靠其他人买票来维持，总是较为惬意。那么大规模的合作究竟是如何出现的呢？无怪乎哲学家和社会科学家将此称为"搭便车难题"。

我们如果不从单个机体的角度来考察"搭便车难题",而是将之视为一个在不断再生的机体总群范围内的基因频率①问题,情况就变得更复杂了。譬如说,存在着两种基因:一种支持群体合作,一种支持"搭便车"。 *58* 拥有支持群体合作基因的个体乐于从事合作,拥有支持"搭便车"基因的个体则倾向于在根本不付出任何额外成本的情况下分享群体合作的收益。前者相对于后者来说,其适存度略有降低。其结果是,由于"搭便车"基因的持有者在适存度方面一代又一代地享有优势,基因库中合作基因所占的比例一代代地衰减,"搭便车"基因的比例则不断增加。由此来看,通过进化而产生大规模合作,由于"搭便车难题"而显得希望渺茫。

鉴于"搭便车难题"的存在,大规模合作之谜的可能破解之道在于惩罚。更具体地说,它是指某种特定形式的惩罚,其名为"利他性惩罚"或"道德性强制"[40]。利他性惩罚可能包括对"搭便车者"的羞辱、身体伤害、罚款、逐出社群,或者是剥夺某些其他能急剧降低其适存度的资源。之所以称这种惩罚为"利他性的",是因为它给实施惩罚者带来了一定的成本:你要是决定惩罚某个"搭便车者",自己就得付出一定的代谢值。而且对于现代人类的研究已经揭示:为了惩罚"搭便车者",人们即使给自己带来相当大的成本也心甘情愿[41],而他们这样做,是为了防止"搭便车者"以寄生的方式受惠于其他群体成员的合作成果。[42]在惩罚不合作者的过程中,惩罚者即使个人没有任何收益,甚或没有与不合作者交往的机会,仍可能实施利他性惩罚。由此看来,人们惩罚"搭便车者",仅仅是由于他们想要这么做。事实上不仅如此,促进利他性惩罚的心理机制还在于,人们对惩罚"搭便车者"感到顺心惬意,因为"搭便车者"使人愤怒,并且以对等的方式损害他们会让人感到舒心。[43]

对现代人的研究表明:对"搭便车者"施以常规性的惩罚,的确可以 *59*

---

① 基因频率是指群体中某一基因的数量,也就是等位基因的频率。

建立和维持大规模的群体合作。在一项研究中，由 4 人组成一个小组，研究者赠予小组每个成员 20 个单位的货币（简化起见，我假定它为美元）。接着该小组一轮轮地重复地进行一种投资游戏：从其个人账户中，4 位成员可以取出任意数目的钱，投入 4 位成员共享的公共账户。每向公共账户投入 1 美元，其个人账户减少 1 美元，同时公共账户增加 1.6 美元（或者说每个小组成员就得到 0.4 美元）。每一轮结束，公共账户之所得就在 4 个成员之间平均分配。从短期看，给公共账户作贡献，对于小组成员个人来说是个糟糕的交易（每献出 1 美元，就失去 0.6 美元）。但如果所有 4 名成员在每一轮都献出 1 美元，那么他们每个人在每一轮都会获得 $4 \times 0.4 =$ 1.60 美元，从而取得 0.6 美元的收益。

这是经典的合作困境，可正式化为如下表述：你合作而其他人都不合作，那你就受骗了。每个人都合作，那每个人都收益。除你之外的每个人都合作，那你就成为一名"搭便车者"，无须冒任何个人风险而从其他所有人的合作中获利。

为了检验报复能否阻止"搭便车者"并促进小组成绩，研究者授权小组成员的半数即 2 人，让他们能够惩罚每一轮不对公共账户作出实质贡献的小组成员。要想惩罚某个你认为是在"搭便车"的本组成员，你可以作出一个"惩罚"的决定，让他失去 3 美元。但是，要实施惩罚决定，你得从你的个人账户中花掉 1 美元（此即"利他性惩罚"中"利他性"之表现）。小组的另一半成员则无权实施惩罚。

通过判断其对公共账户的贡献就能够惩罚"搭便车者"，这种能力的效果是惊人的。小组中能惩罚"搭便车者"的个人，不惜从其所得馈赠中取出极大的份额存入公共账户，其所贡献的数目随着每一轮的开展而增加。到最后，在能实施惩罚的小组中，约 40% 的成员每一轮都将其**所有的**个人所得投入公共账户。与之相对照，在不能惩罚"搭便车者"的小组中，投入随着每一轮的开展而**减少**。[44]

在另一项研究中，参与者进行了一场类似的投资游戏，但研究者让参与者自由选择他们想要参加哪种小组，即，是能够还是不能惩罚"搭便车者"的小组。如果不喜欢某种小组的结果，他们还可以随意转到另一种小组。一开始，仅有 1/3 的参与者选择可实施惩罚的小组。但是，由于"搭便车者"极为显著地影响着那些无惩罚小组的效率，无惩罚小组的大多数人最终意识到，哪怕费点事加入惩罚小组，也是值得的。事实上，游戏进行 30 轮后，约 93％ 的人转而加入了能惩罚"搭便车者"的小组。而此刻，无惩罚小组中的合作行为已经被完全摧毁。由此看，如果不能惩罚"搭便车者"，大规模的群体合作简直不可能持续。

经验即严师。它在此项研究中让参与者懂得，如果所属的群体能奖励合作而惩罚欺骗，那么长期地看，他们的个人收益会更佳——尽管他们的直觉是，通过"搭便车"或所属群体无惩罚，其收获更大。事实在于，一个群体只要存在足够的、愿意报复"搭便车者"的合作成员，那么惩罚成本带来的适存度不利，就会由多个可能实施惩罚的成员来分担，从而对适存度的实际影响就相当小。在 30 轮游戏结束之时，就高贡献者而言，愿意实施惩罚者所得的回报为不愿实施者的 98％。如果游戏持续的轮数更多，两者在回报上的差别很可能完全消失。其原因在于，在惩罚小组中，最后差不多每个人都几乎一直按照规则进行游戏，因此，根本无人需要经常性地惩罚他人。[45]

结论看来很清楚：如果缺乏惩罚能力，大规模的群体合作很可能在进化中难产。而有了对"搭便车者"的报复能力，它看来就会轻而易举地进化出来。

复仇：作为解决之道的问题

对于外部观察者来说，复仇看上去是无意义的破坏。如果不从自然选择优势的观点来计算复仇的代价，那么情况确实如此。正如前一章所述，复仇欲驱动着侵犯、谋杀，甚或国际争端。马文·西梅耶制造杀人推土机，然后用之毁坏财物并让不少人不快，但除此之外，他几乎毫无建树。最终他在科罗拉多州格兰比镇的暴行，似乎不过是一场极具破坏性的情绪发泄。维塔列·卡罗耶夫报复了空管彼得·尼尔森，但其实他造成的唯一成果不过是制造出更多的寡妇和孤儿。

而一旦运用自然选择的思维，我们就会觉察到可能隐含于人类复仇习性背后的进化逻辑。自然选择的思维引导人猜测出人类复仇习性的存在，其理由是其运作可以保护祖先，使之免受侵犯，维护他们在大规模合作行动中的劳动所得。我们的头脑中一旦意识到这些可能发生的适应性功能，那就较易于接受如下观点：复仇是人性固有的特征，尽管它在当今世界产生着可怕的效果。我们或许可以正确地将复仇视为一个现代问题，但从进化论的观点看，它同时也是一种古老的解决之道。

本章探讨了复仇在过去的进化历程中可能发生的某些功能。但复仇为什么通过进化出现？它究竟意味着什么？到目前为止，我们理解这些问题的努力仍然仅处于中途。有必要进一步考察在人类现实生活以及现实的人类社会中，复仇到底如何发挥作用——兼及对某些非人类物种的考察。

第四章　复仇的解决之道
——适应的论据

关于班堡的约郡德伯爵家族与贵族瑟布兰德家族之间长达57年的世代 62
复仇，我们还能略知一二，这简直是个小小的奇迹。对此，唯一的书写记
录见于一本小册子的两页，它作于11世纪末，其作者是一位匿名的牧师或
僧侣。原稿早已遗失，但它在12世纪的一个复本历经900年的艰难历程，
幸存至今。作者的主旨，不在于记录盎格鲁-撒克逊的政治史，而是要详
述六处有争议的北方地产（达勒姆的教会领袖认为，它们是教会的正当财
产）的历史沿革，其目的很可能是备将来打官司之用。尽管这位牧师对世
代复仇的叙述，对于其主题来说只是枝节问题，但从他在那两页纸上记述
的简单事实中，我们发现了复仇欲展示其魔力的、令人注目的证据。

从头到尾，这一世代复仇都发生于英格兰最北端的省份诺森比亚。它 63
始于1016年春。约郡德伯爵是班堡家族的家长，班堡是诺森比亚最有势力
的家族，亦为全英格兰最有势力的家族之一。统治者要想有效地统治英格
兰，就必须与北部的班堡家族合作，或予以征服。约郡德与西部的撒克逊
王埃塞雷德二世结成了紧密的同盟（事实上，埃塞雷德的女儿是约郡德的
第三位妻子）。当时的埃塞雷德为争夺英格兰王位，正忙于与丹麦人的激
烈交战。在克奴特的领导下，丹麦人攻城略地、节节胜利，埃塞雷德最终
被杀。约郡德觉察到了大势所趋：英格兰必然产生一位丹麦国王，其名即
是克奴特。是时候改弦易辙了。

一个正式的公开仪式将要举行，其时间和地点已经定好，其间约郡德

将表示顺从克奴特王，从而缔结和平条款。仪式地点在一个名为维赫尔的村子，可能就是现在北约克郡地区靠近塔德卡斯特的维格希尔村。在一个刮着大风的春日，约郡德带着40名"头目"来到那里。不幸的是，克奴特已与另一北部富豪密谋将约郡德暗杀，该富豪名叫瑟布兰德，为约郡德的宿敌之一。约郡德及其随从到了，刚刚列队于克奴特面前，就在尚未武装而毫无抵抗力的情况下被屠杀了。实施屠杀的是在暗中等待的瑟布兰德军队。

约郡德被暗杀引发了一系列的复仇行动，终于在约郡德家族和瑟布兰德家族之间上演了持续四个世代的反击与对抗。像诸多世代复仇一样，这一复仇过程也是经过精心策划而慢慢展开的。在约郡德被暗杀大约十年之后，其子埃尔德雷德杀死了瑟布兰德。又过了十年，很可能是在1038年，瑟布兰德的儿子卡尔在带领埃尔德雷德游览莱斯村的庄园时将之谋杀。这是一次令人心碎的背叛：此前一段时间，经过多年来以"谍对谍"的方式进行相互伏击之后，卡尔与埃尔德雷德和解了，并立下誓约结为兄弟。在这一复仇系列中，埃尔德雷德是第三个被谋杀者。

64　　又过了35年，第四次也是最后一次血腥的报复行动终结了世代复仇。埃尔德雷德在莱斯被杀之时，其孙亦即约郡德的重孙瓦尔赛奥夫伯爵甚至尚未出生。但两个家族由于某事而旧恨重燃，在1073年的冬天，报世代之仇的重任落到了瓦尔赛奥夫身上。趁卡尔的儿子和孙子（即瑟布兰德的孙子和重孙）在约克郡附近的塞特林顿举办宴会之时，瓦尔赛奥夫精心策划了一场出人意料的袭击，结果杀死了卡尔的三个儿子以及多个不知其名的孙子。

两年后，瓦尔赛奥夫由于与报复不相关的事件而被处决。他没有留下男性后代，因而也就没有可供在塞特林顿幸存下来的卡尔子孙实施报复的对象。由于约郡德最后一个男性后裔的死亡，这段世代复仇也随之结束。

如果说世代复仇仅仅是家庭复仇延伸的循环，这就是个过于简化的说法。世代复仇是由习俗支配的——习俗的内容包括哪种冒犯需要报复、谁可以杀死谁、何时何地可以寻求庇护、如何和解等等。进一步说，像约郡德家族与瑟布兰德家族之间的世代复仇，其动机常常带有与报复有显著区别的政治目的。但世代复仇起于混合动因：政治目的与报复目的的结合，使之产生了最大的威力。英国历史学家理查德·弗莱彻（Richard Fletcher）整理过约郡德家族与瑟布兰德家族之间的故事，在他看来："你打我，我就会反过来打你：从这种解决方法获得原始而本能的满足，其缘起远在**人类**发育为早期的**智人**之前。正是从这种原始的反应中，我们所谓血腥的世代复仇得以发展起来。"[1]关于约郡德家族与瑟布兰德家族的世代复仇，从历史遗存中我们即使仅知大略，也几乎可以毫不费力地辨识出，千年前驱使其世仇的报复情感如今仍在发挥作用。

　　长久以来，复仇就一直在人类社会现实地发生着——或许如弗莱彻教授所认为的，"远在**人类**发育为早期的**智人**之前"。第三章以自然选择的思维，识别出复仇习性在人类进化过程中可能发挥的三种适应性功能。要对复仇展开进化论的叙述，勾画这些功能，并收集证据以表明在人类进化的过程中复仇持续地以我所认为的方式发挥作用，这是必不可少的第一步。但这样或那样的行为可能通过自然选择而产生，任何人都可以就此提出某个"假想的故事"。拉迪亚德·吉卜林（Rudyard Kipling）通过虚构故事对如下现象提供了匪夷所思的解释：为什么巨鲸的食物只是细小的动物？为什么骆驼有驼峰？为什么豹子身上有斑点？但吉卜林的虚构是为了取悦孩子，而不是为了教授进化生物学的知识。

　　因此，我们有必要谨慎对待假想的故事。对于注意缺陷多动障碍（Attention Deficit Hyperactivity Disorder，ADHD），在现代也有其假想的故事。它很有趣、令人印象深刻并得到了广泛的讨论，然而在深层次上却是错误的。ADHD是一种盛行的失调，其盛行性导致某些理论家作出这样的推测：ADHD的习性可能是一种心理适应（尽管是失控的）。他们推想，在人类进化为现代形态的过程中，群体中有人拥有类似ADHD的特征或许本来是件好事，因为其快速转换的注意力、知觉和多动性让他们成为优秀的猎手。[2]

这一设想的问题在于，很难看出，这种以存在自我控制缺陷、难以集中注意力以及缺乏计划为特征的失调，何以能帮助人们成为更优秀的猎手。[3]任何一位打过猎的人（至少是任何一位曾狩猎成功的人）都知道，猎手必须能够做到不厌其烦、连续几小时集中地关注某个单一的目标、抑制住各种形式的身体冲动（从饥饿感到想打喷嚏）、在地面挪动而悄无声息、稳住身形并选择在最恰当的时机开枪。不用说，有 ADHD 的人不太可能具备这些特征。要证明诸如 ADHD 之类的东西适应于人类祖先，仅靠某个引人入胜的假想故事远远不够。

同样，要证明复仇确实是人类心理的适应性特征，仅有关于其功能的某个不错的假想故事也是不够的。然而，我们应当寻求何种其他的证据呢？由此问题入手是个不错的选择。其一，我们应当能够辨识驱动复仇欲的环境输入。也就是说，复仇欲应当是一种可靠的回应，其回应对象是输入人脑的特定信息，即人类经验的"切片"①。其二，我们应当发现，复仇在所有文化中的人们之间都会发生。复仇如果是人性的普遍特征，就不应当仅限于某些文化而在其他文化中不发生。其三，某些其他现存的物种在其群体交往中面临的适应性问题类似于人类祖先，我们应当在这些物种身上发现复仇的证据。其四，复仇的运算应当行之有效：计算机控制的进化过程模拟（这是理论生物学领域的常用手段）应表明，与报复性弱的机体相比，报复性强的机体的生存能力和复制能力通常更强。我们将深入探讨这些证据。[4]

---

① 这里的 thin slice，应该是近年来出自 thin-slicing 的新义。在 2005 年出版的《眨眼之间》(*blink*) 一书中，马尔科姆·格拉德威尔（Malcom Gladwell）强调直觉的重要性，提出"不假思索"的力量。thin-slicing 这一术语常用来分析"不假思索的力量"的观念，其含义主要有二：其一，依据的信息虽少，但由此作出的反应却极为迅速。其二，依据有限的局部信息而作出的情绪性反应。从上下文看，此处的 thin slice 也包含这两方面的意思。为简便起见，仍按字面含义译作"切片"，下文同此。

复仇欲是对经验切片的一种回应吗？

不存在通用型的适应。特定的适应之所以进化出来，是因为它们有助于机体对其进化过程中产生的特定问题作出回应。试想一下我们的感觉器官比如说鼻子，它实际上是一种转换器——将某一形式的信息（空气传播的物质之化学特征）转换为另一种形式（大脑的电化活动，它或许导致类似"这条金枪鱼闻起来很有趣"的感觉）的工具，由此接着你可以用之于决策（"我觉得可以改做鸡丁沙拉"）。像人的鼻子这样的转换器，敏感于环境（微粒）的某种形式的输入，但对于环境其他种类的输入则了无感受（例如压力波，我们的听觉系统可以处理其中的一部分）。你可以花一整天的时间用嗅觉去辨别中波 A 与中波 B 的区别，但绝不可能有任何结果，因为声音只能被听到，而不能被嗅出。鼻子仅能转换经验的一个切片。这一"切片"原则当然也适用于人类发明的电子感受仪器。基于调频（FM）来工作的无线电接收器，就完全接收不到使用调幅（AM）的无线电台发出的信号。

人类听觉系统的"切片"

对人类听觉系统的进一步考察将说明，理解激发特定人类特征的经验切片，能帮助我们评估关于这些特征的适应主义假设。人类听觉系统能感觉到的压力波，其频率范围是每秒 20～20 000 次。这是一个令人印象相当深刻的活跃范围——听觉系统所处理的切片看上去有相当的厚度。但即便如此，仍有相当部分的压力波，人耳就是感觉不到。慢于每秒 20 次的压力波不能对人形成声音信号，尽管大象经常以低于这一界限的声波进行交流。人类的听力还觉察不到快于每秒 20 000 次的压力波，而蝙蝠和海豚却用这样的"超声"波来交流和导航。狗耳也能听到超声波，任何人只要观察过狗对于狗哨的反应，都了解这一点。

因此，我们的听觉系统略去了大量可进入的外部信息，而待在这一有着奇特感觉区间的有限范围之内。由于这一格局，听觉渠道发生共鸣的范围自然就落在每秒 2 000～5 000 次。[5]其结果是，在声压同等的情况下，处于这一频率段的声音就比其他频率段的声音听上去要响亮得多。为什么会存在这样的敏感区间？如果看看灵长类动物的三类栖息地——雨林、热带草原以及若非河流即为不毛之地的环河森林，观察其中背景噪声的谱系分布，就可能找到一种解答。只有在雨林，动物活动才能对背景噪声产生实质性的影响：在整个背景噪声之中，虫鸣和鸟叫很容易被辨识。雨林中虫子、鸟儿及其他动物发出的声音，其频率范围约为每秒 2 000～4 000次。[6]

那么如下现象或许就绝非巧合：就现有研究看，某些生活于雨林的灵长类动物（包括人类），对于雨林中生物用来发声的频率波段有着固有的敏感性！由此看来，人耳并非通用型的压力波转换器，而似乎更像"动物探测器"——用于探测食物来源或防止被其他动物捕食。人类听觉系统及其实际上擅长转换的声音类型之间的这种高度相匹配性，看来是如此利于生存，很难设想其产生仅由于纯粹巧合——自然选择的思考者会看出，其中有自然选择的机制在发挥作用。

人类复仇系统的"切片"

寻仇的动机如果是类似听觉的一种适应，那就还需要敏感于外部世界的输入之切片。但它敏感于哪种切片呢？一般地说，我们午夜醒来之时，不会由于几个神经元的出错而产生无名的愤怒；如果三岁的小孩说讨厌我们，或我们使用锤子时砸了自己的大拇指，我们也不会有仇恨之意；如果侍者将我们点的阿尔弗雷多酱通心粉错拿为番茄酱通心粉，那也只有性情极为古怪的人才会因此仇恨侍者。复仇欲也不是由于通常的心理痛苦。即使癌症夺走了爱人的生命，人们也不会对癌症产生复仇欲。如此之丧痛，的确常常引发难以抑制的悲伤甚或愤怒，有时甚至使某些人改变职业而终身致力于癌症的治愈，但即便如此也不能得出这样的结论：他们是在向癌症寻仇。

那么是什么驱动着复仇欲？人们的复仇意图产生于这样的情境：觉得遭到了他人故意的重大伤害。所受的伤害越严重，故意的成分越大，复仇的欲望就越强烈。例如，对曾受害于暴力和损失财物的荷兰人的一项调查表明，他们在多大程度上想要报复行凶者，其相关因素在于他们遭罪的严重程度，以及这些罪行会导致何种程度的、持续的生理后果（就受害于暴力而言）或个人财产损失（就受害于财产侵犯而言）。[7]且诸多研究均已揭示，人们一旦觉察其所受的伤害可归责于某人——尤其是觉察到此人是出于故意——愤怒和报复行为就会随之而生。[8]此即复仇系统的运作方式：输入严重而故意的侵犯，就产出复仇欲。

引发复仇欲的、严重的故意伤害，从心理上看有一个共同特性，即它们都侵犯了受害者的名誉感。[9]**"名誉"**一词通常让我们联想到受奖或贞洁，但在此我意指的是《牛津英语大词典》对该词的第一条界定："1. 与被称颂的富贵相一致的高度尊重、敬重或尊敬；恭敬的钦佩或赞许。（a）对某人或某物感到或怀有的。"[10]名誉是我们戴着的面具，由此能向他人表明我们对自己的看法。历史上看，人们也指望其名誉以作为某种防护。我如果相信你认为我是有名誉的，那就可以拥有某种自信：你不会试图欺侮我或我所爱的人，因为你可以推测，我将迅速予以报复。这正如某位人类学家所言，名誉"基本上可等同于维护名誉的能力"[11]。

几十年前，社会学家们预测，名誉这种东西不会长久地在世上发挥作用。[12]然而，名誉即将寿终正寝的预测尚嫌仓促。各行各业的人们对于名誉的关注并未减弱。比如，教授请外地来的客人做讲座，会担心出席率过低而让宾主都失却颜面，因此她会让学生们特地确认是否出席。雇员面对尤为敏感的老板，困扰于如何在汇报老板须知之事的同时不会显得笨拙。由求公职者派来的大群受托人，就求职电视辩论中每一个微不足道的细节讨价还价，包括求职者被介绍的排序、主持人称呼求职者时所用的姓名、主持人能和不能提的问题、求职者能穿哪些颜色的衬衫，甚至还包括是否允许求职者使用纸和笔。

我们无法把对名誉的关注驱逐出当代世界，即便能做到，也不是什么好主意。你**希望**潜在的行窃者有这样的想法，即，要入室行窃就得冒生命危险。我告诉学生，他们如果不努力学习、按时上课、上交合格的作业，就会拿到糟糕的课程成绩。此时，我**希望**学生相信我的话。他们如果相信我，就会更有动力去做得更好，由此我作为一名教师的工作也就会变得更为轻松愉快。即使是美国总统，在作出外交决策之时也得考虑维护国家的名誉。如下是乔治·W·布什总统在与蒂姆·拉塞特的访谈中，为2003年春季入侵伊拉克所作的辩护（因未能找到被大肆宣扬且一直预测存在的大规模杀伤性武器，导致许多美国人对总统提出质疑，该访谈是在此之后进行的）：

> 要记住，联合国安理会第1441号决定清楚地说明："你得向我们公开你的武器或武器发展规划，并予以销毁。"而我们说："要是你不这么做，将产生严重的后果。"这是一个没有异议的裁决。换句话说，联合国安理会的世界（原文如此）指出，我们一致认为你是个危险分子。因此，这不仅是我和美国的观点。全世界都认为，他很危险，必须被解除武装。

当然，他又一次蔑视了世界。

依我的判断，当美国说会产生严重后果而实际上没有产生，那后果就会相反。人们会看着我们说，他们所说的并不当真，他们没有贯彻下去的意愿。[13]

名誉有助于我们远离麻烦，但要享有名誉提供的保护，就得在名誉受到挑战之时有维护名誉的意志。运用暴力来解决人际争端以维护名誉，在不久以前还是完全合法的防卫——甚至在西方也是如此。自约郡德和瑟布兰德的时代以来，西方世界中央政府的权力就保持着持续而稳定的增长，由此可以提供担保，以将受害者手中的复仇权转置于客观公正的法律系统名下。[14]即便如此,人们一旦不能确信更高的权威具有足够的能力代表他们来处理对其名誉的侵犯,就会想要将其复仇的**欲望**(这是任何法律系统都不可能消除的)转化为复仇的**行为**(这是法律系统被设计用来在一定程度上加以制止的)。[15]我们生活在这样的社会里:其中我们可以运用法律系统来保护自己的利益(尽管律师几乎普遍地遭到蔑视),这的确不错。但是,生活中的许多明枪暗箭远非法律系统所能弥补。就订婚来说吧,很遗憾,至少没有任何法律能阻止伴郎在彩排晚宴上大谈特谈新郎以往的性经历。你希望有一个宁静而亲切的就餐环境,餐馆里却充斥着人们用手机交谈的声音,此时也无法向任何法律求助。

再者,即使你上了法庭,也不意味着法律系统就站在你这一边。对于法律系统的有效运用,在我们的社会里原本是许多人实际上难以企及之事。例如,直到我所生活的时代,美国妇女才开始拥有足够的法律保护,以对抗其配偶或伴侣施加的暴力、工作场所的性骚扰、熟识者强暴。在其大作《野性的正义》中,作家苏珊·雅各比论证说,直到相当晚近的年代,许多妇女在受到暴虐的丈夫或家庭伴侣威胁之时,个人复仇仍是寻求"公道"的唯一方式(我想加上一句,也是恢复其名誉的唯一方式)。[16]

如果人们的居所或所处的亚文化环境让他们不(或无法)求助于司法来保护其安全和权利,对于名誉的关注也就极为敏锐。在中心城区的黑帮和非法的飞车党,对于名誉的关注较为突出。它们的成员资格仅给予"值得尊敬的"人,即一旦必要就愿意亲自来保护自己、维护自己形象的人。如果报警来解决问题,就表明你缺乏名誉,黑帮和飞车党会立刻将你扫地出门。[17]中心城区弱势群体居民区的人通常也关注积累名誉,伊莱贾·安德森的《街头法则》对此作了生动的描述。[18]

无论何处,只要法律或其他较高的权威无力为人们恢复其被侵犯的名誉提供可靠的合法工具,你就会发现,那些极为敏感的名誉检测者总是激发出报复的行为。[19]被玷污的名誉,即是驱使马文·约翰·西梅耶、维塔列·卡罗耶夫,以及约郡德和瑟布兰德的子孙产生复仇欲的经验"切片",

并且唤醒我们每个人身上的复仇欲。

复仇欲是人类普遍共有的吗？

复仇欲如果是一种适应，那就应该为人类所普遍共有。确信复仇欲的普遍存在，让我联想到莎士比亚的剧本《威尼斯商人》中著名的复仇人物夏洛克："我是一个犹太人。难道犹太人没有眼睛吗？难道犹太人没有五官四肢、没有知觉、没有感情、没有血气吗？他不是吃着同样的食物，同样的武器可以伤害他，同样的医药可以疗治他，冬天同样会冷，夏天同样会热，就像一个基督徒一样吗？你们要是用刀剑刺我们，我们不是也会出血吗？你们要是搔我们的痒，我们不是也会笑起来吗？你们要是用毒药谋害我们，我们不是也会死吗？那么要是你们欺侮了我们，我们难道不会复仇吗？要是在别的地方我们都跟你们一样，那么在这一点上也是彼此相同的。"[20]

莎士比亚正确地作出了设想：确实存在"人类普遍共有的"东西——所有文化中的人所共有的某种特征。人体具有普遍的构造特征——两只胳膊、两条腿、两只眼睛等等——这是普遍的或者说物种特有的，其原因在于它们源自同一种身体构造，即，我们是由数亿年前灭绝的脊椎动物的祖先进化而来的。我们都有两只胳膊，这不是由于基因异常、胎儿发育缺陷或恶劣环境而产生的特例。让人类学本科生成群结队地去寻找特例，显然是不明智的。同样，语言、使用工具、宗教、音乐、开玩笑、贬抑吝啬的行为，看来也是人类普遍共有的。[21]并非人类普遍共有的所有特征都是适应，但所有的适应都是普遍共有的。因此，要支持我"复仇欲是一种适应"的论点，一个不错的做法就是收集证据来说明复仇欲（当其系统被恰当的经验"切片"驱动之时）与我们有两只眼睛、两只胳膊、会使用工具和开玩笑一样，都是智人的典型特征。很幸运，这样的证据并不难收集。

73

韦斯特马克的错误

1898 年，一位名为爱德华·韦斯特马克（Edvard Westermarck）的芬兰社会科学家写了一篇关于复仇的论文，随后收入其两卷本的文集，论文的标题很朴实："道德观念的起源与发展"（The Origin and Development of the Moral Ideas）。这是一篇雄心勃勃的论文。韦斯特马克将复仇视为通往"道德意识之中最显著要素"的窗户，且基于这篇关于复仇的论文，他准备着手"探究，就复仇的本质而言，什么样的事实看上去可用来给我们以确实的教导"[22]。韦斯特马克是进化论的早期运用者。并且他坚信，正是我所讨论的这种复仇是人性的一种适应性特征，其形成和完善远在人类成长为远古智人之前（还记得理查德·弗莱彻的措辞吧）。为支持其论点，韦斯特马克举出一个又一个前现代社会中的事例，其中人们容忍而又常常直接采取报复的方式来反抗压迫他们的人，或以世代复仇的方式来对付压迫者的朋友和亲戚。

韦斯特马克是社会科学领域的伟大天才之一，但其比较研究方法存在一个不幸的逻辑缺陷：他所举出的跨文化事例，在我们看来**恰恰是因为**它们适合于其"复仇是人类普遍共有的特征"的论点。这一逻辑问题类似于流行病研究中犯有的如下错误：我们力图评估迈阿密地区癌症的流行状况，所使用的方法是仅调查在当地医院肿瘤病房接受治疗的人。仅通过考察你已知道在接受积极治疗的这些病例，你不可能确定真正的流行状况。

让问题更严重的是，不知道是什么原因，韦斯特马克没有向我们指出任何一种缺乏复仇的文化。是由于他没有发现，还是根本未去搜寻，还是由于他发现了相反的证据但随后将之隐瞒呢？没有任何理由去怀疑韦斯特马克在科学上的诚实，但即便如此，证据的缺失并不意味着就缺乏证据。仍有可能存在这样的文化：其中人们从未将复仇用作解决问题的策略。我相信，韦斯特马克已尽最大努力地利用了他手头的证据，但现在离韦斯特马克的年代已有一个多世纪，我们可以做得更好。

普遍共有的证据

我们实际上需要做的是，对世界各地多种多样的文化进行样本考察，并选作我们的分析对象，不管它们是否显示出复仇的迹象。一旦确立样本，我们就可以看出，其中有多少种文化确实表现出复仇的迹象。有两项已完成的重要研究，刚好可以满足这一需要。

作为人类普遍共有特征的血亲复仇

寻找关于复仇的跨文化迹象，其中一处在于人类关系区域档案的概率样本。该概率样本包括高质量的种族志资料，其内容涉及来自世界各地的60种文化。这60种文化是随机挑选的，分别代表世界重要的地理区域和语言群体。这些种族志资料采取以几百种不同的编码附录前后参照索引的方式（例如，涉及"血亲复仇"的编码有578、627、628和721），由此你可以确定，对于这60种文化之中血亲复仇的存在与否，种族志学者若有看法的话，其看法如何。

40年前，基思·奥特拜因和夏洛特·奥特拜因（Keith and Charlotte Otterbein）夫妻二人研究小组运用HRAF的一个较早的版本，考察了50种有着地域和语言显著差异的世界文化中随谋杀而来的血亲复仇情况（复仇者作为被害人的家庭成员，力图让杀手或其某个同伙丧生）。[23] 他们的结论是，在这50类社会之中，14类社会的血亲复仇"不频繁"，28类"没有"血亲复仇的现象。总的来看，50类之中22类社会存在血亲复仇，其概率是0.440。如果要力图得出"复仇欲是人类普遍共有的"结论，这一概率就相当不理想。

但进化论生物学家马丁·戴利和马戈·威尔逊（也是夫妻研究小组）怀疑奥特拜因夫妇的研究结论是否正确。戴利和威尔逊注意到，奥特拜因夫妇将复仇不频繁的社会界定为受害人的亲属有时会接受赔偿而不进行血亲复仇。他们还注意到，奥特拜因夫妇的"复仇缺乏"社会包括可以利用

75

正式的司法程序来惩罚杀手的社会、有可替代复仇的补偿的社会，以及谋杀本来就被认为很少见的社会。显然，奥特拜因夫妇所关心的，与其说是以这 50 类社会为样本考察复仇是否为一种跨文化现象，不如说是探讨这 50 类社会是否具有可替代复仇的习俗。除非复仇欲原本就成为一个问题，否则复仇的替代者就毫无存在的必要。[24]

因而戴利和威尔逊才算是找准了我们所关心的问题。他们明确指出在 HRAF 概率样本的 60 类社会中，有多少确实展示出世代复仇、致命惩罚或意图血亲复仇的证据。他们发现，其所考察的 60 种文化中有 57 种"涉及以一种习俗制度的方式来实施的世代复仇或致命惩罚，或对特别案例的详细记述，或者至少存在对于复仇**欲**的某种明确表达"[25]。其中只有三类社会，即南美的卡加瓦、西非的多贡、亚洲的泰国，缺乏种族志的证据以表明血亲复仇的概念较为明确或至少偶尔发生。发生的概率为 0.950，基本符合"血亲复仇普遍存在"的假设。考虑到种族志资料总得受制于如下因素——种族志学者选择探究的问题、他们设法与提供资料者之间确立合作关系、他们研究所能耗费的时间，0.950 的概率似乎就尤为令人印象深刻了。要是有更多的种族志学者或不同的人为卡加瓦、多贡和泰国文化撰 76 写种族志，也可能发现在这些文化中存在复仇的证据。戴利和威尔逊总结道："我们的研究表明，血亲复仇的倾向为所有文化中的人们所经历，而复仇的行动在任何地方都不太可能完全'不存在'。"[26]

在缺乏专门概念来特指血亲复仇的社会中，血亲复仇的现象甚至可能泛滥失控。厄瓜多尔东部的瓦阿尼人都是园艺师。为维持生存，他们在打猎和采集之余，还从事基本的种植。50 年前人类学家与他们接触时，瓦阿尼人仅有 600 名。瓦阿尼人之间仇杀的现象曾经相当普遍，但即便如此，他们的语言中仍缺乏特定的词汇来表达血亲复仇的概念。他们谈论复仇时所使用的措辞，其笨拙程度着实令人惊讶（例如，"维瓦对埃瓦下了咒，他死了。我们杀死了维瓦，他死了"或"他们传递矛刺"）。[27] 但正如记录这种奇异语言的人类学家们所观察到的："人们没有必要明确地说明众所

皆知的事物。一旦人们想对世仇予以普遍的禁止，那就形成了有利于给
'复仇'贴上抽象分类标签的社会背景。对世仇的实施和解释涉及个案。
对其的禁止，需要认知被禁止行为的一般类别，并促使其标签的形成。"[28]

作为人类普遍共有特征的有代价惩罚

回顾前一章，复仇的一个适应性功能来源于这样的功用，即，它有助
于由非亲属关系的个人组成的群体维系合作规范，由此得以分享群体合作
的成果。如果你设法惩罚某个行为过于自私的群体成员，经济学家就称你
的这一做法为"有代价惩罚"或"利他性惩罚"，而不称之为复仇。但这只
是语义上的细微差别，有代价惩罚与血亲复仇，这两者的情感驱动力并无不
同。就此而论，有代价惩罚与血亲复仇一样普遍。

最近，人类学家评估了世界范围内15类不同的社会（其中2类来自北
美洲，3类来自南美洲，6类来自非洲，1类来自亚洲，3类来自大洋洲）
77 中有代价惩罚的盛行状况，这些社会之间存在着语言、气候和经济基础方
面的差异。研究者让其参与者进行两项经济博弈。第一项是简单的"最后
通牒"博弈，其中参与者配有一名玩伴，玩伴持有相当于当地一天工资水
平的馈赠金（被称为"股份"）。股份持有者给予接受者若干股份，其多少
则依照持有者的意愿。这是某种"不要拉倒"的事情——故称之为最后通
牒。当然，接受者要是对给予的份额不满意，就可以拒绝。而这种情况
下，双方将均无所得。因此，这种拒绝显然会让接受者损失一定数目的金
钱（此即有代价惩罚中的"代价"之义），但同时也让股份持有者因过于
贪婪而受到惩罚（此即有代价惩罚中的"惩罚"之义）。这项博弈很简单，
但确实不错——由此可以确定人们是否会以付现金的方式来换取对于他们
太过苛刻者的惩罚能力。参与者还完成了"第三方惩罚"博弈：他们可以
拿出一定比例的个人资助金（为研究者所给予）来换取惩罚的特权，以惩
罚某位在最后通牒博弈中对另一名选手过于苛刻的人。

正如戴利和威尔逊所作的跨文化血亲复仇调查一样，跨文化普遍性的
迹象令人无法抗拒。在所有15类社会中，人们都倾向于惩罚过于苛刻的行

为。在所有15类社会进行的最后通牒博弈中，随着股份持有者提供给接受者的份额愈益少于五五开，接受者也就愈益倾向于拒绝，以换取对股份持有者的惩罚权。同样，随着股份持有者在最后通牒博弈中对另一名选手愈益苛刻，人们也变得更愿意付钱来换取对苛刻的股份持有者的惩罚权。

这一研究的一个最终的重要结果在于，表现出最高公平水准的社会（即在最后通牒博弈及第三方惩罚博弈中，惩罚吝于给予者的可能性最高的社会），在被称为"独裁者博弈"的活动中也表现出最高程度的慷慨。78 独裁者博弈仅包括取来股份，然后随自己的意愿来确定给予伙伴多少份额——无任何附加条件，接受者亦无拒绝权。换句话说，人们对于不公平的容忍度最低的社会，同时也是人们最慷慨的社会。结论是：在非亲属关系的大型群体中，有代价惩罚或许确实是让慷慨和合作得以兴盛的动力之一。[29]

由此看来，跨文化的证据是令人信服的。就已进行的考察来看，95％的文化展现出血亲复仇的迹象；100％的文化中人们愿意投入一定的个人成本，以获取对过于贪婪者的惩罚权。针对整个"人类普遍性"的研究活动，人类学家的提议是，如果在一个种族志样本中有95％的文化表现出某种特征，那就可以得出结论说，该特征是人类普遍共有的。[30]按照这一标准，很难否认复仇欲（其条件是存在恰当的经验"切片"来驱动）应当在人类普遍特征的目录上占据一席之地。想找某个复仇根本不为人知的社会，其成功的可能性充其量就如同去找由有三条手臂的人组成的社会。

我们是唯一的复仇物种吗？

复仇并不需要很高的智力。实际上你所需要的，就是能够认出他人，有了解他们行为的记忆，而后持有某种"如果—那么"的规则来驱使你去伤害那些伤害过你的人（或许是通过驱动大脑与愤怒相关的部分）。[31]其复杂性不过如此，因而毫无理由去假定复仇只能发生于像我们这样具有高级理性能力和复杂文化的机体。就事情的表面看，在许多非人类的动物中很可能存在复仇现象。

既然复仇确实会防止侵害、促进合作，那么如果人类**是**唯一的复仇动 79 物就很令人惊讶。不少社会性动物与侵害和合作相关，因此，复仇的进化如果说有助于人类与侵害和合作相关的问题，那么或许也曾对其他物种解决类似问题有所帮助。伟大的达尔文本人就相信这一点：

> 各种动物发泄积怨、实施巧妙报复的复仇故事是很多的，并且时常有人发表出来，看来未必不是实有其事。目光敏锐的仑格尔和勃瑞姆都说到，他们驯养的美洲猴和非洲猴肯定是有仇必报的。另一位在同辈中以精密细致著称的动物学家安德鲁·史密斯爵士告诉我他亲眼目睹的如下故事：在非洲南部的好望角，一个军官时常欺侮某只狒狒。有一个星期天，狒狒看到这个军官带了队伍快要走过来，它就立刻把水灌进一个小洞，赶快和成一堆稀泥，等军官走近，向他准确地扔过去，惹得路边的许多人哈哈大笑。后来有很长一段时间，只要看见这个挨过它泥巴的家伙，它就得意洋洋地庆祝胜利。①[32]

关于动物复仇，韦斯特马克也叙述了几则不错的故事，比如（从达尔文那里得来）关于一只骆驼将一名折磨它的 14 岁男孩的头部撕离躯体，以及一头大象向一名挑衅者喷水——请注意，其喷水对象不是挑衅大象的驯养员，而是指令驯养员这样做的指挥者。[33]不幸的是，就像韦斯特马克用来论证复仇是人类普遍特征的跨文化事例一样，来自达尔文和韦斯特马克的这些观察，难免同样的偏见：达尔文和韦斯特马克针对其他物种的复仇问题举出的事例，之所以被用作支持性论据，恰恰是因为它们支持着他们的论点。要了解在其他物种那里是否确实存在复仇，我们必须做一些能确

---

① 本段参考了潘光旦、胡寿文先生的译文，在此基础上略有删改。参见达尔文：《人类的由来》，北京，商务印书馆，2009。

实证明我们可能为错的实验。

其他灵长类动物的复仇

灵长类动物学家弗兰斯·德·瓦尔与莱斯利夫·拉特勒尔（Lesleigh Luttrell）做了一项研究，以检测三种灵长类动物中的复仇现象：黑猩猩、恒河猴和短尾猴。所有这三类物种，其个体之间时常发生冲突。冲突的起因通常是为食物或配偶而争吵，或者是雄性之间为宣告统治权而争斗。常常有第三方参与双方的争斗，支持其中一方而反对另一方。德·瓦尔与拉特勒尔的推论是：如果灵长类动物确实施行复仇，那么一旦后来者C支持A以图击败B，B就应该会产生这样的动机，即，在以后C与其他个体的争斗之时借机伤害C。通过仔细观察在三类动物的圈养族群之中成千次的个体冲突，德·瓦尔与拉特勒尔考察了这种可能性。

黑猩猩表现出的复仇方式非常易于辨识。如果C帮助A击败其对手B，那么B往往就会在将来的争斗中帮助C的对手。对于恒河猴和短尾猴来说，情况正好相反：你干涉它们越多，在你以后的争斗中，它们**越少干涉**你。黑猩猩似乎会站出来报复，而恒河猴和短尾猴只是想回避曾对它们实施攻击的同类。为什么在寻仇方面猴子迥异于黑猩猩？其原因很可能在于，黑猩猩比恒河猴和短尾猴的等级统治要松散得多。恒河猴和短尾猴总是避免触犯上级；黑猩猩则丝毫没有这样的顾虑。事实上，德·瓦尔与拉特勒尔发现，居中等级的黑猩猩将其80％的**反向**干涉针对较高等级的黑猩猩，而不是较低等级。与此相对照，居中等级的猴子针对高等级同类的**反向**干涉比针对低等级者要少20％。居中等级的黑猩猩似乎有意去侵害较高等级的黑猩猩个体，由此证实了灵长类动物学家长期持有的推测：黑猩猩追求权力。[34]

但德·瓦尔与拉特勒尔发现的猴子不寻仇的事实，并不意味着黑猩猩是唯一非人类的复仇的灵长类动物。一位名为琼·西尔克（Joan Silk）的人类学家发现，复仇（即，你越是联合攻击我，我就越可能联合攻击你）

在雄性冠毛猕猴中引人注目的程度，丝毫不亚于德·瓦尔与拉特勒尔所研究的黑猩猩。[35]猴子的复仇可能基本上是一种雄性之间的现象。若如此，则德·瓦尔与拉特勒尔将无法发现这一事实，因为他们所研究的猴群，其成员大多数是成年雌性。另外，西尔克研究的冠毛猕猴群，其成员的分布率很低，更类似德·瓦尔与拉特勒尔的黑猩猩而有别于其他猴群。或许高分布率阻碍了灵长类动物中复仇现象的发生。[36]

尚有第四种猕猴即日本猴，其寻仇方式会让盎格鲁-撒克逊的绅士们露出自豪的笑容。像它们的恒河猴和短尾猴近亲一样，日本猴有着严格的对下属具有威慑力的统治等级区分。地位低的个体在受到伤害之时，往往不会直接找地位比它高的个体复仇。一些灵长类动物学家猜测，其寻仇方式或许是攻击迫害者的亲属，而不是直接攻击迫害者。[37]

为评估这一猜测，他们分析了罗马动物园中一个日本猴群体成员之间的 1 500 多例攻击性对抗。不出所料，地位较低的个体侵害较高地位的个体的情况极为罕见；相反，情况常常是处于支配地位的个体痛打地位较低的下属。那么这些下属一旦被其上级攻击会怎么做呢？它们不直接报复，而是向攻击者的亲属寻仇。比如说，一只日本猴——姑且称之为约郡德——刚刚受到了特定个体（姑且称之为瑟布兰德）的攻击，那么约郡德在下一个时辰去攻击瑟布兰德的某个较年轻的亲戚，这种情况出现的概率为29%。就29%这一数据看，报复的概率或许看上去不高，但就约郡德攻击瑟布兰德的家人而言，这意味着其可能性增长了 8.5 倍多。在多数情况下，约郡德重新定向的报复行动，其目标将是较年轻的社会地位较低者。

顺便提一下，如果瑟布兰德攻击了约郡德，约郡德的某个亲属（也许是其子埃尔德雷德？）在下一个时辰将攻击瑟布兰德的某个亲属（也许是其子卡尔？），这种可能性将增长 2.5 倍。就日本猴而言，情况很容易由简单的错位复仇变为与人类世仇有着奇异相似性的某种事情。

更为有趣的是，日本猴约郡德针对瑟布兰德亲属的攻击，其中有 3/4 是在显眼的情况下进行，由此瑟布兰德可以清楚地看到这一攻击。为何如此？或许是因为约郡德想要瑟布兰德看见，也许他在给瑟布兰德传递如下信息：**别低估我伤害你的能力。或许你强过我，但是，我强过你的儿女、侄子、侄女，并且我知道如何在你对此无能为力之时逮住他们。**日本猴在实施复仇（尽管是错位的）之时，通过展示其施暴能力以力图阻止再次成为受害者。这与人类何其相似。

为什么要局限于灵长类来搜寻动物复仇的现象？如果对于阻止侵犯、促进合作来说复仇是如此不错的策略，那它在许多物种——即使是在认知能力比灵长类大为逊色的物种——那里就有进化而出的潜在可能性，只要这些物种在其进化历程中长期面临与侵犯和合作相关的难题。[38]复仇行为甚至可能在物种完全不同的成员之间进化出交往规范。褐头燕八哥是幼体寄生动物。它们在其他鸟的巢穴里下蛋，然后厚颜无耻地期待寄主将这些蛋和寄主自己的蛋一起孵化。寄主鸟为什么不将燕八哥的蛋扔出自己的鸟巢呢？这是由于如果这么做，燕八哥就会回来毁掉寄主的蛋。寄主让燕八哥的蛋待着，燕八哥就不会对寄主的蛋使坏。复仇是如此简单而有效，甚至连鸟的智力都可以做到。[39]

鱼类的复仇

复仇甚至可以发展于鱼类。一群孔雀鱼或棘鱼在觅食，而捕食者譬如说一条太阳鱼出现了；此时一支小侦察队就会从鱼群的大部队分离出来，一步步地靠近捕食者来进行威胁评估。这支侦察队以前后紧接、步伐一致的方式行进：侦察队中的一员前进一步，接着就是另一员前进一步，如此类推，直至它们靠近的程度足以评估太阳鱼是否会因饥饿而追逐它们。如果太阳鱼对侦察队没有反应，那所有的侦察队员就作出判断：它还没有饿，鱼群可以安全地继续觅食。而太阳鱼要是真的冲向侦察队，处在后面的孔雀鱼就知道，它们得停止觅食、保持警惕，以免成为太阳鱼接下来的口中食。侦察捕食者的队伍获取了极为宝贵的信息，但每当它们开始一项侦察任务之时都面临致命的危险。然而，由两条以上鱼组成侦察队大大降低了被吃的危险。和人类一样，太阳鱼在食物太多的情况也变得踌躇不决。

由此看，侦察捕食者是一种合作困境。如果以共同执行侦察任务的方式展开合作，就能获取宝贵的信息——关于太阳鱼食欲的预警，其风险则控制在可接受的水平。但风险仍然存在，因此，尽管由**某一个体**执行侦察任务则全体受益，但如果这位执行侦察者不是我则我会受益更多。在诸如此类的合作困境中，我们应当注意已进化出的、驱使侦察队员忠于职守的行为机制。

这一机制就是复仇。在经过周密控制的实验室环境中，有位生物学家通过实验发现，如果某一侦察队员过于滞后，或未能按部就班向捕食者靠近，离捕食者较近的侦察队员就会突然游到滞后者背后，这样就变成滞后者离捕食者最近了。直到这个勇气不足的家伙用鳍游动起来并向捕食者适当靠近，报复者才再次移动。其后报复者重新加入队伍，侦察队继续其游往捕食者之旅。换句话说，如果某一队员没能坚持合作计划所要达成的目标，其他队员就会报复它。这个懒鬼如果重新开始努力工作，那就会被"宽恕"而侦察任务将继续下去。[40]

在特立尼达的图鲁尔河，瀑布形成的天然障碍妨碍了孔雀鱼群落的杂交。这导致在河里进化出两个品种的孔雀鱼，它们的基因有着显著的差别。瀑布上游的孔雀鱼仅面对一种小型捕食者，因而它们被捕食的危险相当低。瀑布下游的孔雀鱼则无数世代以来都得面对好几种不同的大型捕食者——我刚才所叙述的，指的就是这些下游孔雀鱼的报复行为。这两类孔雀鱼面对被捕食的压力水平有很大的差别，因而在下游孔雀鱼那里发现复仇现象的研究者推测，对于上游孔雀鱼的行为表现来说，自然选择不会有建立起同样复仇机制的任何机会（产生这种创造性的科学假设需要一定的条件：你必须非常熟悉某一特定物种，并且具备自然选择思维）。为检验这一假设，这位生物学家重复了先前的实验，但这一次用的是上游的孔雀鱼。

得出的实验数据为他的假设提供了有力的支持。回顾他先前对下游孔雀鱼所做的实验：下游孔雀鱼在高度的被捕食压力下经过了长期的进化历程，如果其同伴过于滞后，往往以回游的方式予以报复；如果该偷懒者重新行进，报复者就开始恢复行进。但上游孔雀鱼（被捕食压力低的环境下的品种）的行为方式根本不像这样。首先，在整个侦察过程中，上游的雌鱼根本未表现出任何报复举动（上游雌鱼被捕食的可能性非常低，而雄鱼被捕食的危险性稍高）。而上游的雄鱼在其同伴偷懒而自己游得过于靠前时，的确会回游，但与其下游的近亲不同，对于偷懒者的"悔悟"，它们并不以重新前进的方式作出回应。[41]

将上游雄鱼的回游倾向视为某种形式的报复，这种看法甚至都不正确。它更可能只是体现了"合群"（相互之间保持较近的距离）的倾向。你在同伴前面太远时回游，而在同伴决定重新前进时并不重新前进，那么你实际上并不是要以回游的方式促进合作，而只是想要不离队。

只要运用你刚读过的自然选择思维，上述结论就不会令你惊讶。如果 *85* 复仇是因为有助于动物解决诸如在侦察捕食者的过程中维持合作之类的问题而被自然选择的，那么对于一个在进化历程中并不以合作性的捕食者侦察为特点的孔雀鱼群来说，自然选择就没有任何理由去斧凿出报复机制以维持这种合作。以下游孔雀鱼对于合作性的捕食者侦察之持续需要为条件，进化过程就能通过延续性的基因变异而形成报复的习性。但是，上游孔雀鱼并不**需要**这样的机制，因为不存在作出如此选择的环境压力。其结果就是，图鲁尔河瀑布上游的孔雀鱼没有进化出报复的特征。

自然选择需要多长时间，才能复刻出像应对捕食者侦察这样的报复机制？它当然需要好几百万年，对吗？令人惊奇的是，如果有足够高的被捕食压力，有助于鱼逃避其捕食者的适应可以在不到 40 代的时间里进化出来。[42]或许还更短。鱼类的 40 代不过几十年。甚至在人类这里，其形成也只是进化史上的一瞬。

复仇的数字计算

人类与鱼的共同祖先可追溯至几十亿年前，与猴子的共同祖先可追溯至数千万年前，与黑猩猩的共同祖先也至少在五百万年前。到底该在人类的世系之中追溯多么久远，才能弄清现代人类的复仇习性之起源？

你要是真正开始运用选择思维，就会认识到这是个错误的问题。在某种特定的情况下，报复倾向为孔雀鱼、棘鱼、褐头燕八哥、猴子、黑猩猩和人类所共有，这一事实并不必然意味着这一倾向都是从一个共同的祖先那里继承的。某些物种曾面临独特的环境压力，促使复仇演化成一种解决问题的策略；其他物种则没有。给予足够的时间（也许并没有你以为的那么长）和足够的选择压力，简单而又精致的自然选择可以产生复仇的鱼、鸟、猴子、黑猩猩和新的人类。如果复仇对于适存度的增进远远大于其成本，那它就会产生于各种动物种群。这其实不过是一个数学计算的问题。

当然，某一物种将复仇作为解决问题的策略，也不必成为计算复仇的成本和收益方面的杰出数学家。自然选择是一个令人着迷的会计师，它一丝不苟地记录着每一个行动者的成本与收益，奖赏那些采取成功策略解决社会困境的行动者，而阻碍采取较失败策略的行动者。采取成本与收益的比率低的行为策略的有机体，更具有适应性，也就是说它们繁殖的后代较多。采取成本与收益的比率高的行为策略的有机体，则不能繁殖足够数量的后代，因而将随着时间的推移而逐渐消失或濒临灭绝。对于通过进化产生新特征而言，有机体无须反思自身存在的能力：自然选择将确保那些导向繁殖成功的策略，由于生产出大量的后代而更占优势。

理论生物学家研究与个别特征相联系的成本与收益如何导致自然选择，他们通常运用计算机程序来创建简单的电子世界。在其中有机体采取相应的策略，与其邻居相互作用，为争夺如空间与食物之类的资源而展开竞争，其所繁殖的后代数量对应于它们在获取资源方面的成功程度。让这些模拟在一台计算机里面运行一个周末，它们就会出现成千上万的后代，由此可以提供有关自然选择是如何产生这些特征的重要参考。简而言之，理论生物学家试图弄清楚**能够**进化出什么，以便能更好地理解**已经**进化出的东西。

对于棘鱼和孔雀鱼在侦察捕食者时的报复习性，理论生物学家将之比作博弈策略。这是一种你与一个对手玩的游戏，你要在其中获胜，不仅取决于你的选择，也取决于对手的选择。有些理论家认为，下游的孔雀鱼 *87*（它们处于高捕食压力之中）在侦察捕食者时所用的策略可被称为"一报还一报"[43]。这是一种由有条件的规则组成的简单体系。以合作开始，如果对手背叛，就惩罚它。如果对手受惩罚后悔悟，就宽恕它。

正如我们在下一章将要看到的，博弈论和计算机模拟在理论生物学中的运用，已经提供了对于复仇和宽恕之间关系的令人惊奇的洞见。随着合作的进化，复仇和宽恕并不是拔河比赛的对手，而是处于同一团队之中。你要想在合作中取得成功，就不能做老好人，否则你就会马上成为所有人的欺侮对象，从而承受降低适存度的后果。要是邻人背叛了你，你得敲打他。约郡德和瑟布兰德的子孙们懂得这个道理，黑猩猩、猴子、鱼类和鸟类也懂。但你也不能对所有人在任何时候都报以恶意和仇恨。你得对你的社交圈中的某些人表示不计前嫌的意愿，因为长久地看，懂得如何合作的有机体比只知道报复的有机体要活得更好。在短期的自利与合作的长期收益相对立的社会困境之中，进化有利于这样的有机体：它们在需要报复时能够报复，在需要宽恕时可以宽恕，而这需要智慧来理解其区别。

第五章　家庭、友谊以及宽恕的功能

　　复仇欲不是人性的病态或缺失。它确实属于人性，且一直是我们的一部分。这一事实意味着，我们作为物种的灰暗前景已经预定。即使有更合理的社会规划、更有效的医疗药品或更优良的心理治疗，我们都摆脱不了人性之中的复仇欲。但同时也有一些好消息。进化科学让我们不难得出结论：宽恕也是人性的固有特征。在随后的几章，我们将看到，如复仇欲一般，宽恕的潜能是普适的社会天性。任何一位神智健全的人一来到这个世界，就具备在某种特定的情况下的宽恕潜能。

　　在某种特定的情况下，这可是非常重要的说法。要想了解如何让这个世界有更少的复仇、更多的宽恕，其关键就在于弄明白"某种特定的情况"是什么。一个不错的入手途径是进一步考察宽恕潜能的两个功能（它
们是作为被自然选择的理由来理解的）——有助于人类祖先与他们的遗传亲属共处的能力，以及有助于人类祖先与非亲属之间建立和维持合作关系的能力。

与亲属共处

　　我们已经知道，许多种动物——人类当然**并非**例外——在相当残酷的情况下存在报复其血缘亲属的现象。[1]但人类对自己的亲属施行血腥复仇的情况，仍极为罕见。某人杀死另一人，受害者大多是陌生人、熟人或其伴侣。只有在极少的情况下，人们才会杀死自己的孩子、父母或兄弟姐妹。[2]的确，历史和文学之中不乏人们为了追逐权力、财富或爱情而杀死

自己兄弟姐妹、父母或孩子的故事。你还可以发现足够的证据说明，人们几千年来都存在杀婴现象（通常是在极端困难的状况下）。但就我们所知，一般地说，在对自己的遗传亲属实施血腥复仇（而且就对亲属的其他形式的复仇而言，这种假设很可能也是可靠的）之时，人们会且一直是踌躇万分的，除非他们这样做就能获取可观的收益，或不这样做就面临可怕的损失。[3]

到底是什么使得对亲属的复仇如此罕见？的确，亲子纽带、感恩、相互依赖、兄弟情谊，所有这些都有助于抑制我们对亲属的复仇。但从进化的视角看，还有一种更为基本的抑制理由：对血缘亲属的残酷复仇，只要确实削弱了亲属的适存度，也就同时削弱了复仇者的适存度。无论你喜欢与否，你的妹妹和你的堂弟带有某些与你相同的基因（亲兄弟姐妹有50%的基因与你相同，第一代堂兄弟姐妹与你相同的基因为12.5%），因此，你要是从基因库中移除他们的基因，也就意味着移除了你的一部分基因。我的适存度不仅依赖于我有多少后代（**我有多少基因通过自己成功的生殖而传递给后代**），而且依赖于我的遗传亲属拥有多少后代——这种观念被称为**广义适存度**。对于我们在争取进化意义上的不朽的活动中的实际成就如何，广义适存度是真正的衡量标准。

生物学家J. B. S. 霍尔丹（J. B. S. Haldane）曾开玩笑说，他尽管不会 *90*为一个兄弟，但会为两个兄弟或七八个堂兄弟放弃生命。挽救两个兄弟的生命等同于两次挽救你一半的基因。因此，对遗传亲属进行残酷的报复，将损害广义适存度。生物学家们通常采取更巧妙的说法，或许是宣称，某人从报复中获得的收益为"亲属关系所校正"[4]。其基本含义是指，如果对你妹妹的报复耗费了她两个单位的适存度，那你就会刚好失去一个单位的适存度，因为你是你妹妹基因的一个主要共享者。由此看来，宽恕血缘亲属的倾向很可能进化出来，因为拥有如此特征的人，能避免由于减少其血缘亲属的适存度而出现搬起石头砸自己的脚的情况。

与非亲属合作

在人类进化过程中，宽恕很可能还服务于第二种功能：促进非亲属之间的合作。我们已经知道，复仇有助于解决这一问题，但宽恕也是一种解决途径。实际上，如今我们之所以乐意宽恕我们的朋友、邻居、同事，其大部分原因很可能在于，宽恕使得我们的祖先得以发展和维系合作同盟，这种同盟为他们在大型群体中茁壮成长所必需。对于复仇与宽恕，我们不应视之为疾病与疗方或毒药与解药的关系，而应将其看做同一个助产团的成员，由此促生出人类的超级合作性。这一观点值得花些功夫来斟酌，本章的余下部分将通过对博弈论的简略说明来进行这一工作。

孔雀鱼博弈

让我们回顾一下第四章孔雀鱼的捕食者侦察队。请思考侦察队的成本与收益，先看成本：侦察队需要花费时间和精力，它们本可以将这些时间和精力用于觅食。还存在这样的危险——某一侦察队成员成为太阳鱼的口中餐。因此，对于孔雀鱼鲍勃来说，其获取最大利益的方式是逃避侦察职责——只要能让其他某成员去干这份糟糕的差事。

然而，侦察队可以提供宝贵的信息：它们告诉其他孔雀鱼，继续觅食是否安全或是否应当逃离以免被逮住。最终，某一侦察队员会殉职，但对于任何一次侦察任务（如果有志愿的侦察伙伴）中的任何单条孔雀鱼而言，这种风险都相当之低。因而从适存度的意义上说，对于孔雀鱼个体而言，**有**捕食侦察者与**没有**相比，其收益要高一些。但有一种鱼的处境相当不妙：这个可怜的家伙愿意参加侦察任务，而其同伴却打算一旦情况危急就背弃它。前面已说明，单兵侦察比与同伴一起侦察，其被吃的危险要大得多。

可以按照执行侦察中的孔雀鱼的净利益，对其可能的结果进行排序。结果最佳的是离职背叛同伴的个体（获取信息方面有高收益，承担致命危险方面未付出任何成本）。排在第二位的是轮到它值班时愿意负责侦察任务、其侦察目的得到同伴支持的个体（获取信息方面有高收益，承担致命危险方面付出低成本）。排在第三位的是**无任何成员**愿意执行侦察任务（零收益，零成本）。结果最差的是执行任务时其同伴中途开小差的倒霉鱼（获取信息方面有高收益，但在承担致命危险方面付出极高的成本）。

这里就存在一个困境：作为一种自利的行为过程，孔雀鱼执行侦察任务时的决策不是在真空中进行的，而是依赖于其同伴之所为。表5—1揭示，只有当我们同时知道孔雀鱼B将怎么做时，才能预测孔雀鱼A的策略选择对其适存度的影响。

表5—1　　　　　　　　　执行侦察任务的孔雀鱼困境　　　　　　　　　92

孔雀鱼A的策略		孔雀鱼B的策略	
		前进	退缩或撤退
	前进	A的收益 　信息 　被折扣于被吃的小风险 B的收益 　信息 　被折扣于被吃的小风险	A的收益 　信息 　被折扣于被吃的较大风险 B的收益 　免费信息 　无被吃的风险
	退缩或撤退	A的收益 　免费信息 　无被吃的风险 B的收益 　信息 　被折扣于被吃的较大风险	A的收益 　无信息 　无被吃的风险 B的收益 　无信息 　无被吃的风险

表5—1中，在左上栏，两条执行任务的孔雀鱼获得了宝贵信息，但因为存在低度的被吃机会，它们的信息收益要打折扣。在右上栏，孔雀鱼A靠近捕食者，孔雀鱼B则失职。在此情况下，孔雀鱼A获取的信息收益因

高度的被吃风险而大打折扣，孔雀鱼 B 则免费获得信息，即，无须担心被吃。在左下栏，后果正好相反：这次是孔雀鱼 A 为免费获得信息的"搭便车者"，孔雀鱼 B 则不得不通过工作来获得信息——由于需要冒较大的风险而其利益被大大削弱。右下栏显示的是两条鱼都不往捕食者靠近的情况。它们都得不到关于太阳鱼食欲的信息，但都未冒被吃的危险。某条鱼的行为对其适存度之影响依赖于其他鱼的行为，在此情况下，孔雀鱼会怎么做呢？

困境到处存在

我刚刚描述的困境作为一个特例，更多地关涉基因问题，科学家们则称之为"囚徒困境"。它得名于虚构的如下窘迫情境：两名犯人因被怀疑犯下一项重罪而被逮捕。警察没有足够的证据来指控他们，因而将他们分别提审，希望依据他们的证词确定主犯来起诉其中一人。如果两名疑犯都不出卖其同伙，他们两人就会以轻罪被起诉，分别处以一年的监禁。如果一人提供了不利于另一人的证词，他就不会被起诉，而另一人将以主犯被起诉而处以三年的监禁。他们如果彼此告发，就都被处以二年的监禁。如此处境下最明智的行为选择是什么呢？此即囚徒困境。

科学作家威廉·庞德斯通（William Poundstone）认为囚徒困境是"20 世纪最伟大的观念之一，它既简明易晓，又具有根本重要性"[5]。由于它揭示社会行为令人惊讶的真相之能力似乎无穷无尽，政治学家罗伯特·阿克塞尔罗德（Robert Axelrod）称之为"社会科学的大肠杆菌"[6]。囚徒困境不仅可以在欺骗、信任、自利和理性行为的问题上为我们提供启发，也可以为我们理解宽恕提供不少教益。尤其是它可以揭示，宽恕潜能如何进化出来，以帮助人们受益于与非亲属的合作。

我们周围到处都存在囚徒困境。一旦发现自己处于这样的情境，你就很可能陷入了某种囚徒困境：如果所有人都一起工作，那么就每位参与者而言，平均收益最高；但就个人而言，欺骗其他所有人获得的收益最高。[7]两名囚徒如果对其同伙的罪行保持缄默，他们的**平均**收益就最高；但他们获得最高**个人**收益的情况是，出卖他的忠诚同伙。两条侦察捕食者的孔雀鱼如果都按预先计划来行动，其**平均**收益就优于按照任何其他方式行动所得的平均收益；但**个体**获得最高收益的情况是，自己偷懒而让同伴去进行侦察。世界上所有国家都获得最高**平均**收益的情况是拒斥所有发展核武器的野心；但**个别**收益最大的情况是成为世界上唯一拥有核武器的国家。

　　20世纪40年代，一位名叫约翰·冯·诺伊曼（John von Neumann）的匈牙利数学家发展出**博弈论**，从而为这些困境策略提供了某种数学上的严谨性。博弈论理论家力图辨识，自利的行为者在与其他未来行为不确定的行为者展开竞争即一般所谓的"博弈"之时，应当寻求何种行为方式。博弈论的圣杯是"纳什均衡"，得名于麻省理工学院的数学家约翰·纳什（John Nash），他于20世纪50年代早期对此进行详细的研究（经过与严重精神疾病的长期斗争，40年后纳什康复并由于其博弈论研究而接受诺贝尔奖，随后成为《美丽心灵》（*A Beautiful Mind*）一书以及同名电影的主角）。达成纳什均衡的条件是，无论对方的选择如何，两名玩家的策略选择考虑都不存在任何偏离均衡的理性动机。[8]

　　暂且回到孔雀鱼的问题来说吧。假如我是一条有自尊心的孔雀鱼，我想获得有关太阳鱼食欲的信息，同时在侦察过程中被吃的危险要很低。我的侦察同伴和我所想要的一模一样。博弈论得出了如下的无情结论（这一结论导致博弈论学者在冷战期间建议，美国应该对苏联发起一场先发制人的核打击[9]）：自利行为者在其他自利行为者进行博弈时，应当总是采取背叛策略。囚徒困境的纳什均衡——当你最优先的考虑是保护自己且不能完全信任同伴之时所应当做的——是侦察中偷懒，背弃同伴，向你的冷战对手发射洲际弹道导弹，否则你将难以避免成为替罪羔羊的悲惨命运。你相信你的对手会得出同样的结论，除非他极其愚蠢或精神不正常。一起侦察对于孔雀鱼、不相互背叛对于囚徒、抑制先发制人的核打击对于世界，都是不错的选择，但我们应当预期自利的行为者总是采取背叛策略，对吗？

95 　　好吧，我们应当庆幸美国总统并没有认真看待数学家们的告诫：在现实生活中，孔雀鱼确实相互合作，进行捕食者侦察；在现实生活中，小偷之间常常讲名誉。而对于我们的冷战敌人，我们实际上设法避免了确保毁灭对方的核打击。这些愚蠢的鱼、小偷，以及领袖们为什么就不听从数学家们的建议呢？

再做一次

在囚徒困境中，合作行为之所以比早期博弈论学者所预测的要常见，其原因在于，现实生活中我们的选择会影响到人们将如何对待我们，我们作选择之时不能排除对这些影响的考量。大致地说，现实生活中的社会有机体并不是任意地漫游世界，以寻求和他们进行单局囚徒困境的新同伴。相反，他们进行的是局数少得多、玩伴少得多的**重复博弈**，即多轮的博弈。孔雀鱼群或棘鱼群中的个体相互之间都认识，因此，它们可以根据本轮侦察中个体的行为表现，在下一轮捕食者侦察博弈中进行彼此的回报或惩罚。人类大多数的囚徒困境也是重复博弈。我们天天与一样的同事共享冰箱冷藏室，由此我们利益最大化的情况是：保持冷藏室清洁，以便同事对我们的努力心存感激并设法回报。其中任何单回合的博弈，其实是属于更大型博弈中的一场。

重复的囚徒困境之数学设计来自政治学家罗伯特·阿克塞尔罗德。阿克塞尔罗德推测，当囚徒困境从单局博弈扩展为重复博弈之时，单局博弈中的纳什均衡即"全背叛"策略，可能不再那么有效。20世纪70年代末，阿克塞尔罗德邀请其研究博弈论的同事进行囚徒困境的多轮博弈比赛，设计得分最高的策略，由此开始探讨上述可能性。

有 14 组策略参赛。最简洁的策略［即"一报还一报"，由加拿大博弈论专家阿那托·拉帕波特（Anatol Rapaport）提出］非常简单，在 For- tran 计算机语言中仅需四组编码。最怪异的策略（提出的专家匿名）需要 77 组 Fortran 编码。在五场不同的比赛中，每个策略都要分别与其他策略进行两两对抗，每场比赛都是由 200 个囚徒困境组成的重复博弈。每个策略的成绩是基于它在所有比赛中总得分的平均值。

令阿克塞尔罗德感到惊讶的是，成绩最好的是不起眼（而简洁）的"一报还一报"策略。"一报还一报"在每场比赛的第一局都采取合作的策略，然后只要对手在上一局合作，它就继续合作；如果对手在某一局背叛，它就在下一局背叛；如果对手转而合作，那么它也重新继续合作。它惊人地相似于特立尼达的孔雀鱼在捕食者合作侦察中使用的策略：以友善起始，对合作的回应是更多的合作，对背叛的回应是背叛。[10] 阿克塞尔罗德通过计算机模拟，发现了某种孔雀鱼和棘鱼通过自然选择而获得的东西。

为确保结论的可靠性，阿克塞尔罗德公布了第一次比赛的结果，而后又征集第二次比赛的参赛者。第二次征集到 62 个策略。拉帕波特提出的仍是"一报还一报"策略。这一次最复杂的策略，其长度是"一报还一报"的 30 倍。

在第二次比赛中，所有 62 个策略相互对抗，并分别与一个合作与背叛随机出现的策略相对抗。"一报还一报"策略又成为优胜者。在阿克塞尔罗德组织的比赛中，"一报还一报"策略的成功有一个有趣之处：在它进行的任意一局博弈中并不是特别强。它最终取得好成绩，并不是通过将对手击倒，而是由于在许多高得分的赛局中缠住对手。事实上，"一报还一报"策略无法击败**任何对手**，因为它所做的一切，不过是以友善开始，然后复制对手的行动。其力量并不是来自施加蛮力，而是来自鼓励双赢行为的能力。

从重复博弈到进化博弈

博弈论的历史可划分为两个阶段：前阿克塞尔罗德与后阿克塞尔罗德

阶段。在阿克塞尔罗德之前，博弈论致力于理解人类行为。在阿克塞尔罗德涉足之后，博弈论成为研究所有生物行为的一条途径。在完成两次比赛之后，阿克塞尔罗德的下一步是将比赛转向"最适者生存"的计算机模拟。他让第二次比赛征集到的 62 个策略相互博弈、与自己博弈，并与一个随机作出回应的策略相对抗。按照阿克塞尔罗德制定的模拟进化的规则，模拟起始时，这 63 个策略的存在数量相等，而在每一代的竞赛结束之时，策略"繁殖"的数量将对应于它们在这一代中赢得的积分。按照这种方式，博弈成功率高的策略拥有许多后代，成功率较低的策略，其后代相对较少。由此阿克塞尔罗德设法模拟了进化论的前提，即成功孕育着成功。

"一报还一报"策略又一次高居榜首。经过几百代的竞赛和繁殖，大多数高度易被利用的策略（即没有在后续的轮次中对背叛作出背叛的回应），为较卑鄙的策略（经常背叛或利用合作者的策略）所消灭。不过像"一报还一报"这样的报复策略，仍可以通过一局又一局的相持而紧跟较卑鄙的策略。

卑鄙策略在消灭了所有的易受骗策略以后，只能相互对挑。这样一来，它们的数量就因为相互之间的低分局而减少，无法繁殖出充足的后代。"一报还一报"则与卑鄙策略继续相持，而在与自己的博弈中不断地取得高分。由于与自己博弈时，卑鄙策略受挫于低分局而"一报还一报"收益于高分局，"一报还一报"策略的后代数量不断增长。

98　　　最后，"一报还一报"成了阿克塞尔罗德的模拟生态中最多产的策略。在第 1 000 代竞赛结束之时，差不多 15％的机体在使用"一报还一报"（请记住，开始时它仅占所有策略中的 1/63），而其份额还在增长。由此看来，"一报还一报"是一种进化稳定策略——纳什均衡的进化版本——无法被其他任何策略超越。在阿克塞尔罗德的准行动者世界，"一报还一报"似乎通往基因不朽之途。[11]

是什么让"一报还一报"如此成功？

作为如此成功的策略，"一报还一报"具有四个特点。其一，它是一种**善良的**策略：它总是以合作开始博弈。因此，只要玩伴拿出相似的姿态，"一报还一报"策略总是乐意以相互合作的方式受益。其二，它是一种**报复的**策略：如果玩伴在某一轮背叛，那么"一报还一报"就会在下一轮以报复作为回应。这样一来，它就可以防止卑鄙策略利用它的善良。其三，它是一种**宽恕的**策略：如果玩伴在背叛之后又恢复合作，那么"一报还一报"也会在下一轮恢复合作。其四，它是一种**清晰的**策略：它以友善的方式开始博弈，而后不断重复上一轮其玩伴之所为。也就是说，玩伴友善，它就友善；玩伴作弊，它就报复；玩伴改正其作弊方式，它就宽恕。"一报还一报"只是如此而已，并不考虑太多。它只不过是互惠规范所遵循的黄金规则。

你的合作伙伴损害你的利益以追求自身利益最大化，此时你应该报复吗？好吧，有时应该。对于这类以牙还牙式的报复，"一报还一报"是其角色模型。报复让你的合作伙伴明白：他们不应当试图利用你，最好不要背弃其承诺。如我们在前几章所见，"一报还一报"的复仇习性作为一种强化社会契约的方式，已经在许多动物物种那里进化出来。

但"一报还一报"也表明，你要想真正获得成功，就不能将怨恨永远抓住不放。它告诉我们，要取得长期的成功——更不要说基因不朽——其关键在于愿意宽恕曾背叛但随后恢复合作的伙伴。念念不忘的积怨是毫无意义的：合作会带来的收益比没完没了的背叛要多得多。因此，如果你能在背叛之后恢复合作，即，做到"一报还一报"所能做的，那你所做的就是对你和你的伙伴来说都是高分的互动行为。愿意宽恕间断性的背叛——只要伙伴表现出恢复合作的意图——对于创造双赢的博弈是必不可少的。

在这些研究的初启过程中，阿克塞尔罗德有意省略了进化过程中的某些复杂性，更不用说现实的社会互动中纠结不清的失真和偏差。但将

99

这些纠结的因素引入计算机模拟是可能做到的，由此可以使之更贴近现实。其结果是，我们越是修正这些进化的"装配玩具式的模型"[12]，以更接近人类祖先可能进化出其超级合作性的社会环境，这些模型似乎就愈益支持甚至比"一报还一报"更为宽恕的进化策略。

引出杂音①

我想，我们大多数人都有过这样的经历：想用巧妙的方式讲某事，但惊恐不安地发现，这些本出于好意的话一脱口，听起来却粗鲁或伤人。即使真的试图与合作伙伴友善地进行博弈，我们的美好愿望有时也会造成事与愿违的结果。在实施合作策略的过程中，各种各样的机体都会偶尔犯错。[13]博弈论专家称之为"杂音"。

对于"一报还一报"来说，杂音——你在打算合作时或许因出于意外而背叛，或者你的伙伴可能将你真诚的合作行为误读为背叛——是个大难题，即使出错的概率很低，譬如"一报还一报"策略与自身博弈时遇到的情况：实施你的意图或解读伙伴意图的过程中有 1% 的出错机会。这样，两个策略都是以友善的态度开始博弈，但最终总有一方会出错：玩家 A 想要合作但其所为却损害了玩家 B，或者是玩家 B 误读了玩家 A 的合作意图。在其中任何一种情况下，B 接下来都会背叛 A，以作为（在 B 看来）正当的报复行动。而 A 所使用的也是"一报还一报"，因而将在下一轮背叛以作为对 B 背叛的回应。依此类推，两个玩家以黄金规则开始博弈，最终却陷入了相互报复的无尽循环。阿克塞尔罗德将这一荒谬的场景称为**回声效应**。他认识到，一旦可能出现回声效应，"一报还一报"策略就不够宽恕。[14]

由马丁·诺瓦克（Martin Nowak）和卡尔·西格蒙德（Karl Sig-

100

---

① "引出杂音"（Bring on Da Noise），可能是由 1994 年美国著名的踢踏舞音乐剧 *Bring in'da noise，Bring in'da funk* 的剧名派生而来。

mund）这两名数学生物学家组成的团队，是探索负载杂音的世界中合作进化的先驱之一。像他们前面的阿克塞尔罗德一样，诺瓦克和西格蒙德创建了对进化过程的计算机模拟。但与阿克塞尔罗德不同，他们容许存在于这种计算机模拟世界中的机体在实施其自身规则以及解读他者行为的过程中犯错。他们的模拟运行了几百万代。每过一百代，他们都添加突变策略，来判断突变能否入侵进化系统。

诺瓦克和西格蒙德发现，如阿克塞尔罗德所见，进化是分阶段进行的。在早期，较卑鄙的策略（惯于欺骗的策略）通过赢得对友善同伴（对合作有些过于热心者）的诸多场博弈，迅速确立在数量上强有力的稳固地位。然而，在击败大多数友善者之后，卑鄙策略就没什么好欺负的同伴了，因而它们就相互倾轧。这样一来，它们通常就陷入了一场又一场的低分局。卑鄙策略的失败让"一报还一报"（它是过于友善与过于卑鄙这两类策略的居间者，似乎具有最优的前景）的份额得以增长。

但是，"一报还一报"也好景不长。多代过后，由于在实施意图过程中小概率的犯错可能性，甚至连"一报还一报"的境况也开始变得艰难。前面讲过，甚至一个失误的举动，都会让运用"一报还一报"的两个玩家陷入负性互惠①的荒谬循环。在诺瓦克和西格蒙德的有杂音世界，无力克服实施中的失误是"一报还一报"的致命缺陷。

那么"一报还一报"占主导之后又该如何呢？在初步研究期，诺瓦克 *101* 和西格蒙德将一种名为"慷慨的一报还一报"策略推为进化的终极优胜者。"慷慨的一报还一报"正如其名，会宽恕从背叛恢复合作的玩伴，此外还有一个特征：有 1/3 的时候，它给予**无条件的**（即不以要求玩伴的下一轮合作为先决条件）宽恕。换句话说，你如果在与"慷慨的一报还一报"博弈时背叛，就有 1/3 的机会碰到它以容忍的姿态与你继续合作。这

---

① 原文为 negative reciprocity，又译作"负向的互惠"或"消极互惠"。理论上说，它指的是"互惠交易"的一种形式，其特征是交易双方有一定的距离，且关系不密切，因而容易采用诡计、欺骗等手段。

一无条件宽恕的倾向，让"慷慨的一报还一报"避免由杂音带来的失效。诺瓦克和西格蒙德对这一结果感到满意，因而计算机屏幕上"慷慨的一报还一报"达到足够的数量之后，他们写道："进化到此为止。"[15]

但18个月过后，他们不得不食言。更大规模的模拟让他们随后相信，"一报还一报"并非进化的终结，而只是为更加无条件合作的突变策略之入侵铺平了道路，而后者转而为更易背叛的突变策略之再入侵铺平了道路，由此将进化过程正好带回起点。诺瓦克和西格蒙德没有因这一挫折而止步，而是继续探索进化稳定的策略。最终他们发现，一种名为"获利则保留，损失则转换"的策略确实可以成为进化稳定策略。[16]这一策略在第一回合总是合作，然后遵循简单的规则"获利则保留，损失则转换"。也就是说，在前一轮如果赢得了"诱人"收益（源自同伴合作时背叛而得的巨额收益）或由于相互合作而得到回报（即得到第二高的收益），它就重复前一轮的做法；如果由于相互背叛（第二差的收益）而遭到惩罚或得到被欺骗的结果（最差的收益），它就改变前一轮的做法。"获利则保留，损失则转换"将坏结果看做惩罚，好结果视为强化，似乎是一种"学习"的策略。诺瓦克和西格蒙德给它起了个绰号叫"巴甫洛夫"。

"巴甫洛夫"也宽恕，但这只发生在相互背叛之后。如果上一轮"巴甫洛夫"和同伴都背叛，"巴甫洛夫"就会"后悔"，在下一轮就恢复合作。如果上一轮"巴甫洛夫"合作而同伴背叛，它就在下一轮报复（请注意，在这种情况下，"慷慨的一报还一报"有1/3的可能性会宽恕）。由此看，"巴甫洛夫"显然没有"慷慨的一报还一报"那么宽恕。

阿克塞尔罗德当然看到了诺瓦克和西格蒙德关于"巴甫洛夫"的研究。由于此前已花费15年的时间以说明"一报还一报"及其族类的长处，他感到有义务捍卫"慷慨的一报还一报"受损的名誉。因此，阿克塞尔罗德和一位同事进行了**又一次**模拟，看看稍微调整诺瓦克和西格蒙德的假设（其细节省略）能否让"慷慨的一报还一报"取得更好的进化结果。事实上，在它所遭遇的其他策略尚未适应杂音以前，"慷慨的一报还一报"看上去确实有望实现进化稳定。但当其他策略基于其容纳杂音的能力而被选择时，进化稳定策略就不再是"慷慨的一报还一报"，转而是某种形式的"一报还一报"。这种形式的"一报还一报"一旦做了无理由的背叛，就会容许其同伴报复性的背叛而自身不以报复作为回应。阿克塞尔罗德及其同事称之为"后悔的一报还一报"[17]。

改变关于如何进行博弈的另一条假设，将得到名叫"坚定而公平"的进化稳定策略。[18]"坚定而公平"以合作的心态开始博弈，下一个关于如何行动的决定，其根据是上一轮自己的选择和同伴的选择：如果这两个选择都是合作，"坚定而公平"策略就继续合作；如果自己的选择是合作而同伴的选择是背叛，那就报复；但如果同伴对其报复性背叛又以背叛作为回应，"坚定而公平"策略就恢复合作；最后，如果自己的选择是背叛而同伴的选择是合作，那就在下一轮恢复合作。因而"坚定而公平"策略是善良的、报复的、愿意不计前嫌的、敏于怜悯的（另一种可取的解释是不愿意利用易受骗者）。"坚定而公平"愿意忍受痛苦以作为对自己糟糕行为的惩罚，并且乐意将改邪归正者重新接纳为同伴。

改变几条假设即可得出如此显著不同的进化结果，这一事实或许并不能让我们有足够的信心认为，这些模拟可以告诉我们关于宽恕和进化的一切。但它们可以说明："全背叛"根本不会有进化活力。在有杂音的世界里，甚至连普通程度宽恕的"一报还一报"也不具备进化活力。事实上，有权声称进化稳定的**一切**策略都在**某些时候**会宽恕背叛的同伴，而其中一些策略在许多时候都是宽恕的。"慷慨的一报还一报"在1/3的时间里施行无条件的宽恕，如果同伴在背叛后恢复合作则总是予以宽恕。"巴甫洛夫"在自己背叛之时，也会宽恕同伴的背叛。"后悔的一报还一报"则宽恕正当的报复。"坚定而公平"在上一轮自己与同伴都背叛以及此前自私的同伴恢复合作的情况下，愿意宽恕其同伴。无论人类合作的进化详情如何，进化选择过程中幸存的机体在其认知工具中看来都拥有宽恕。

"事不过三"的进化规则

关于进化博弈，尚有其他变化值得我们注意。这些变化表明，进化可能将诸如人类这样的社会性生物塑造出如下特点：对小圈子内的好友和邻居表现得极为大度，而吝于宽恕陌生人和圈外人。

让我们从一项思想实验入手。打开你的通讯录，挑出你在完成日常目标时不得不非常频繁地与之合作（假定目前与你都保持着良好的关系）的八个人名（亲戚除外）。设想其中一人做了某件冒犯或有害于你的事情。也许是隔壁的邻居周末外出，而让他们的狗在门外吠上三天两夜。也许是你办公室里一起开展多个项目的同事，在工作人员的聚会上讲了关于你的某件尴尬事情。也许是你的室友未能按时支付下星期该她分摊的那份房租。你将如何回应呢？请快速回答。

你将对他们进行无情的报复，这种可能性相当小。即使邻居的狗整个周末都狂吠，你也不太可能向邻居的车子扔鸡蛋，或将他们垃圾桶里的垃圾倒到街上。即使同事讲了你的尴尬事，你也不太可能耗费大量的时间去想办法下次让他难堪。即使室友迟付房租（假定这是第一次），你也不会让她滚出去。你很可能这样做：（a）不作反应；（b）以某种富于建设性的方式面对冒犯，并力图让问题平息。你如果确实感到不快，可能会有几天阴沉着脸，不与此人接触。但此后，我们大多数人会继续维持原来的关系，就像没发生过任何事。[19]不管出于何种意图和目的，我们会宽恕。

我们倾向于宽容上述各种冒犯，其原因有三。第一个原因微不足道：在这些情形下，我们一般不会向我们的合作同伴寻仇，因为他们给我们带来的伤害通常并不严重。本章叙述至此，第二个原因显而易见：阿克塞尔罗德及其同事已经告诉我们，现实生活中的交往是带有杂音的，而在这种有杂音的世界，草率的报复将导致不必要的复仇与反击复仇的循环。孤燕不成夏，某一次"背叛"不会将合作同伴变为敌人。

之所以避免报复我们最亲密的合作同伴，其第三个原因在于，我们与他们是纠结在一起的（至少在某种程度上说）。我们如果偶尔受到朋友的伤害，就转而视之为敌，那就不得不过于频繁地中断友谊，寻找新的同伴进行囚徒困境博弈，而良好的合作同伴是难觅的。

当然，复仇有时会产生有用的社会效果。但是，事情一旦牵涉隔壁邻居——正如任何一位与邻居吵过架的人所知——居家生活就变得尤为令人不快。最终为了终止怨恨，卖掉房子搬家，可能成为唯一而又往往极难实现的选择。你如果已经决定向某位同事寻仇而与之断绝关系，那就不得不另找他人合作，帮忙完成你的项目。甚至要找一个新的室友，也得花费一定的成本：在报纸上登广告，劳神接待一大帮人，不得不与新室友共处而带来的不适。明枪易躲，暗箭难防。因此，我们往往对在日常生活中与我们共处的人尤为宽恕。事实上，进化模拟表明，一旦关系到好友和邻居，我们可能使用某种"事不过三"的规则。

最早提出这一观点的是帕特里克·格里姆（Patrick Grim），一位修正计算机模拟和博弈论的哲学教授。他指出，现实生活中的生物居住在二维空间的某处。我们都有住址——在地表某处可以发现我们在工作、购物、吃饭和睡觉。同时我们还有同伴——参与我们大多数重要日常交往的朋友、邻居和同事，他们构成一个相对狭窄的圈子。格里姆想确切刻画社会关系的这一现实，因而对有杂音的囚徒困境加以调整，从而在一张二维地图平面上，机体全都有其具体住址。该地图是一张 64×64 的网格，由此形成 4 096 个方块。你要是格里姆模拟中的一个奇特生物，就会占据其中一个方块，而且你的方块会触及其他 8 个方块，这些方块中的人可以与你合作。

格里姆在其模拟中添加了第二点现实因素：在每一轮博弈结束时，他让生物观察周围邻居的做法，然后全都通过借鉴最成功的邻居而改变策略。该生物如果做得最好，就坚持自己一直使用的策略。格里姆所添加的这一新的微调很重要，因为许多生物比如说人类、非人类的灵长类动物、鸟类，都善于从其他个体那里学习新技巧。人类的心灵总是尽快地学习新东西，因为它已习得了某些学习的偏好或单凭经验的方法。其中之一是"模仿做得比自己好的人"或"复制成功者"[20]。因此，可以合理地设想，我们的祖先通过观察周围人的好做法来筛选其策略，而后就直接照搬某个做得最好的邻居之所为。

随着这些新条件的引入——给每个策略一个地址（以及若干邻居），以及"复制最成功的邻居"规则——格里姆发现了一个进化稳定策略，它甚至比"慷慨的一报还一报"还要宽恕。还记得"慷慨的一报还一报"吧？它在1/3的时间里施行无条件的宽恕。在格里姆的分析中，进化稳定策略施行无条件宽恕的时间达到了2/3。换句话说，每受到三个不正当的打击，它都会容忍其中的两个。[21]

在格里姆公布其成果十多年以后，又有两个进化模型研究者在甚至不了解格里姆的这一较早研究的情况下，得出了类似的结论。其中丹·赫鲁施卡（Dan Hruschka）是刚刚崭露头角的人类学家，而约瑟夫·亨里奇（Joseph Henrich）是埃默里大学的人类学教授。我甚至不打算概述他们研究的技术细节，只说明这一点就够了：他们始于一个假定，即，社会性生物具有形成"小集团"的社会本能，"小集团"指的是由好友结成的小群体，这些好友在选择合作伙伴时优先考虑在相互之间进行，而先不考虑其他人。一旦作出这一假定，进化出来的就是一套复杂的决策规则，它们发出如下指令："如果伤害你的人是一个好友，80%的时候选择宽恕。如果你是与陌生人博弈，大多数时候应背叛，除非你缺乏好友。你如果缺乏好友，那就寻找与陌生人一起的机会，并以友善地博弈开始，由此判断能否将这些陌生人变成朋友。"[22]

格里姆以及如今的赫鲁施卡和亨里奇的这些建模工作，假如在模拟人类进化的生态和社会条件方面确实比以前的模型做得更好（我认为是），那么得出如下结论就并无偏颇：通过进化，人类可能变得对其邻居和朋友几乎是不分青红皂白地予以宽恕。由此得到的教益很清楚：宽恕之所以进化出来，其目的并非调适我们与任何人的关系。情况毋宁是，宽恕的存在很大程度上是为了维持一个规模相对狭小的、地缘意义上的近邻群落或由可靠的伙伴结成的小圈子。依据这些模型，宽恕有助于发育出一种我们能通过直接互惠而受益的社会环境。

进入闲聊

尽管如此，我们有时确实宽恕既非朋友亦非近亲的人，甚至宽恕那些并未表现出尤为易于相处合作特性的人。理论生物学家要解释这种现象，往往会超出诸如邻居和社会学习之类的概念范围，而引出人类社会的其他性格特征，比如社会规范、名誉，而令人惊讶的是，大多数情况下会涉及闲聊。

在前语言时期，人类祖先不得不借助非语言的手段来向他人学习。你要是想知道某人如何——她是否富于侵略性、温顺、自私、胆怯、慷慨、值得信赖、宽恕等等——就得亲自去了解，要么通过直接与该个体发生关联（也就是要通过费力的方式），要么亲眼目睹她如何对待他人。而一旦出现了语言，就开启了新的选择。其中最重要的是，要了解某人，可以通过与他人的谈话，不再必须借助费力的方式，也不必非得亲眼目睹。闲聊成为了解他人进而弄明白该如何与之交往的一种选择。进化生物学家罗宾·邓巴（Robin Dunbar）提出，这种进化出来的语言功能可以解释为什么相对于其他灵长类动物而言，人类的群居规模呈爆炸式的增长。[23]

语言使社会共享信息成为可能，由此人们获得名誉。名誉具有可兑现的价值：如果你有好名誉，人们就会尊重你，乐意与你合作；如果你的名誉不佳，人们就会避开你或与你正面作对。有些理论生物学家已作出推测，在自利者聚焦之处，或许是名誉使得合作的进化得以可能，即使这些人只是进行一次性的相互交往。在这一进化图景中，用名誉来建立的合

作，不是通过直接互惠（如两人进行重复的囚徒困境博弈之情形），而是
通过**间接**互惠。在间接互惠的情况下，如果你在囚徒困境中背叛我，我不
会用在下一次相互博弈中背叛的方式来报复（如目前为止我们所讨论的所
有博弈模拟），因为不会有下一次。我会用嘴巴来报复：告诉每个人（也
就是你将来所有的合作伙伴）你是怎样的一个骗子，从而让他们将来以异
样的方式对待你。如果你在囚徒困境中以合作来帮助我，我将回报你的好
意，告诉每个人你是多么令人尊敬。

对于囚徒困境如何影响适存度来说，这导致了一个有趣的变化。每一
轮博弈过后，适存度的变化，不仅要取决于通常囚徒困境的各种可能性
（你如果背叛一位合作者，收益比与之合作更多，如此等等），还取决于你
的名誉受到了怎样的影响。因而任何一个选择对你适存度的效果，不仅是
其直接的成本与收益的计算，或许更相关于由此所得的名誉如何影响到人
们将来对待你的方式。

在间接互惠理论家所构想的人造世界里，也有名誉动力在发挥作用。
人们带着或好或坏的名誉进入交往，同时其交往对象也有着或好或坏的名
誉。在博弈过程中，这些社会事实对你及你的同伴的行为都有重要影响，
进而不仅影响到你的直接收益，而且影响到你完成博弈之后的名誉。由于
潜在的新名誉之作用，你或许在下一个囚徒困境中作出不同的选择，进而
影响到你接下来的名誉，依此类推。行为影响名誉，名誉转而又影响行
为，如此循环往复，这是进化过程的一种动力机制，由此导致规范的产
生。这些规范支配着两样东西：人们在其囚徒困境中所作的选择，以及人
们行为影响其随后名誉的规则。

所有可能的囚徒困境策略以及如何应对名誉不同的人们的所有可能规
则，构成了一个体系，如此体系里可能出现的组合，其数量是惊人的——
确切地说，是4 096对互异的动力和策略。哪一对在取得高合作收益的同
时又能成为进化稳定的呢？日本九州大学的两位生物学家探讨了所有4 096
种可能性。像往常的研究一样，他们假定，有时会发生错误——人们在打

算合作时可能会事与愿违地背叛；可能偶尔会将"好"人误认为"坏"人，反之亦然。

他们发现，在如此条件下，仅有八条社会规范在提供高合作收益的同时是进化稳定的。没必要将这"重要的八条"一一详述，只需说明整个体系是如何发挥作用的。第一，你如果有好名誉且遇到有好名誉的伙伴，就应当合作。这样你们俩就都能从相互合作中收益且维护好名誉。第二，你如果有好名誉而遭遇背叛者——无论其名誉如何——那么这名背叛者将带着坏名誉进入下一轮。背叛好人会得到名誉上的污点。第三，你如果有好名誉而与有坏名誉的人交往，就应当背叛。这会惩罚那些原本由于自私行为而获得坏名誉的人，由此你可以维护你的好名誉。第四，你如果有坏名誉而与有好名誉者交往，就应当合作。无论他合作还是背叛，你良好的举动将让你在下一轮修复名誉。

难道这不就是一个小小的井然有序的伦理体系吗？好人应当与别的好人合作。背叛好人者将丧失名誉，且应当受罚。你如果名誉好并选择惩罚名誉败坏者，就被认为是正当的。你如果名誉不佳而与名誉好的人合作，那么可以期待的是，你将由于坏名誉而受罚，但此后可以由于得到宽恕而感到欣慰。在进化的意义上说，宽恕是这一伦理体系中必不可少的组成部分，因为必须存在某种能修复良好声望的途径，让人们有动力与群体中的其他合作者恢复合作。如果得不到宽恕，群体内部的平均合作收益将随着代际递嬗而缓慢下降。

令人印象深刻的是，这套规范看来是多么符合直觉。这些闲聊、具有 *110* 地位意识、存在于计算机世界的机体，看起来简直就如人类一般！这里展示出的一种可能性令人兴奋：这些规范之所以看上去如此符合我们的直觉，是因为我们的社会本能的**实际**进化方式，确实如这些结果之所示。当然，生活总要比用0和1来模拟的任何世界更复杂。但这样的一种伦理体系——对背叛者严厉而又有宽恕之途以给予坏人悔过自新的机会——在由处于进化之中的闲聊个体组成的人群中或许是一个必然的结果，这些个体需要相互帮助但不可能总是用直接互惠的方式来获得。[24]

宽恕是伴娘，合作是新娘

我认为，这一切仅处在尝试阶段。这些包括重复性和杂音的进化模拟，所指向的似乎是科学探索的无止境循环，目前还不能看清其尽头。即便是一直思考合作进化问题已超过1/4个世纪的阿克塞尔罗德也对我说，对于从自然选择中能期待什么，他仍没有把握。没人有把握。从这些模型中所获得的结论，完全依赖于有关博弈如何进行、赋予参与博弈的机体何种额外功能的基本假设。即便如此，对于活生生的、多愁善感的人类，相关研究表明，"巴甫洛夫"与"慷慨的一报还一报"这两个温和的宽恕策略在现实生活中十分常见，而且人们一旦使用它们或与使用它们的同伴博弈，都取得了相当不错的效果。[25]而请容许我再次提及：所有有望取得进化稳定的策略，都倾向于至少在**某些时候**宽恕，其中有些策略在**很多时候**都宽恕——尤其是在其博弈对象是好友和近邻，以及名誉和闲聊的因素发挥作用之时。

如果从所有这些洞见中提炼出不加修饰的要点，其结果将是关于宽恕的进化的一份配方。第一，将一些参与博弈的有机体聚集于同一个生态位。第二，让有机体与它们的多个邻居进行一次性博弈，同时还让它们与一群有更多条件限制的、附近的伙伴进行重复博弈。第三，让它们成为抱团的生物，宁愿将其重复博弈局限于由可靠的近邻或朋友组成的小圈子。第四，让有机体在实施其意图或理解他者意图的过程中偶有失误。第五，给予它们通过观察其邻居之所为而学习的能力。第六，给予它们交流的能力，由此它们能闲聊、能相互说长道短。让这一混合配方持续许多代，你很可能就会得到这样一种生物：它们几乎是不分青红皂白地宽恕其好友和近邻，并且愿意为改过自新者提供一个机会。

像所有名厨一样，从事这种研究的进化论专家们让这一配方看上去易于把握。但对于宽恕来说，这真的是一份好配方吗？如果是，它应该已经产生这样的现代物种，即，拥有宽恕倾向，并将之作为维持合作性关系完整的途径。的确，捕食者侦察中的孔雀鱼有报复的习性，但要记住，它们还愿意宽恕后悔的偷懒者。还有其他物种被自然选择赋予相似的宽恕习性吗？考虑到进化优势会促进有机体在某种特定的情况下（还是这三个词）倾向于宽恕，我们应当可以预期，如今栖居于我们星球上的其他许多有血有肉的生物——尤其是那些处于长期存在的同伴群体之中并从群体合作中受益的生物——也倾向于宽恕。不出所料，这样的生物不难找到。

第六章　宽恕的本能

　　"在现实的人类事务中，宽恕角色的发现者是拿撒勒城的耶稣。"政治哲学家汉娜·阿伦特（Hannah Arendt）写道："他是在宗教背景中发现，并用宗教语言明确表达出来的。但这一事实绝不能构成任何理由，让我们在完全世俗的意义上就无须严肃看待宽恕。"[1]已故作家库尔特·冯内古特（Kurt Vonnegut）作出了实质上相同的评论："两个全新的观念被引入人类思想。一个是能量和质量在相当程度上是同一类东西，此即爱因斯坦的观念。另一个是复仇的观念很糟糕。复仇的观念极其流行，但当然是耶稣发明了宽恕这一全新的观念。你要是被欺侮了，就得清算。因此，像爱因斯坦一样，耶稣的这一发明是全新的。"[2]

　　你要是认同我在前面第一章介绍的复仇的疾病比喻，那么阿伦特和冯内古特的"创造说"可能听起来正合你的口味。如果复仇确实是一种疾病，那或许就可以恰当地设想：很久以前存在某个深受复仇折磨的人种，在其自身的报复冲动之重负下挣扎，就是在等待某个道德王国的爱因斯坦
来临并提出解决这一难题的方法——"发现"或"发明"宽恕。

　　但你如果认同我们一直在探讨的、对宽恕的进化论解释，那就得对"阿伦特-冯内古特假设"持怀疑态度。按照进化论的观点，宽恕不是耶稣或某个人不得不发明的观念（尽管如我们在随后几章之所见，关于宽恕，耶稣确实讲了一些颇有新意的东西）。进化论的观点坚持这种可能性：纯粹出于自利动机的有机体，可能仅仅由于自然选择的作用而发展出宽恕的倾向。宽恕使得它们避免由于对其遗传亲属过于残酷而陷入自我挫败，从而提高了它们的广义适存度；宽恕使得它们努力向前，进行相互合作，尽

管它们及其同伴会不可避免地犯些错误。我们所能设想的最简单的社会有机体——其仅有的社会本能可以用几行计算机代码来概括——或许就能仅仅通过自然选择对于其行为系列的作用来"发现"或"发明"宽恕，而无须求助于道德模范、宗教领袖、政治专家或小说家。

认清现实

理论生物学们对囚徒困境的研究，的确给人留下这样的印象：自然选择可能已将宽恕的习性编为遗传密码，植入包括人类在内的动物心中。但除了有些鱼在其捕食者侦察博弈中使用"一报还一报"策略之外，在现实的生物（当然不仅仅指人类）中，我们尚未看到较多的关于"宽恕本能"的科学证据。理论生物学表明，宽恕**可能**由于有助于有机体获得适存度而进化出来，其获得途径是提高遗传亲属的适存度以及与非亲属的合作。但它**确实**是以这种方式进化而来的吗？人类和其他有机体真的是由于自然选择而拥有宽恕（尤其是对朋友和家人）的固有习性吗？我们不可能穿越时间去看宽恕是如何进化的，但一切并未遗失。如果自然选择对人类祖先发挥作用，将人类变成具有宽恕其家庭成员和合作伙伴的自然倾向的物种，那么通过考察如今的人类和其他社会性动物何时、何地、如何，以及为什么表现出宽恕，我们应当能发现相关证据。

过去30年里，动物研究专家有了一项深刻而惊人的发现，更新了我们对冲突、侵犯和媾和的理解：群居动物与其亲属和朋友的侵略性冲突，其中不少都是以友好的和解结束。对于理解人类的宽恕潜能来说，这一发现具有极其重要的意义。

现在我们似乎难免离题，暂时先简短地考察"和解"与"宽恕"这两个概念的语义。

114

和解与宽恕

哲学家和科学家往往千方百计对和解与宽恕这两个概念作细致入微的区分。但对于力图理解宽恕的进化根源这一目的而言，我认为，这种劳神的区分多半是小题大作。和解与宽恕并非**同等的**概念，但很可能有着同样的进化根源。

在对宽恕的界定中，学者们通常集中于这一观念：人们一旦宽恕冒犯者，其仇恨感和痛苦感就开始减弱，并且对冒犯者有恢复为积极动机和善意——甚或是爱——的体验。因而宽恕就是克服恶意和消极情绪的内心过程，并以"积极者"（比如希望冒犯者过得好或期望一种新的关系改善）来取代"消极者"。当然，这种动机和情绪的变化，常常导致较和善地对待冒犯者。你如果宽恕某人，那在最低程度上是不再想要复仇，至少在有限的意义上希望那个人变好。或许你不会邀请伤害过你的人来吃烧烤，但也不会希望他慢慢地带着痛苦死去。这就是囚徒困境中宽恕的基本框架，其中混有某些积极的情感和意图。

不少学者坚持认为，和解截然不同于宽恕。生物学家从一种直截了当的、行为的途径来界定和解，即，它是一种"以前对手之间的友好的重新联盟"，这种联盟的"目的一般认为是将关系恢复到宽容与合作的正常水平"[3]。灵长类动物学家在界定和解时并不关注意图、动机和情感，其原因或许在于黑猩猩不太擅长填写调查表。而心理学家们**的确**虑及与行为相伴的情感和意图，往往将和解界定为破裂关系的修复，其原因则在于受害者已宽恕冒犯者，**并且**冒犯者已改邪归正。[4]

因此，宽恕就是一种内在的过程，其中人们克服对冒犯者的恶意，体验到善意的恢复，并且对与冒犯者修复积极关系的可能性持开放态度。与之相对照，和解就是对伤害过你的人（或你伤害过的人）伸出橄榄枝，期望修复破裂的关系。或者如心理学家所言，和解就是已修复的关系，其原因是受害者已宽恕而冒犯者感到后悔。

我认为，上述区分并非完全无用。一方面，它指出，你上个月背叛过的某个人如果对你摆出看上去友好的姿态，这并不必然意味着一切都已得到宽恕。我对你好，或许是希望你麻痹大意，以更有利于伺机寻仇。我可以对你好，但仍然恨你。另一方面，"宽恕"是个有道德含义的概念——"好人"应该是宽恕的。因此，界定宽恕的一个不错的方式是，人们能够宽恕（通过释放仇恨的冲动以及希望冒犯者变好），尽管与并未表现出悔意或任何改变卑鄙行为之意愿（这将让和解变得困难甚至危险）的冒犯者维持关系是不明智的，因而把宽恕界定为内心的东西，同意人们在不必成为受气包的同时应该"宽恕"。 *116*

然而，和解与宽恕尚有许多共同之处。抛却前嫌并重新以积极的态度看待伤害过你的人（"宽恕"），肯定是和解最重要的心理原因之一。两个人构成了一种一般认为是将"关系恢复到宽容与合作的正常水平"的"友好的重新联盟"，要是你必须推测其原因，你将之归因为受害者已宽恕侵犯者，通常就是正确的。的确，关系的修复很可能是宽恕最基本的社会效果。[5]类似地，如果某个破裂的关系没有恢复到"宽容与合作的正常水平"，你就会推测缺乏两个要素之一：或是受害者没能宽恕，或是冒犯者未能悔改（或两种要素都缺乏）。

总之，至少就人类而言，和解似乎是宽恕的核心。如果自然选择确实让人们拥有宽恕能力（你很快就可以成为关于这一点的判官），那也不是由于自然选择想让人们开心或想帮助他们释放被压抑的消极情绪（尽管宽恕常常恰好会产生这种效果）。情况反而是如我们所见，宽恕主要的适应性功能看来在于帮助个体维持其有价值关系。[6]在人类这里，宽恕先于和解，这一点是如此可信，因而似乎能大胆地推测，在非人类的动物身上，类似宽恕的某种东西（某种内在动机与情绪的变化）也先于和解，要是我们能测量出该多好。

我们当然做不到——至少无法做到准确测量。尽管如此，通过对非人类的灵长类动物以及其他动物发生冲突之后的行为作稍微细致的考察，我们将得到某样东西的轮廓，它看来极其类似于"宽恕本能"。

沃尔夫冈·苛勒的小责罚

1913 年，格式塔心理学家沃尔夫冈·苛勒（Wolfgang Kohler）被任命为普鲁士科学院灵长类动物研究所的负责人，该所位于加那利群岛中的特内里费岛。在所里研究几年之后，他于 1917 年出版了一本关于非人类灵长类动物之智能性格的著作——《人猿的智慧》（*The Mentality of Apes*）。在冗长的跋里，苛勒超出了该书的主要研究范围，对黑猩猩的社会敏感性给予了详细说明。其中一头青年黑猩猩总是从另一头体弱的黑猩猩手中抢走食物，苛勒给予了它"一次小小的责罚"。文中描述了这头青年黑猩猩刚受完责罚之后的反应。就我视野所及，如下叙述是在整个生物学领域中对非人类灵长类动物或许拥有某种宽恕本能的首次说明：

> 这个第一次受我责罚的小家伙畏缩着，发出一两声令人心碎的哀鸣，同时她用惊恐的眼神盯着我，嘴唇撅得比平常更厉害。接着她猛地张开双臂搂住我的脖子，身子靠得紧紧的，而当我抚摸她时，她逐渐舒坦起来。**在此表达出来的对于宽恕的需要，是一种可以在年轻黑猩猩的情感生活中不时观察到的现象**……即使是动物在受罚时，开始是被激怒，投来充满恨意的目光，并且不愿从人手中拿哪怕一口食物，但一旦一段时间过后，它们就会匍匐着靠近……将人们的手指亲切地放在它们的嘴唇中间，并发出友好的抱怨。[7]

这是一件相当不错的小小趣事，但并没有为下一代研究灵长类动物的社会行为设立确切的议题。人工喂养的黑猩猩与野外生存的有所不同。因此，苛勒关于青年黑猩猩在冲突之后想要其照料者拥抱的故事，即使受到其他研究者的关注，很可能也仅被理解为由于动物与人类的亲密接触而发生的行为特例。直到 60 多年以后，科学家们才准备认真看待这种可能性，即，宽恕与和解或许在非人类的动物的社会性清单之中占有一席之地。

接　吻

1979 年是关于宽恕的科学研究的分水岭。在密歇根大学，副教授罗伯特·阿克塞尔罗德正在为其囚徒困境竞赛征集参赛者，而由此展开的研究 *118* 即将揭示，宽恕对于合作的进化来说是必不可少的。在另一大陆，灵长类动物学家弗兰斯·德·瓦尔正发表关于非人类的动物中和解的首次科研成果。

在此四年以前，德·瓦尔在世上最大的黑猩猩群落圈养地之一——荷兰的阿纳姆动物园开始博士后研究。1975 年 11 月的一天，德·瓦尔注意到，一头雄猩猩与一头雌猩猩在接吻。黑猩猩接吻并不很稀奇，但这一次让德·瓦尔感兴趣的是，仅片刻之前，雄猩猩在一场炫耀其体力和统治力的展示中袭击了这头雌猩猩。更不寻常的是，群落里爆发出一片喧嚣声。德·瓦尔描述了这一情景："整个群落突然爆发出大喊大叫的声音，一头雄猩猩让放在大厅角落的金属鼓发出有节奏的声响。在这一片喧哗声中，两头猩猩拥抱在一起接吻了。"[8]

为什么在一方袭击另一方之后片刻，这两头猩猩就进行亲密接触？德·瓦尔想弄明白，这一友好的冲突后互动是否意在帮助它们缓解袭击行为对其关系的损害。情况是否可能是，黑猩猩接吻并像人类所做的那样重修旧好？

德·瓦尔重拾苛勒停顿下来的工作，并推测他的这项工作事关重大。为证实黑猩猩和解的真实性，他开始收集合适的科学证据。1979 年，德·瓦尔及其同事发表了观察阿纳姆群落所得的成果。他们发现，诸如接吻、温顺地发音、抚摸及拥抱之类的友好举动，在黑猩猩的侵略性冲突之后确实相当常见。它们实际上是对侵略性冲突的**典型**反应。研究者们观察了 350 例侵略性对抗，发现其中仅 50 例或 14％，此前发生过某种友好接触；

而 179 例或 51%，其后伴有友好接触。这是一项惊人的发现：友好接触发
119 生于冲突之后比无冲突时**甚至更常见**。[9]这一发现在研究灵长类动物社会
行为的小规模团体中掀起了一轮冲击波。

自德·瓦尔 1979 年启动这一领域的研究以来，衡量和解的方法已变得
愈益成熟。如今的灵长类动物学家都使用计算"和解倾向"（Conciliatory
Tendency，CT）的方法。CT 值的范围为 0～1。与和平期间相比，某一群
体的动物在冲突之后相互之间没有任何更友好的表现，CT 值为 0。与此相
对照，如果群体内的动物在每次冲突之后都发生友好接触，和平期间则从
不发生，那么其 CT 值就是 1。但是，大多数灵长类动物在非冲突期间的
确发生相当数量的友好接触（许多灵长类动物每天相互整理毛发的时间有
好几小时），因此，灵长类动物群体的 CT 极少超过 0.50。[10]

吸引力法则

黑猩猩的 CT 估值范围是：低值约 0.18，高值在 0.40～0.50。[11]野生
黑猩猩的估值倾向于这一范围的低端。[12]这些数据或许看上去不高（要知
道其理论值是从 0 到 1），但它们大于 0，也就意味着友好接触在冲突后发
生的可能性比和平期间要**高些**。由这些数据我们可以得出结论：黑猩猩的
冲突大多数情况下导致友好的接触，而不是复仇或敌视的无止境循环。兰
厄姆和彼得森的"邪恶的"黑猩猩与德·瓦尔的"天性善良的"黑猩猩，
其实是一体之两面。黑猩猩之间的冲突与侵犯（如果它们属于同一个生活
群体——这可是一个重要的"如果"）不会导致战友关系的终结，不会陷
入没完没了的世仇。相反，冲突和侵犯似乎让战友相互之间**更具吸引力**。
这似乎违背常理，却是真实的。

在这方面黑猩猩绝非独一无二。其他大型猿猴如倭黑猩猩和山地大猩猩
也会和解。[13]好几种性情平和的猕猴的和解倾向至少和黑猩猩一样高。甚至
120 以性情恶劣闻名的恒河猴（每十小时的观察时间里，它们平均要卷入 18 次

侵犯。[14]而就我有限的经验看，它们最喜欢做的事，似乎就是向游客扔粪便），也表现出冲突后的和解倾向。实际上，在已经研究的约30种灵长类物种中，仅有几种（例如，环尾狐猴和红腹桙柳猴）似乎没有和解倾向。每种会和解的物种，都有其自身标志性的方式：黑猩猩是接吻和拥抱，倭黑猩猩是参与看上去无休无止的性行为，短尾猴是相互暴露臀部[15]，狒狒是相互咕哝低语[16]。大多数物种还用大量时间整理毛发来修补关系。人类甚至不是唯一借助拥抱、按摩背部和性行为来平息冲突的灵长类动物。

更为有趣的是，和解甚至不限于灵长类动物。山羊、绵羊、海豚和土狼都倾向于冲突之后和解（在这些物种的和解姿态中，按摩角部、鳍和毛发是常见现象）。在已经研究的约六种非灵长类动物中，仅家养的猫没有表现出和解倾向[17]（要是你有一只猫，这一点可能不会让你吃惊）。

人类的和解倾向

与上述其他物种相比，人类的和解倾向如何呢？很不幸，还没有一项对成年人的相关研究，让我们可以直接比较人类与非人类的和解倾向。但已经对儿童进行了和解研究，这些研究清楚地表明，3～4岁的儿童具有强烈的和解倾向。许多国家（包括俄罗斯、美国和日本）儿童的CT值相当可观，徘徊在与黑猩猩的高值差不多的0.40左右。一项研究表明，在爱好和平的卡尔梅克族（俄罗斯的一个少数民族，为蒙古族的后裔，信奉某种形式的佛教，以极其爱好和平闻名）中，其6～7岁儿童的CT值达到了0.70，是地球上迄今所知的最具和解倾向的典范。[18]

学前儿童调和冲突所使用的策略，非常类似于我们成年人在工作中冒犯他人、激怒邻居或伤害配偶感情时所使用的方式。他们明确地表示歉意，相互邀请继续一起玩耍，提出共享他们在争夺的东西，相互拥抱，握手。这些都是各种文化中儿童通行的策略，但也存在某些文化差异。日本的学前儿童以道歉为主要策略，而瑞典的学前儿童的主要策略是"邀请一起玩耍"[19]，如此等等。这些文化差异只是细枝末节。真正重要的，不是学前儿童在和解的表现方式上的差别，而是他们表现出的共同点：世界各地的小家伙们，其行为表现背后的基调是相同的，即，在伤害相互感情之后选择积极地恢复关系。

仍然存疑的是，在成年人之中和解、宽恕或两者是否都是普遍的。到目前为止，这一有待研究索解的重要问题仍悬而未决。

宽恕与和解：人类的普遍特征？

我在第四章曾提及马丁·戴利与马戈·威尔逊对种族志资料的考察，该资料是一份含有 60 种迥然有别的世界文化的代表性样本，由此考察说明，谋杀之后发生的血亲复仇具有"统计意义上的普遍性"。他们经研究揭示，血亲复仇作为一种重要社会现象而出现的比例，占了其所考察文化的 95％。这一事实支持了这一观点，即，人类的复仇习性是进化的产物：如果暴力复仇只是一种"文化产物"，而不是为人的本性所固有，那么为什么在几乎所有文化中它都会出现呢？

戴利与威尔逊的结论让我想弄明白，这载有同样 60 种文化的种族志资料，能否对宽恕与和解的跨文化普遍性问题有所启示。我经考察发现，对宽恕、和解的概念分别或两者都有记录的文化总共 56 种，占 HRAF 概率样本 60 种文化中的 93％。在该样本范围内，人类学家未发现存在宽恕或和解倾向的仅有的 4 种文化是：北极圈的楚克其族、巴西的博罗罗族，以及北美的波尼族印第安人与克拉马斯族印第安人。可以认为，宽恕与和解的概念跨文化地适合于多种关系情境，包括配偶关系（在这一情境中，对宽恕与和解的讨论最常见）、父母与子女之间的关系、战斗团体成员之间的关系，以及纠缠于日常生活琐细冲突的邻里关系。

在楚克其族、博罗罗族、波尼族和克拉马斯族之中，是否可能真的不存在宽恕与和解？当然，我认为一切皆有可能。也有可能是，研究这些文

122

化的人类学家们只是未曾经意于他们眼皮底下发生的宽恕与和解。第二种可能性要可信得多。进化生物学家戴维·斯隆·威尔逊（David Sloan Wilson）评论说："在狩猎—采集社会中确实很难发现对宽恕的描述，这不是由于缺乏宽恕，而是由于宽恕的发生是如此自然而然，因而常常遭到忽视。"[20]我认为，威尔逊可能是正确的，并且他的观点不仅适用于狩猎—采集社会而且适用于所有文化。宽恕与和解或许太常见了，因而被人类学家们视为理所当然，直截了当地说，也就是被视为没什么可写的。

　　无论是两种情况中的哪一种，存在宽恕与和解迹象的文化占这所有60种的93%，它极其接近（有点武断）95%的界限。这一界限是由人类学家唐纳德·布朗（Donald Brown）提议，用来确定某一行为或心理过程具有"统计意义上的"人类普遍性的标准。[21]我倾向于认为，对于像宽恕与和解这样微妙而内在的过程来说，93%的平均比率接近95%这一界限的程度已经足够，由此我们可以稳妥地用上述结果来支持如下论点：宽恕与和解确实是常规的社会本能。当然，复仇很可能是一种人类的普遍特征，但宽恕与和解似乎也是普遍的。[22]

　　在这56种"宽恕文化"中，人们寻求和给予宽恕与和解的方式，其跨文化的共性与差异都很吸引人。顶足摩角的现象是难以发现的，但公开道歉、交换礼物、力图补偿受损的一方、杀牲献祭、宗教仪式，以及请第三方调停，都是许多文化中宽恕与和解的共有成分。

　　当然也不乏差异。例如，马里神秘的多贡人（你或许还记得，它是戴利与威尔逊未能发现血亲复仇迹象的三个社会之一）有许多种让宽恕得以发生的社会机制：一种仪式是后悔的冒犯者紧紧抱着受害者的脚踝；另一种仪式是，行凶者在受害者在场的情况下，对一块木炭咬三口然后吐出；还有一种是第三方在长期结仇的双方之间积极进行调停，以达成和解。[23]按照塞尔维亚传统，基督教四旬斋开始前的那个星期日被称为"宽恕日"——年轻人应该在当天走访年长者，其目的是消弭前一年积累下来的所有纷争。[24]种族志资料显示，即使是委内瑞拉和巴西的雅诺马马人，他们在社会科学家那里以好战而非勇于媾和著称（这在很大程度上应该感谢人类学家拿破仑·查冈的著作[25]），也**在某种特定的情况下**有可能以和解的方式来解决其暴力冲突。[26]

毋庸赘言，宽恕与和解是人类的普遍特征，这一命题并不意味着世界各地的人们都以同样的方式同样频繁地进行宽恕与和解——这正如每种社会都有语言，并不意味着他们全都讲班图语、乌尔都语、亚拉姆语或世界语。语言的跨文化普遍性在于，每种文化都有某种语言。同样的是，尽管人们在愿意宽恕**什么**以及**如何**着手宽恕上存在着文化差异，但如下的说法似乎仍站得住脚：所有文化中的人们都理解宽恕与和解的概念，赞许其过程的价值，并且在恰当的社会条件下，愿意花费时间和精力来予以实施。

为什么群居动物会宽恕与和解？

为了解释为什么包括人类在内的大多数群居动物会发展出相互宽恕或和解的习性，生物学家们提出了两种假说。一直捍卫第一种假说的是加利福尼亚大学洛杉矶分校的人类学家琼·西尔克。她认为，动物和解是为了表明，它们厌倦了争斗，准备重新开始相互善待。[27]根据这一西尔克所称的"善意"假说，和解的功能在于向以往的敌人传达这样的信息：它们可以放弃相互提防的态度，解除武力，从而恢复和平的生活。在西尔克看来，和解带来了两种自由：一是免于恐惧的自由；二是恢复正常的和平关系的自由。[28]

第二种假说得到了弗兰斯·德·瓦尔与其他许多灵长类动物学家的拥护，这一"有价值关系"假说认为：动物和解，是因为它可以修复因侵犯而损害的重要关系。冲突之后当场的相互善待，会"消解"由侵犯引起的关系损害。通过消解损害而得以保持的关系，是动物自身适存度所要依赖的。[29]

要是我非得在这两者之中**仅选其一**（尽管我最好得声明一下，它们并不真的就相互排斥），我想我会选择有价值关系假说。和解的姿态具有帮助动物恢复有价值关系之功能，这种观点与三条相互独立的论据完全吻合。首之，它吻合于理论生物学家关于宽恕的适应性价值的说法：与那些一旦受到其遗传亲属的伤害就不禁要以牙还牙的有机体相比，愿意宽恕其亲属的原始有机体获得了更为优良的广义适存度。而且如无数次计算机模拟之所示，愿意宽恕其合作伙伴的有机体在获取合作收益方面做得更好。 *125* 进化的层级是累积式的：自然选择引导自利的有机体，让它们习得这样的行为进程，即，容许宽恕以便能从合作性的友谊与家庭关系中受益。而这正是有价值关系假说的观点。

其次，有价值关系假说完全吻合这一事实：大多数易和解的动物，同时也具有高度的抱团倾向。大型人猿（红毛猩猩除外）、许多种猕猴以及诸如山羊、海豚和土狼之类的其他不少哺乳动物，在诸多重要的方面都是与其所属群体连为一体的。它们简直就无法在野外独自生存，因为自然选择使得它们相互依赖。例如，群居的人猿和猴子在如下方面都是互助的：觅食、整理毛发、捕食者出现时相互警告、抚养幼崽、提升社会地位，以及狩猎。海豚之间的合作发生于生殖的情况下（雄性因为性需求而联合起来将雌性隔离）。山羊和绵羊依靠羊群的其他成员来获得安全，以成员数量众多来抵御捕食者。

再说说那不和解的家猫。家猫自然形成的唯一社会群体是它们出生所在的主人家庭。的确，几只无血缘关系的猫或许看起来像一个团体，因为它们生活在同一个养主的屋檐下，分享同一份食物，在同一根柱子上蹭痒，玩同一只带铃声的小玩具鼠，但成年猫在诸多事情上都不**需要**其他的成年猫帮忙。在目前为止已经研究其和解倾向的哺乳动物中，家猫是仅有的几种确实在"独自打保龄"[①]的哺乳动物之一。而这就是它们在冲突之

---

① 这一说法源自美国社会学家罗伯特·普特南（Robert Putnam）2000 年出版的名著《独自打保龄》（*Bowling Alone*）。它意指一种社会资本流失的现象：人们不再热衷于各种社会参与和组织生活，甚至外出娱乐也是一个人孤独地打保龄球。本书借用这一说法，当指不热衷于群体合作或交往。

后不和解的原因。

有些物种变得善于和解以作为对群体生活的适应，这一观点得到了一种特别的直接支持。通过对两类猕猴的和解倾向进行面对面的直接比较，德·瓦尔和一位同事发现，比起群体团结度一般、性情恶劣、爱扔粪便的恒河猴，群体团结度高（可能是因为在它们的进化历程中存在抵御外部威胁的明显需要）的短尾猴要善于和解得多。[30]

126　　再次，有价值关系假说表明，与非亲属和不相干的个人（其关系对双方不怎么重要）相比，亲属与密友之间的和解更为频繁。这一预见得到了相关研究的有力支持。灵长类动物学家们发现，在某一特定的圈养黑猩猩群体之中，朋友之间的和解倾向约为 60%，非朋友之间则仅大约 20%（如何判断黑猩猩之间的"朋友关系"呢？需要弄清楚，谁花大量的时间与谁交际。朋友之间会有不少时间见面、待在一起，并相互整理毛发。非朋友则否）。[31]在短尾猴群体中，非朋友之间的和解倾向不足 25%，而朋友之间约为 50%。[32]

关于关系的价值如何影响一个冲突是否达成和解，有一项或许最引人注目的演示。其中，几位科学家通过实验控制七对雌性长尾猴之间关系的价值，并分别计算出控制前后的和解倾向。在实验的第一阶段，研究者只是考察这七对个体的和解有多频繁。就七对个体的平均值看，它们的冲突约有 25% 达成和解。在第二阶段，这七对个体经过训练，为了获取食物而相互合作。某一个同伴要想吃东西，必须等到另一同伴也想吃才行，然后它们可以一起行动来获得食物。没有合作就没有食物。换句话说，研究者通过实验手段，将长尾猴之间的关系转变为**有价值关系**。它们在受训一起获取食物之后，其和解的平均值倍增至大约 50%。群居动物在面临如下两者择一的选择时——与伤害过自己但其关系对自己有价值的同伴和解，或怀恨但挨饿，它们一般都选择关系和解、吃饱肚子。[33]

因此，对于为什么群居动物会宽恕与和解，我们着手编织了一个不错的假想故事：它们这样做，可以与其血缘亲属和合作伙伴保持有价值关

系。这种假想故事正是我们所要寻找的：一种有着大量科学证据支持的 *127*
假说。

急于宽恕

短尾猴特里刚刚与好友乔干了一仗，这可能并不会让特里作出这样的
事后思考："对我来说，与乔的友谊确实很重要。由于他的所作所为给我
带来的痛苦，不会超过修复友谊可能给我带来的未来收益。或许我应该努
力与他重归于好。或许我应该过去抓住他的屁股——只是要让他知道，我
想重新与他成为朋友。"驱使特里作出和好的举动，不可能是通过理性思
维的过程，因为短尾猴不具备理性思维的能力。情况毋宁是，焦急带来的
紧张似乎是其中的驱动力。对于人类和非人类来说，焦虑是一种令人不快
的情绪，它驱使我们想方设法予以摆脱。就非人类的灵长类动物而言，和
解是一个相当不错的方法。

不可能要求非人类的动物告诉我们，它们是否感到焦虑，但我们可以
根据它们的行为来推测。对于许多物种来说，诸如挠痒、打呵欠和颤抖之
类的自主行为似乎是焦虑的明显迹象。[34]一位灵长类动物学家发现，刚发
生过冲突的灵长类动物会狂躁地抓挠自己。他还发现，此前发生冲突的双
方，其关系越紧密，随后对自己的抓挠就越狂躁。最后，当侵犯事件得到
和解时，自我抓挠就减弱了，这说明和解缓解了焦虑。[35]焦虑的另一明显
迹象是心率加快。恒河猴出现冲突时，心率加快；冲突达成和解之后，心
率恢复到正常水平。[36]

因此，非人类灵长类动物的和解选择似乎是由情感驱动的。一旦某种
有价值关系为侵犯或冲突所破坏，它们就变得焦虑而力图加以修补，而且
说补就补！由此它们的焦虑得以缓解。但我们人类并非像这样为情感所奴
役。与人猿和猴子不同，对于是否宽恕某个伤害过我们的人，我们能够作 *128*
出自觉而理性的决定。如果某人伤害了你，坐下来分别列出宽恕和怀恨的

成本与收益的清单并予以比较，这并非难事。你还可以通过反思抽象的道德原则——如正义、报复和关怀的原则——来帮你想清楚该怎么做。完成所有的自我反省之后，接着你就可以用一种深思熟虑的理性方式，来选择是否应该宽恕或和解。对于人类的宽恕过程如何进行来说，这可以说是一种好得多的模式，然而又是多么不真实。

现在假定，也许真的有人能用如此模式推理出宽恕。但是，仅因为我们**能够**将宽恕的决定建基于理性和道德原则，并不意味着我们实际上就**这么做**。道德选择深受情感与直觉的影响，甚或比理性的影响还要强烈。[37]这对于大多数的宽恕事例来说也是真实的：你更有可能宽恕兄弟、姐妹、父母和好友，更多的情况下其理由是"感觉不错"、"我留恋和她一起度过的时光"或"我对他有负疚感"，而不是你得出了这样的结论，即，这样做最理性或在道德上可辩护。

理性与道德推理确实能发挥作用，但不是你可能认为的那样。譬如你宽恕了某人或作出了不宽恕的选择，事后我问你为何如此，你很可能准备了一个不错的理由。但我敢打赌，并非这个理由导致了你的选择，反而是你的选择导致了这一理由——无论你原本想要做的是什么，你都可以运用较高水准的推理能力来支持你这么做的正当性。非人类的灵长类动物的情况也是如此，是情感在发挥中心的作用，而焦虑是作用较强的一种，这对于未成年者与成年者都是一样的。

众所周知，小孩子（也包括许多成年人）在焦虑之时，会吸吮自己的大拇指和咬指甲。学前儿童在与同伴发生冲突之后，吮拇指和咬指甲更为频繁，甚至达到了狂热的程度。[38]而一旦侵犯者与受害者达成和解，吮拇指和咬指甲就停止了。如果孩子们没有和解，吮拇指和咬指甲就会继续。刚发生过冲突的孩子，实际上还会产生大量包括皮质醇（它与恐惧和焦虑紧密相关）和脱氢表雄酮（一些研究者认为，它可能是身体为了把皮质醇及其效果保持在可控范围而作出的努力）在内的应急激素。如果冲突得以和解，这些激素的循环水平就恢复到冲突之前。如果冲突未能以和解告

129

终，应急激素就继续保持活跃。[39]

一项实验室研究表明，成年人一旦回忆起过去某个时候有价值关系的同伴（大多是朋友、恋人、父母和兄弟姐妹）做了某件伤害他们的事情，也会发生类似的情况。当研究者要求参与者考虑一些对伤害的实施者不依不饶的想法时（例如，想想他们的怨恨或设想实施报复会怎样），参与者就变得焦虑而紧张。他们的面部肌肉会更紧张。另外，他们的心率、血压和出汗量都会上升。在参与者被引导以宽恕的方式来考虑伤害者之后，这些与紧张相关的症状就大为缓解。[40]在另一项研究中，研究者发现，当人们被要求去描述某个朋友或父辈伤害他们的情况之时，那些声称已宽恕伤害者的人比尚未宽恕的人，其血压升高的幅度要小一些。未能宽恕过去伤害过我们的、有价值关系的亲密同伴，会引发更多的焦虑、紧张和心理反应。

对于焦虑与压力的纸笔测验得出了类似的结果。当人们报告说已宽恕在过去某个时候伤害过自己的某个人之时，他们自称所体验到的压力和焦虑水平降低了。而且他们会在未来某个时候宽恕，这一期限将预告随后几个月内他们将经历多少焦虑与压力。[41]由此，这些对小孩和成年人的研究结果，与灵长类动物学家一直以来就驱动非人类灵长类动物和解的情绪因素所得出的各种结论就非常一致。侵犯和冲突导致压力和焦虑，压力和焦虑驱使社会性动物去宽恕或和解，而宽恕或和解又反过来缓解了压力和焦虑。

懂得宽恕即懂得和平。无宽恕则无和平。

再论有价值关系

如果伤害你的是一位有价值关系的亲密伙伴，此时的宽恕与和解，就与焦虑有着最强的联系。这对于我们的灵长目近亲也同样真实。未能宽恕其重要、亲密同伴的人们，一旦想起那个同伴，就会持续地感到焦虑性紧张；一旦宽恕，焦虑性紧张就消失。在不重要、不亲密的关系中，情况就不同了：宽恕某个关系不怎么亲密或不重要的人，对人们焦虑性紧张的强度毫无影响。通过好几次巧妙的实验，一些社会心理学家演示了这一现象。其中一项实验是对人们进行心理测试。这一测试据称可以揭示他们"在心底"是否确实宽恕了过去某个人对他们所做的某件事。一半的参与者被告知，测试表明他们确实已宽恕；另一半则被告知，测试表明他们仍怀恨在心。

研究者想知道，哪些参与者在"得知"他们没有宽恕冒犯者之后会感到难过。其结果是：如果冒犯者是一个陌生人或泛泛之交，"得知""其实根本没有宽恕"并不会产生多少焦虑。然而，如果冒犯者是一个有着亲密、忠诚关系的同伴（比如说好友或爱人），那么"得知""其实根本没有宽恕"就会产生心理紧张和消极情绪。

结论：在未能宽恕一个有价值关系的同伴之时，人们之所以会感到焦虑，恰恰是因为这一关系是有价值的。[42]当然，这正是囚徒困境、30 年的灵长类动物研究和适应主义者在思考宽恕的过程中，会引领我们得出的答案。增进我们的广义适存度、维持一群稳定的合作伙伴，是我们意图宽恕与和解的**终极**原因，也是我们拥有宽恕与和解倾向的首要原因。"缓解紧张感与焦虑"的动机，则是自然选择恰当配置的一种**邻近**机制，从而确保我们确实遵从这些进化命令。

由装配玩具和血肉之躯造成的知识爆炸

戴维·斯隆·威尔逊将囚徒困境称为自然选择的"装配玩具式的模型"，因为它用过于单纯的方式来模拟动物的社会本能。[43]"只要同伴合作就一直继续合作。""如果同伴是好友，那就在 80% 的时候都施行无条件的宽恕。""如果同伴是陌生人并背叛你，那就得报复。""对于攻击你的人，如果你没有机会直接报复，那就败坏他们的名誉。"的确，此类简化似乎是过于简单了。

　　但或许理论生物学家们会在此取得最后的胜利。对于真实而鲜活、有着血肉之躯的生物之中的和解与宽恕，相关研究表明：群居动物似乎是依靠其社会本能来生存的，而这些社会本能并不比装配玩具式的模型所展示的复杂多少。有一条社会规则这样讲道："要是刚偷走你食物的伙计是你的好友，那就去他那儿看看他是否让你帮他打扮。"（用有价值关系的假说来解释，这实际上就是对和解的描述）它真的就比这样一条规则——"对好友在80％的时候都施行无条件的宽恕"——更复杂吗？或许现实生活并不总是比装配玩具式的版本更复杂。

　　冲突与侵犯让动物之间相互吸引，这种观点或许看上去不像但确实是一种知识爆炸。群居的哺乳动物并不像多年来科学家们所设想的那样，在发生冲突之后就一哄而散或彼此打得头破血流。相反，它们常常聚在一起积极地消解冲突和侵犯对其关系产生的负面影响。和解与宽恕并非消极之事。善于和解的动物在相互媾和时，与相互制造麻烦的时候一样真诚和勤勉。人类也是群居动物，而所有的迹象都表明，我们与近年来备受关注的非人类物种一样易于和解与宽恕。这让我们有理由对如下论点持乐观态度：人类确实拥有某种"宽恕本能"。 132

打开工具包

　　自然选择似乎已替我们配备好宽恕的本能，因为这有助于我们的祖先保持具有生物学效用的关系。但它们①不得不具有效用，或至少是有可预期的效用。自然选择创造出宽恕的本能，想必并**不**是因为它有助于我们的祖先去尽力保持每一种关系——而仅有助于其中有价值的。一旦宽恕的潜在收益低而其潜在成本高，比如说某一受害者正在考虑是否应该宽恕陌生

---

　　①　从上下文看，这里的它们指的是关系，而不是我们的祖先。

人，或者是看上去仍很危险、或对于将来几乎没有价值、或不值得照顾和关心的死敌，我们应当可以预期，人们会支持取代宽恕的其他选择——复仇即是其中之一。

因而复仇和宽恕就是**有条件的**适应，它们是情境敏感的。我们的动机是寻仇还是宽恕，取决于**是谁作出了伤害**，以及与这两种选择相关的有利与不利因素。当然，我们并不是自觉地将这些考虑加以权衡，但我们的大脑在幕后进行了必要的估算。接着大脑会驱使我们沿着它们认为我们必须去的方向行动。但幕后到底进行了些什么呢？考察一下人类大脑或许就是顺理成章的了。

为什么被谋杀者的父母有时会宽恕杀害自己孩子的凶手？为什么世仇有时会以和平解决告终？为什么国家有时会弥合内战带来的创伤？考察一个三磅重的神经细胞大杂烩，能否对说明这些问题有所教益？对此，你或许现在还抱有疑问，但这确实是一项值得进行的考察。自然选择是复仇的终极原因，但考虑单个复仇行动的人，并没有思考他们的适存度。他们是受大脑产生的情感和思想驱使的。当人们在考虑复仇、制定如何实施复仇的方案，或沉浸于完美复仇的荣光而得意洋洋之时，我们可以通过研究实时发挥作用的大脑系统，来更好地理解一个复仇者真正想要努力达成的目标是什么，以及人类可能需要什么才能控制这些复仇的冲动。同样，如果说自然选择创造出具有"宽恕本能"的人类，那也是通过建立一套进行数字处理的计算工具，以弄清楚我们应当宽恕谁、宽恕什么、何时何地应当宽恕。这些工具值得我们去尽力了解。要发现它们，你就得好好看看你两耳之间的这个大脑。

第七章 宽恕的大脑

在已知的宇宙中，人类大脑是最强有力的信息处理器。它由 1 000 亿 134
个神经元组成，这些神经元又通过至少 100 兆个互联而连接在一起。得益
于近年来的技术突破，我们对于大脑如何工作的科学理解，比起即使是 30
年前也已领先不啻好几光年。记录人们在思考、感觉、谈话、行为和经验
生活时大脑活动图像的技术，使得科学家们得以考察，我们的存在之中最
能表现人类特征的某些方面的神经学原理。最近十年来，即使是我们的特
征之中最隐秘的部分如爱、语言、性，甚至精神，也未能逃出神经科学家
们的探究范围。[1] 神经科学家甚至可以在关于驱动复仇和宽恕的神经线路
方面，为我们提供某些重要的教益。

搜寻系统与狂怒线路

大脑有一个系统会告诉你，外界是否有某个东西适合你——这个系统
被神经科学家雅克·潘克斯普（Jaak Panksepp）称为"搜寻系统"[2]。至
于那个东西是什么，这并不重要：只要在你的环境中你与某个物体、物质 135
或某人在一起的经历曾对你产生积极的结果，那么一旦出现新的机会与该
物体、物质或个人接触，搜寻系统就会产生热情和期待感。搜寻系统促使
你预计，即将到来的交往是值得进行的。[3]

与他人处于令人满意的合作性交往中的人，会体验到这一所谓搜寻系
统的高度活跃。神经科学家之所以知道这一点，是因为在合作过程中，一
种名为尾状核的脑组织处于高度活跃状态，而尾状核所接收的许多输入都

来自搜寻系统。社会交往进行得越令人满意，你的大脑（由于尾状核的作用）就越是好像在说："这样对你不错。继续保持。"[4]

而一旦有人伤害你，搜寻系统就会暂时关闭。对即将到来的回报的预计，就不是你此时最重要的事情了。你需要考虑你的人身安全，接着得考虑确保不再受那个人的伤害。热切盼望的良好感觉消失了，取而代之的是愤怒、恐惧、身体的痛苦、耻辱，乃至厌恶。譬如由于被一个你认作朋友的群体排斥在外，你觉得很受伤。这种伤痛与体验到的身体痛苦，是由大脑的同一个区域产生的。[5]换个比方，你感受到某人由于受到了不够尊重的对待而发出受辱后的怒气。这种感受使得你抗议你遭受的不公平对待，而这似乎是由大脑促生消极情绪（如厌恶）的那部分区域驱动的。[6]不过，人际伤害最常见的情绪后果是愤怒。[7]

我们受伤害后最初产生的消极情绪如伤心、愤怒等等，究竟是如何转变为对我们这一物种引发如此之多的问题的、令人焦灼的复仇欲呢？你或许可以期望在许多哺乳动物大脑那里发现的所谓狂怒线路，来介入对此问题的解释。德国生理学家、诺贝尔奖获得者沃尔特·赫斯（Walter Hess）通过运用电流刺激活体猫的大脑，帮助辨识出狂怒线路。用电流刺激名为下丘脑（它还负责调节血压、性冲动和饥渴）的脑组织的某个区域，先前温顺的动物就变成了张牙舞爪、毛发直竖的怪物，大吼大叫、狂怒不已。接受这种电流刺激的动物，会攻击任何其所能触及的生物。用电流刺激人脑的同样区域，被刺激者自称感到强烈的愤怒。动物们显然不太喜欢这种电流刺激引起的"狂怒假象"：一旦能够切断电流比如说按下某个开关，它们都乐意这么做。[8]

狂怒线路导致对威胁回应以极为迅捷且极有针对性的侵犯，因而似乎合理的假设是，它对于报复感的产生也是重要的。但结果表明，复仇首先并不是狂怒的产物：神经科学家们告诉我们，复仇其实是**欲望**的产物。

左侧页码：136

从受害者到捕食者

回想一下，如果用探针将电流刺激加之于某动物的狂怒线路，它将试图关掉刺激。然而，如果用电流刺激下丘脑的另一个区域，动物似乎很乐意。事实上，猫如果得知能够通过按某个开关来打开对下丘脑的这第二个区域的电流刺激，就会对这个开关狂按不已，仿佛强烈而持续的满足就来自这一次次的按开关。它们似乎还不只是满足，疯狂才是对其举动更恰当的描述。一旦激活下丘脑的这一区域，其结果实际上就是在刺激来自搜寻系统的神经纤维，它们恰巧从这里穿过下丘脑。[9]

现在刺激猫产生狂按开关举动的这一部分下丘脑，然后将一只老鼠（即使是死鼠）扔进猫的活动范围。接下来会发生什么呢？猫不再是盲目而狂怒地猛击老鼠（这是刺激狂怒线路时发生的情况），而是悄悄地潜近老鼠。潘克斯普称之为"慢咬式的"攻击。狂怒线路让猫猛击老鼠，仿佛要摆脱某个捕食者；而搜寻系统让猫慢慢潜近老鼠，仿佛在渴望一顿佳肴或至少是一次美妙的狩猎。是搜寻系统在这一潜近行为背后起作用。

根据定义，复仇基本上并不是停止正在进行中的攻击或逃离具有即时威胁的捕食者，因此，如下结论应该是相当可靠的：狂怒线路根本上说对于复仇并不重要，而搜寻系统被证明是对于寻求复仇欲的神经学基础来说要恰当得多的切入点。

渴望复仇

人们谈论"渴望"复仇，这并非奇谈怪论。它是更深入地理解复仇及其神经基础的一个标志。复仇的"渴望"性质被威廉·莎士比亚所揭示，他又是通过《威尼斯商人》中的夏洛克之口告诉我们的。夏洛克坚持要从安东尼奥身上割下一磅肉，以作为对后者违约一大笔贷款的复仇，当萨拉里诺劝告夏洛克放弃这一念头时，夏洛克表白说，他这整个念头不仅是由于愤怒的驱使，而且由于饥饿。夏洛克要安东尼奥的一磅肉可能用于何种目的？"拿来做鱼饵也好：即使他的肉不能用来喂任何东西，也可以用来喂我的复仇。"[10]

人们受到某人的伤害之时，其最初的反应是那套熟悉的消极情绪如愤怒、伤心及其他，但最初的消极情绪消退之后，搜寻系统要求这一过程产生新变化。它驱使人们从意图逃避痛苦或威胁转变为寻求快乐。最近的研究表明，夏洛克将复仇类比为饥饿，其心理学上的确切性超出了莎士比亚的可能预想。

"信任游戏"研究

2004 年，一个瑞士科学家团队在一组人玩"信任游戏"时运用正电子发射 X 射线摄影技术（一种含有确定大脑的哪一区域在某一工作中处于活跃状态的技术，其方法是测量该区域在工作中所消耗的血量），游戏的对手是这些人以为有情感的其他人（参与者的游戏对手其实是预先安排好的计算机策略）。经济学家发明信任游戏，其目的是为了更好地了解人们在何种条件下愿意信任社会交往中的陌生人。

游戏在不严格的意义上模仿了投资者与市场之间的关系，投资者将其投资委托出去，市场则是投资者金钱的接受者。玩家双方开始时拥有等量的钱（比如说 10 美元）。游戏开始时，扮演投资者角色的研究对象可以选择将其一定数目的钱，转移到扮演受托人角色的匿名玩家那里，研究者（扮演市场的角色）让这钱翻 4 倍（仿佛受托人将投资者的基金管理得很不错）。那么比方说投资者将所有的钱都交给受托人，受托人手里就有 50 美元（受托人最初有 10 美元，加上投资者基金的 4 倍即 40 美元），而这时投资者的钱为 0。

接下来，受托人有机会将 50 美元中的一部分返还给投资者。你很可能如大多数人一样认为，公平的做法是受托人返还 25 美元给投资者，由此他们都能赚 15 美元，而任何少于此数目的返还通常都被认为是吝啬的。但在 7 次——投资者以为每次的受托人都不同——中有 4 次，受托人根本没有返还一分钱。在这些情况下，投资者自称感到有惩罚受托人的强烈欲望。

在这 4 次背叛之后，每一次都给投资者 1 分钟的时间来决定，是否从受托人的收入中拿走 20 美元作为报复。就在这 1 分钟内，科学家们运用正电子发射 X 射线摄影技术来确定，这些遭受不公平待遇的投资者的大脑在做什么。通过改变这 4 次计算机策略亏待投资者的一些细节，研究者得以考察两种不同类型的报复——能够"免费"（即投资者不付出任何成本）从受托人的收入中拿走 20 美元，以及能够以每得罚金 2 美元付出 1 美元成本的方式从受托人那里拿钱。

在"免费惩罚"和"有代价惩罚"这两种情况下，尾状核都在作出决 *139* 定的时候处于高度活跃的状态。还记得我们的朋友尾状核吧？它是搜寻系统的高度参与者，并且在人们预期将得到一笔回报或美味时它会发亮。[11]（前面讲过，当人们以积极的方式与某个参与合作的陌生人交往时，尾状核也高度活跃。）在有代价惩罚的情况（即投资者每罚没受托人 2 美元，就得付出 1 美元的代价）下，尾状核甚至也是活跃的。另外，尾状核在免费惩罚情况下的活跃度与投资者在有代价惩罚的情况下会多大程度上选择惩罚吝啬的受托人，两者之间具有很强的相关性。这一事实说明，在免费惩罚情况下期待很多满足的玩家，也更愿意付出个人代价来实施惩罚——据推测这是因为他们对结果的快乐预期较多。[12]

"巴米妥"研究

人们寻仇时其实是在寻找快乐，其最引人注目的证据之一来自一个社会心理学家团队的实验。他们想知道，如果促使人们相信复仇并不会让他们感觉好受些，那么他们是否还会报复伤害过他们的人。研究者们使得参与者相信，将要参与的研究是关于人们如何形成对陌生人的印象。第一步是指导参与者阅读一篇论文。对于侵犯会使人感觉好受些的观点，有的论文支持，有的反驳。第二步是要求他们服用一种无害的药物，据称该药物会让他们的反应加快（他们被告知，这有助于完成随后的任务）。第三步，一半的参与者被告知，该药物（被赋予一个诱人的名字叫巴米妥，而实际上不过是维生素 B_6 的片剂）同时还有个副作用，即，将他们的心情"冻结"约一小时。他们无论怎么努力，在服用巴米妥之后都不能改变心情。另一半参与者被给予同样的加快反应的药物，但被告知巴米妥没有任何与心情相关的副作用。

140

第四步，参与者辛苦地承受关于复仇的实验室研究工作：他们要写一篇将由陌生人（马上就要求他们记下对这个陌生人的第一印象）来评价的论文。论文完成后，据称由该陌生人作出评价，而后参与者们就收到了来自陌生人的极具侮辱性的评价（组织混乱、缺乏创意、写作风格拙劣、缺乏说服力和清晰度，如此等等）。陌生人还附加了一条批注："这是我读过的最糟糕的论文之一！"

接着就到了巴米妥发挥关键作用的部分。其中，参与者和陌生人相搭配，然后在反应时间测试中相互竞争，该测试是看收到信号指示后，谁按按钮更快。参与者如果赢得比赛，就有机会对其对手施加一阵喧闹的声浪。喧闹的程度取决于参与者。如果参与者将声浪装置设到最高，应该有105 分贝（大概相当于几米远听到的手提钻工作的声音）。最低强度则被认为是 60 分贝（约等于正常情况下的交谈声）。参与者还可以通过加长按下按钮的时间，来控制声浪的持续度。因而这一阵阵的声浪可用作一种令人难以察觉的良好标准，以衡量参与者对此前侮辱自己的陌生人施加痛苦刺激的意愿。[13]

结果表明，比起那些读过"侵犯无助于让人感觉好些"论文的参与者，那些相信侵犯有助于让人感觉好些的参与者（因为他们读到的是赞成这一观点的论文）对冒犯他们的人①施加的声浪，其强度更高，持续时间

---

① 即文中的陌生人。

更长，但有个前提条件，即他们没有服用"冻结心情"的药物。换句话说，对于通过声浪装置来报复，他们感兴趣的程度似乎对应于相信会让他们高兴起来的程度。他们如果认为不会产生让自己高兴起来的效果（要么由于促使他们相信报复一般无此效果，要么由于以为巴米妥"冻结"了其心情），就不会费心去试图报复。如果没有让人快乐的预期，复仇似乎不是值得让人费心去做的事情。 141

复仇的策划

前额皮质位于前额的正后方。就进化的方面而言，它是大脑相当年轻的部分，对于各种先进的心理技能如推理、解决问题、判断对错来说非常重要。就我们的目的而论，关于前额皮质最重要的知识在于，它帮助人们策划完成其目标的步骤。大自然似乎在左额与右额之间就目标策划的职责作了巧妙的区分。要是你追求的目标相关于指向某个意欲的对象（"我如何获得我想要的？"），那么在这一策划过程（先做第一步，接着实施第二步。如果第二步行不通，那就转而实施后备计划作为替代）中最活跃的是左额区。与此相对照，要是你追求的目标涉及规避某件糟糕的事情（"我如何避免某个我不想要的东西？"），那么右额区就会高度参与，左额区则袖手旁观。

现在可以推想一下，人们在策划复仇时哪边的前额区域最活跃？正确的答案是，复仇是左额区分管的事情——指向某个意欲的对象。

2001 年，一个研究大脑的社会心理学家小组把本科生带进实验室，让他们参与一项看上去相当典型的社会心理学实验。学生们需要写一篇文章，以便将自己引荐给即将开始交往的另一人。和巴米妥实验一样，参与者写完文章后会读到一段带有侮辱性的评价，该评价据称是由即将交往的伙伴写的。随后开展的是一项貌似不相关的任务，参与者被告知在六种物质（糖、苹果汁、柠檬汁、盐、醋、热酱汁）中选取一种，以与 11 盎司的水混合。由此得到的饮料是给那个侮辱他们的参与者喝的，以作为"味觉研究"的一部分。如同布什曼及其同事的声浪装置，为侮辱他们的人准备恶劣饮料的机会，也是用作报复的间接手段：你如果想要寻仇，就可以在即将到来的味觉任务中为侮辱你的人准备味道确实糟糕的饮料。

并不令人惊讶的结果是：侮辱让人愤怒，由此使得他们为侮辱者准备的饮料味道较为恶劣。但尤为引人注目的是这些报复者当时的大脑活动情况。在策划报复时，他们左额皮质的活动增强而右额皮质的活动减弱。事实上，那些左右前额皮质活动差异最大者——也就是自称对侮辱者最生气的人——为侮辱他们的评价者准备的饮料最为恶劣。因而人们在策划复仇时，似乎是在左额皮质的怂恿下进行的。[14]结论：策划复仇所使用的神经组织，与我们努力争取所意欲的其他结果时使用的组织是一样的。

当复仇的策划受挫时

当诱人的复仇目的受挫时会发生什么？显然，它会令人感到非常沮丧——事实上，其沮丧程度足以让人因目的受阻而喝上几口烈酒来麻醉自己。华盛顿大学和威斯康星大学的研究者们让喝应酬酒者参与了一项研究，它表面看来是一个简单的品酒工作。[15]研究者准备了三种实验条件（我马上将予以描述），将这些喝应酬酒者随机安排于其中一种。在品酒之前，要求所有的参与者完成其他几项任务。

首先是完成一组棘手的字谜游戏。这三组参与者之中有两组，其游戏房间还有另一名"参与者"（其实是与研究者合作的助手），他在极短的时间里完成游戏，然后开始嘲笑实际参与者的智力、时尚品位、交往方式及其外貌（还有一组则没有受到这样的侮辱，以作为对照组）。随后，所有三组人都参与一项"学习任务"，其中他们会用电击来"帮助"那名助手回忆单词，单词来自一份据称是该助手刚刚记下的单词表。一旦助手犯错，参与者作为对答案错误的惩罚，应该对其施加令人痛苦的电击（电击实际上并不存在，但参与者显然相信是存在的）。换句话说，参与者们认为他们相当于在使用某种低压泰瑟枪。但是，在两组刚受助手侮辱的参与者之中，有一组在记忆任务刚要开始时，其电击装置莫名其妙地失灵了。因此，这一组的参与者就失去了对侮辱者施加痛苦电击的机会。

接着，所有的参与者都进行品酒工作。饮酒量的多少可以随意，由此帮助他们确定对每种酒的喜好程度。品酒工作的真正目的在于，为研究者提供一种不显眼的方式来测量参与者对酒精的需求。

比起那些受辱但有机会报复的参与者，受辱然而**失去**电击侮辱者机会的参与者（由于装置失灵）喝酒更多。其原因或许在于，酒精的某些最强影响区域处在前额皮质——正好是策划实现之处。[16] 我们既然已经知道控制复仇欲的大脑系统，那么这些受挫的复仇者之所以饮酒更多，可能是因为他们力图让左额皮质平息以抑制其受挫的复仇欲求。

"这里所有人都乐在其中"：复仇的回报

追求复仇的目标令人激动，复仇目标受阻令人沮丧，而一旦复仇目标得以实现，那又令人极为高兴。在 2004 年 3 月 31 日，这一神经学的事实表露无遗。当时，在伊拉克安巴尔省的费卢杰市，蒙面的持枪者杀死了四名美国护卫服务承包商，并以一种人们可能想象的最可怕的方式弃尸。

这四名私人承包商一直在护送三辆空卡车外出载运厨房设备。持枪者先用爆炸装置迫使这三辆运动型多用途运载车停下来，然后向车开火。接着他们从车里拉出几名受伤的承包商，将他们扔到街上。

一群人（大约有 300 个男人和男孩）奔到了现场，加入了暴徒的行列。有人跑去找来一罐汽油，暴徒们将汽油浇到车子和承包商身上，将这几名美国人活活烧死。其后，他们用管子、铲子和鞋子（用鞋子是阿拉伯的典型羞辱方式）击打尸体。碎尸被踢、扔得四处都是，就像街头散落着不少垃圾。车子拖曳着两具尸体，穿行于费卢杰的街道。车行至幼发拉底河的一座桥，他们将两具尸体悬挂于金属桥架上，这一天的余下时间里尸体就被挂在这里。人群中的男人轮流对着尸体拍照，尸体已经炭化，难辨人形。

流入美国媒体的关于这一恐怖场景的每一张照片都显示，费卢杰的男人和男孩确实很愉快。他们看上去并不愤怒，而是很快乐。实在地说，他们看上去是在狂欢。你如果将燃烧的车子和烧焦的人体从这些照片中剪辑出去，就很可能作出这样的联想：他们是在庆祝婚礼或一场足球赛的胜利。

而从那天的那群人的观点看，确实有值得庆祝的理由。他们对西方势力给予了一次羞辱性的打击，成功地报复了远比他们强大的军事力量，而后者侵略了他们的主权国家，破坏了他们的生产生活。要知道，费卢杰是逊尼派的势力范围，是亲萨达姆派的大本营。在萨达姆强有力的庇护体系下，费卢杰的许多居民曾享受着物质生活无忧的待遇。因此在这场屠杀过程中，费卢杰的男人和男孩笑容满面、手舞足蹈，欢欣鼓舞地将手臂举过头顶并高呼"真主至大"和"费卢杰是美国人的坟墓"。有张令人尤其困惑的图像显示，三名伊拉克人用他们的鞋子击打一具焦尸。四周围着约30人，他们在挥舞拳头、鼓掌、跳舞、面露笑容。镜头的前景是个男孩，年龄或许是10~11岁，他面带无法掩饰的真实喜悦：笑得流眼泪。关于那一天有个轻描淡写的说法，它来自费卢杰的一名出租车司机对当地情绪的总结："毫无疑问，这里所有人都乐在其中。"[17]

费卢杰的居民在3月度过了美好的一天，这一事实丝毫不能说明，他们与世界其他地方的男人和男孩有何不同之处。勇猛的阿帕切①武士杰罗尼莫描述了他终于报复了墨西哥军队（一年前屠杀了杰罗尼莫的妈妈、妻子和三个孩子）之时的喜悦之情："身染敌人的鲜血，手握征服敌人的武器，我被阿帕切的勇士们簇拥着，并被推举为所有阿帕切人的战斗首领。

---

① 阿帕切为美洲印第安的一个种族。

接着我发布了杀敌胜利的命令。我不能唤醒死去的爱人，也不能让阿帕切人起死回生，但我可以为这次复仇而欢庆。"[18]人类学家克里斯·贝姆（Chris Boehm）转述了一位观察者对于黑山人部落喜欢复仇的描述："黑山人一旦实施复仇，就会快乐起来；继而似乎获得了重生，他以作为自己母亲的儿子为傲，仿佛赢了上百次决斗。"[19]一个名叫埃迪·斯卡福的菲律宾黑帮分子是个野心勃勃的年轻人，非常喜欢复仇。在一次杀害了侮辱他的人之后，他告诉同伙："要是能让这个混账东西复活，我会再次将他杀死。"[20]

显然，这些人都通过复仇获得了满足。而要从复仇中获得满足，你不必是萨达姆支持者、黑帮分子或勇猛的阿帕切武士。复仇为搜寻系统所启动，不出我们基于这一事实所作的预期，在报复某个曾伤害他们的人之后，有 2/3 的人声称获得了满足。[21]一顿佳肴会给饥饿者带来快乐；毒品会给瘾君子提供快感；当你真的感到口渴时，一杯冷饮似乎就是一种不可多得的款待。[22]正如这些情形一般，看到对你行凶的人因其侵犯而遭罪，也会让大脑的收益通路兴奋不已。

2006 年，神经科学家研究了受到其对手公平或不公对待的经济博弈参与者的大脑。博弈结束后，参与者目击其对手遭受痛苦的电击。参与者在观看曾不公地对待他们的对手遭电击时，他们的伏隔核活跃度很高（有趣的是，这一效益仅发生在男人身上）。伏隔核是大脑搜寻系统的中心部分。[23]参与者在受到不公对待后越想复仇，在观看时其伏隔核的活跃度越高。这种情况只有这样才讲得通：这些有报复心的参与者的伏隔核之所以如此活跃，是因为在观看曾不公地对待他们的对手受苦时，大脑的搜寻系统产生了某种令人满足的、"富有收获的"心理状态。

马克·吐温曾写道："复仇是邪恶的、粗野的，且无论怎么看都是不体面的……（但无论如何，它令人极其愉快）。"[24]用 21 世纪的方式或许可解读为："复仇给影响神经系统的化学物质以红利。"受到他人伤害的人被怂恿去复仇，因为他们收到了大脑系统证明一旦复仇即可感觉良好的期

146

票。一收到这一期票，左额皮质就着手进行复仇的策划。复仇者确实在看到侵犯者遭受如其所策划的痛苦时，就获得了搜寻系统所允诺的惊喜。一个确定无疑的人性真相在于，通常我们乐于看到自己的敌人受苦，并且有时为获取这种快乐而不惜花费气力。在此，自然选择的逻辑似乎相当容易理解：通过给予我们快乐作为回报，大脑确保我们会花大力气去寻求来自以怨报怨的社会优势。现代神经科学告诉我们，不公正会让我们所有人都成为虐待狂。

进入宽恕的本能

147　　如果说复仇的神经心理学基础是对快乐的欲求，那么宽恕本能的神经心理学基础是什么呢？如果不能指出促使宽恕得以实现的心理过程，那么即使我们四处呼吁并坚持说人类天然倾向于宽恕，也将是徒劳无益的。

　　有几位理论家已尝试建立宽恕的神经学模型[25]，但他们不得不在没有太多有力证据的情况下开展研究。但只要对神经心理学的最新成果略知一二，再加上更为标准的心理学研究，就能明白启动宽恕本能的三个条件：（1）**值得关怀的性质**。人们会宽恕被视为施与好意和同情的适当对象的侵犯者。（2）**预期值**。人们会宽恕被认为将来可能对他们有价值的侵犯者。（3）**安全性**。人们会宽恕缺乏再次伤害他们的意愿和能力的侵犯者。

值得关怀的性质

　　人类能够体验到对他人深厚而真诚的关心，但很难去关心偶然遭遇的每个人。关怀需要昂贵的代谢付出，它消耗心理的和物理的能量，并且可能对个人产生危险——关怀他人确实具有牺牲生命的可能性。由此不禁想到霍尔丹关于愿意为其八个堂兄弟姐妹牺牲生命的玩笑：我们体验到的对他人的关怀值与遗传相关性有着直接的匹配关系。我们与某人的遗传关系越密切，就越有可能施与恩惠来帮助他或将他从失火的大楼里营救出来。

但是，在决定是否应当冲进失火的大楼时，我们并不会在现场计算遗传相关性。[在此起作用的]① 更接近的机制在于，我们觉得需要帮助者与我们有多亲近。对于觉得亲近的人，我们予以关怀[26]，而我们觉得最亲近的人，与我们共享的基因也最多。[27]比起那些能自助者以及自作孽者，我们给予无助者和无辜者的关怀也更多。[28]

宽恕的建立与大脑产生对他人的关怀和关心，两者似乎存在某些相同 148 的心理构架。[29]这种情况带来的消息好坏参半。好消息是发现我们很容易宽恕关系亲密的伙伴。坏消息是现实生活中许多伤害我们的人是我们并不觉得很亲密的人，他们或是陌生人，或是来自我们不信任或讨厌的群体中的成员。

那么我们**究竟**如何能变得关怀不很亲密的人？一种方式是通过移情的情绪。移情并非如通常被认为的那样是某种温暖而含糊的情绪，它实际上可以让人多少产生一些厌恶感，在涉及他人受苦时尤其如此。你要是对某人产生较多的移情，就可能会说你"受到他的感动"，对他"表示同情"、"表示怜悯"或"关心"。要是你恰巧感到移情于某个身处困境的人而无论他是不是你的遗传亲属，都会想去尽力缓解其痛苦。[30]

要消除复仇的乐趣而促使宽恕的产生，最佳的途径之一是让人们对伤害他们的人产生移情。我的同事和我曾于 1997 年说明，人们一旦对侵犯者产生移情，就很难继续坚持报复的态度，而通常会代之以宽恕。[31]在同事、朋友、恋人之间，北爱尔兰天主教徒与新教徒之间，甚至作案者与受害者之间，移情似乎有促进宽恕的作用。[32]你一旦对某人产生移情，报复的意愿就会消失。[33]

神经科学有助于我们理解其原因。此前本章的一项研究曾说明，男人在观看曾不公地对待他们的对手遭受痛苦的电击时，其搜寻系统高度活跃。然而，女人在观看时，其搜寻系统就不那么活跃，而是感到悲伤。我

---

① 方括号内为译者依上下文所加，以补足文意。

们在遭受物理痛苦时，大脑的某个区域会产生这种悲伤情绪。另外，无论是男人还是女人在观看**公平的**对手受痛苦的电击时，其搜寻系统都没有活跃。在这些例子中，他们的大脑痛苦网络处于活跃状态，而且在纸笔测验中他们的"移情"得分越高，其痛苦网络也越活跃。其他研究表明，人们一旦对某个曾伤害他们的人产生移情，就不会发生一般与复仇欲相伴随的左额皮质活跃度增强的情况。[34] 你可以对敌人受苦袖手旁观，且有时感觉不错，但如果敌人的痛苦反而引发了你心中的悲伤，那么复仇就会让人觉得是件无价值、没有意义和残忍之事，而似乎应为宽恕所取代。

一则短故事可以说明这一点。史蒂文·麦克唐纳是纽约市的一名警察，1986 年的某天，他在中央公园遭到夏福德·琼斯枪击，导致颈部以下全部瘫痪。令人奇怪的是，麦克唐纳发觉自己完全没有复仇的欲望："我对他感到愤怒，但同时感到迷惑，因为我发觉无法去恨他。我对他的感觉多半是遗憾。我想要他改变生活方式，去助人而不是害人；希望他在其人生中找到目标、获得安宁。这就是我宽恕他的原因。"[35]

中央公园的遭遇让麦克唐纳不得不在轮椅上度过余生。他知道生活的改变已无可挽回，但他对琼斯产生了移情进而关怀，而关怀使得宽恕得以可能。然而，单凭关怀常常是不够的。

预期值

还记得上一章的"有价值关系"假说吧？这一观点认为，如果与侵犯者的关系被视为有价值的，人们就会宽恕（非人类的动物就会和解）。预期值是宽恕的第二个心理学基础。

宽恕在乌干达北部的阿乔利人之中很常见，这一现象说明了预期值的重要性。20 年来，自称"上帝反抗军"的叛军组织发动叛乱以颠覆乌干达政府。为支持其事业，他们对平民进行恐怖活动。好几千名 13 岁以下的女孩从村子里被掠走，充当叛军头目的妻子。另有几千名孩子被囚禁、洗脑、改造成下一代叛军战士，受训去攻击和杀害他们的自己人。叛军将抵

抗的村民割去嘴唇、鼻子、耳朵、乳房或手，以威逼其他人满足自己的
要求。

阿乔利人中间弥漫着厌倦情绪，其中许多人多年来流离失所。因此，
他们采取了一种非正统的调解策略：给予宽恕，欢迎叛军战士回到他们之
中。自 2000 年以来，流行的电台节目一直允诺对叛军施行大赦，只要他们
放下武器，回归社区。随着时间的推移，草根层的平民们对叛军——甚至
包括对该组织的首脑约瑟夫·科尼——施行无条件大赦的呼吁变得更为坚
决。一个失去家园、一直住在难民营的男人总结了大多数阿乔利人对此的
态度："让'科尼'回到社区生活，因为这是达成和解的方法。"海牙的国
际刑事法院已驳回放弃起诉该组织的首脑的请求，但这并没有阻止阿乔利
人。事实上，乌干达政府已正式宣布大赦叛军。

叛军归家（有时是成群结队地回来，其规模可达 800 人）时要参加传
统的宽恕仪式。仪式开始时，他们将赤脚伸进一只生蛋中，这象征纯洁的
新生活。接着他们从一种农具的长柄上走过，表示回归社区的生产性生活
的意愿。仪式最后是象征性地洗去污垢，其方式是用彭博树的树叶擦身，
"这种树的树皮可以吸去脏东西"。仪式结束后，悔改的叛军成员必须与社
区领导人座谈，说明其认罪与补偿其所侵害的家庭的计划——通常的做法
是用家畜赔偿。

"我所追求的是和平，"一名叛军的受害者说（他的鼻子、耳朵和上嘴
唇在十多年前就被割掉了），"如果这些人这么对我，而其他许多人对他们
的所作所为感到遗憾，那么我们可以让他们回归。"其中的原因不难理解，
尤其是在他们悔改并力图补偿受害者之时：LRA 将孩子们改造成其自己村
子和部落的敌人，但他们对于其家庭和社区来说仍有价值，尽管他们被洗
脑且被威逼进行恐怖活动。正如一名在阿乔利工作的修女所言："他们都
是我们的孩子……除此之外别无他法。"[36] 就在我写作本书之时，叛军归家
的现象仍在持续，和平条约缓慢地推进着，而停火协定继续得到坚决
执行。

我在第六章指出的冲突后的焦虑，似乎是驱动人们修复有价值关系的动力之一。对于失去有价值关系的关切产生焦虑，焦虑进而驱使人们设法弥补并修复关系。而在本章我们还可以看到，大脑有一个专门计算"价值"的系统：如果我们预计即将与某人展开的交往是积极的，那么大脑就会让我们期待回报。[37] 这也有助于我们宽恕有价值关系的伙伴。

问题在于，某人一旦伤害你，伤害本身就会消耗这种关系的一部分预期值。被诱骗参加上帝反抗军的阿乔利的孩子们对其本地人做过可怕的事情，因而现在被视为潜在的伤害主体。由此看，尽管回归的叛军对于其父母、兄弟姐妹、以前的近邻有价值，但阿乔利人不得不重新评估与他们的关系——毫不夸张地说，阿乔利人得重新评估将来能从回归者那里得到的预期值。简单地假定他们将来的相互交往富于回报是不可靠的。

但侵犯并不必然耗尽某一关系的**所有**预期值。即使你伤害了我，只要到目前为止我们的关系对我确实有价值，那我仍有可能对你抱有较高的预期值，由此使得我愿意宽恕你。卡耐基梅隆大学的一名社会心理学家及其同事用一种简明的方式证明了这一点。他们在实验上掌控参与者关注其爱侣对己价值的程度，其途径是要求一半参与者列出他们的生活如何与其爱侣相关联，而要求另一半参与者列出其生活如何独立于其爱侣。接着在一项据认为是不相干的任务中，参与者被要求去设想，对于其爱侣作出的 12 种假设的背叛行为，他们将如何回应。比起那些思考其人生独立于其爱侣的人，思考与爱侣相关联的人对这 12 种行为表现出的宽恕要多得多。研究者的进一步研究表明，高度忠诚于爱侣关系的人，也更易于宽恕现实生活中的侵犯行为。[38]

这恰当地说明，人类能够宽恕那些在侵犯前具有高预期值的人。但如果某一侵犯者在侵犯前与你的关系之预期值较低，情况又会如何呢（比如说你们俩长期不和，甚至彼此并不相识）？如此情况之下，事后赋予该关系一定的预期值将更困难。

一点启示：你伤害某人之后要是想求得其宽恕，就得尽量避免出现这样的情形，即，受害者不能设想你将来对他有较大的价值。如果伤害得足够厉害，他可能认为你确实毫无价值，你就得改变受害者对于你的预期值的直觉。世界各地的受害者们往往对作为宽恕提议的赔偿作出积极的反应，其原因即在于此。[39]为造成的伤害作出赔偿向受害者显示，你们的关系能够再次变得有价值。赔偿提醒受害者："还记得我吧，朋友？我虽然对你使坏，但现在又恢复为原来那个有价值的我。"

这可能是件好坏参半的事情。令许多人感到困惑的一个现象是：试图摆脱其暴戾配偶的受虐女性，其结果却往往是长年累月地陷入困苦境地而无法自拔。其问题在于，尽管受虐女性及其孩子被迫忍受暴力和恐惧，但她们常常觉得与其配偶的关系具有持续的价值（比如在丈夫是其唯一收入来源的情形下）。受虐女性一旦由于如此限制而觉得离不开暴虐的丈夫，就更愿意宽恕受到的虐待，因而也就更愿意回到施虐者身边。[40]女性对家庭虐待予以宽恕而回到施虐者身边，并不是由于神经错乱，更可能是因为处于山穷水尽的境地。 *153*

被觉察到的安全性

安全性是宽恕的第三个心理学条件。在觉察到侵犯者无意于或无力在将来再次作出伤害之时，人们更易于宽恕侵犯者。这是个简单的信任问题：从侵犯你的人那里，你希望将来得到更多的痛苦？或者你能相信侵犯者对你的基本意图是善意的吗？如前所述，孩子们在发生冲突时，其应急激素皮质醇和脱氢表雄酮会增长，和解后激素恢复到冲突前的水平。[41]这些激素水平的变化说明，预期将承受较多的冲突与伤害是令人紧张的，而和解会减少关于未来关系的不确定性，从而缓解紧张。随着冲突的和解，就减少了担忧未来的必要性，因而就更容易宽恕过去。

要评估侵犯者的安全性，就得尽力了解侵犯者起初为什么要造成伤害。他的伤害是否出于故意？其伤害是否本来可以避免？他是否知道其行为会造成伤害？对于其行为并非故意或不可避免，以及未意识到对他人可能带来的后果的侵犯者，人们更容易予以宽恕。宽恕恶意的侵犯者则困难得多。[42]

为估量侵犯者的安全性，人们还关心他们在侵犯之后是否对受害者带有悔恨和关怀之情。人类更愿意宽恕悔恨的侵犯者，即，看上去对其所造成的伤害感到真切的悔恨。这很容易理解：对自身行为后果感到吃惊或为对他人造成的伤痛感到痛苦的侵犯者，是在展示其具有心理上的屏障——同情受害者的痛苦，并且确实希望维护社会的道德标准，由此就阻止了其再次以同样的方式对待受害者。[43]研究表明，诸如侵犯之后脸红的无意行为可能起到类似的作用。脸红说明你意识到了且急于规避你在道德上的违规。因此，某些道德违规之后的脸红似乎让违规行为更容易被宽恕。[44]

这里存在着一个悖论：通过承认过失（无论是口头上的还是通过某些诸如脸红之类的无意信号），侵犯者让自己接受了短期内不利于宽恕的一定责任。然而一旦承认过失（尤其是认罪伴随着悔恨），他们就重新肯定了其所违反的社会规则的有效性，并且承认了其行为所造成的危害。他们可能还承认其危害行为对受害者造成的心理痛苦。长期地看，肯定社会规则和承认受害者遭受的痛苦，让侵犯者更可宽恕。但认罪和表示悔恨是把双刃剑：有时会让犯错者在摆脱麻烦的时候陷入更多的麻烦。[45]这一事实可以解释为什么人们常常害怕认错和道歉。

为估量某一侵犯者是否安全，人们还关心侵犯者是否有再次伤害他们的**愿望和能力**。侵犯者表明已改变其行为方式且不再重复错误，人们通常视之为好迹象，但一般只有在受害者已经信任侵犯者之时才是如此。

对于侵犯者来说，还有另外一种方法让受害者产生不会再受其侵犯的直觉：让侵犯者自己看上去不具备再那样做的行为能力。在许多文化中，和解仪式包括放弃武器，这或许是由于这一强有力的象征与放弃伤害能力相关。[46]因此我们会发现，既缺乏意愿也缺乏能力进行再次侵犯的侵犯者尤为容易受到宽恕。如果没有意愿或能力，宽恕就不会看上去像一场骗人的把戏。

启动宽恕本能

进化似乎使我们具备宽恕的本能，因为它有助于我们的祖先维持具有生殖的、经济的与政治的功用之关系。关怀某个伤害你的人，体会到你与他的关系是有价值的，或者你觉得他是安全的，这些由大脑产生的感觉即是驱使你宽恕的指示，由此去修复值得挽救的关系。

从另一面看，如果某一侵犯者看来并不安全、没有价值或不值得关怀，那么人们自然倾向于优先选择宽恕的替代物——占主导地位的选择将是复仇。这里我得不厌其烦地重申：像所有的适应一样，复仇和宽恕都是**有条件的**适应。我们产生的是宽恕的还是复仇的动机，取决于是**谁实施了伤害**，以及其后的情况如何。

当然存在困难。其中糟糕之处在于，最需要宽恕的人类行为——暴力、谋杀、种族灭绝、战争、政治迫害，以及基于宗教、国别和人种的剥夺——一般不是由我们的父母、兄弟姐妹、爱侣、好友或近邻（在这些人身上我们最容易体会到值得关怀、有价值或安全的感觉），而是由陌生人、敌人或我们厌恶的人犯下的。最需要宽恕的人，自然而然地处在缺乏被宽恕的心理基础的状态。

由此就遇到了一个严重的问题，的确严重但并非绝望。有谁会说我们无法创造有利于宽恕的心理要素的社会环境呢？即使是在这些要素处于自然短缺的状况之中。或许进化并没有让我们去宽恕想要杀死我们或我们的孩子的陌生人，但家养的狗同样也没有由于进化而去抚育松鼠或虎崽。还记得麦迪莫斯尼·吉塞尔吧？这只曾在第一章提及的小蝴蝶犬禁不住要将无依的松鼠与自己的幼崽一起抚养。还有泰国动物园的那只狗也作出了抚养一对虎崽的壮举。单是四足有毛的、嗷嗷待哺的无助小生灵的出现，就足以启动这些新妈妈的大脑，驱使它们像对待自己的孩子一样来对待陌生者。我们能否应用同样的逻辑来帮助人们去宽恕呢？我们能否通过创造非自然的社会环境,以激发人们的大脑自然地产生某些东西呢?或许能够。但要让这一途径有成功的可能,就得充分而细致地考察人们用来显示值得关怀、有价值和安全的那些经努力而表现出的真实社会行为。

第八章 "促进并维持友好的关系"

——促生宽恕

向纳粹德国宣战几星期后，亦即第一批美国军队乘船动身前往欧洲几 157 星期前的 1942 年 1 月 2 日，美国国会通过了《外国索赔法》。国会认识到，作为美国军事行动的结果，有必要为无意（但不可避免）中造成的外国平民的死亡、受伤或财产损失准备某种法律机制。《外国索赔法》提供了这种法律机制。该法容许的赔偿金目前已经达到 10 万美元。在 2003—2006 年间，美国国防部依照《外国索赔法》支付了 2 600 万美元，以平息来自阿富汗和伊拉克战争的 21 000 多个索赔要求。大多数索赔牵涉扣押程序期间引发的车祸、身体伤害和财产损失，以及由交火引起的意外死亡和财产损失。

依《外国索赔法》而作出赔付，不是政治家们出于良心发现的忏悔行 158 动，当然也不是粗率地试图以美元来衡量人类生命的价值。它们也不是想要回避刑事责任：军队一旦得知对平民犯下罪过，随后就应该被进行罪案调查。严格说来，依《外国索赔法》的赔付，也并非意在确认道德上得体的标准（尽管它们当然也做到了这一点）。

那么这种赔付到底用于何种目的呢？《外国索赔法》开头的一句话解释了其基本目标："促进并维持友好的关系。"如果美国在外国领土作战而损坏了平民财产、给平民造成身体伤害或使平民的亲人致命，依《外国索赔法》的安置，其意图在于平息怨恨，以及修复外国平民与美国的积极关系。换句话说，它是一种对宽恕的诉求。

在中东地区作战的指挥官们，已变得非常善于请求当地平民的宽恕。没有宽恕，他们不可能真正做好工作。在2003—2006年间，伊拉克和阿富汗的美国指挥官，付给被美国军人伤害或杀死的平民及其家人的**赔偿费**和吊唁费达到了3 100万美元。赔偿费是我们"安慰物"一词的来源词。这是指挥官们从急用基金中偿付的名义上的数目。指挥官们通常通过咨询当地的部落首领及研究当地习俗的专家，来确定适当的补偿费，目前为当地平民的死亡支付的费用约为每人2 000美元。在特别的情况下，吊唁费可能高达1万美元。[1]不同于《外国索赔法》的赔偿金，赔偿费和吊唁费并不依据法律程序，它们其实只是指挥官个人力图表达同情、悔恨、尊重而与当地文化相适合的、象征性的补偿金。而与《外国索赔法》相同的是，它们也是为求得宽恕而付出的。

在阿富汗和伊拉克战争中，《外国索赔法》与国防部关于赔偿费和吊唁费的政策已经取得了立竿见影的效果。比如在2007年3月，塔利班暴徒伏击了在南哥哈尔省的一支海军陆战队的护卫队。一名队员受了伤。受伏击之后，海军陆战队队员们撤离了现场。接着，几名队员开始向由伏击发生的集市延伸而出的拥挤街道上的路人和过往车辆开火，导致19名阿富汗平民死亡、几十人受伤。这一事故经过美国国防部的调查，八名海军陆战队队员被免予刑事诉讼。

经过有非政府组织及当地部落首领参与的细致调查，军方编制了一份需要给付赔偿费的人员名单。与受害者及其家人见面的任务落到了第十山地师的约翰·尼科尔森上校身上。尼科尔森上校提供了惯例性的赔偿（每人10万阿富汗尼，约合2 000美元），接着做了一次精心准备的道歉并请求宽恕："今天我站在你们面前，对美国人造成无辜的阿富汗人民的伤亡感到深深的羞愧和深切的遗憾。对于任何一位阿富汗人的死亡，我们都充满悲伤和哀痛，但出自美国人之手的无辜阿富汗人之伤亡，对于我们的名誉以及许多死于保卫阿富汗及其人民的美国人来说都是一个污点。这是一个极其糟糕的错误，对于你们的损失和痛苦，我的国家和你们一样满怀悲痛。我们谦卑而满怀尊敬地请求你们的宽恕。"[2]

南哥哈尔省的省长古尔·阿迦·舍载在场主持了仪式。与这一场合相应，他对盟军提出了严厉而又带有调解意味的指责，敦促他们作出保证，其军人自律并接受良好的训练以避免将来发生类似的事件。尼科尔森上校充满痛悔的感人话语也给了舍载以信心，从而舍载重申了对盟军的信赖："敌人会利用这不幸的事件以推进其事业。南哥哈尔各部落则支持阿富汗伊斯兰共和国。就在几天前，有个人来到'舒拉'那里，告诉部落长老我们应当对盟军发起一场伊斯兰圣战。部落长老们叫那人离开。他们告诉他，除了暴力和死亡，塔利班没有带给我们任何东西。而盟军和阿富汗伊斯兰共和国帮助我们拥有道路、教育和一个更光明的未来。"[3]

以下似乎是在重复我们听起来已不再有什么意义的老生常谈："要想赢得反恐战争，就得赢得平民的心。"而要想赢得他们的心，最好还得准备赢得他们的宽恕。尼科尔森上校以如下方式说明这一点："我们不惜劳神费力，向受害者表明那并不代表美国。他们知道这一点。他们向我们提出了更高的标准，他们应当如此。而我们自己应当坚持越来越高的标准，因为我们是职业军人，应该做得更好。因此，我们极其努力地避免对阿富汗人民作出任何伤害，并达到这样的效果，即，我们知道将赢得阿富汗自身政府的认同并帮助我们赢得这场反恐战争。"[4]

《外国索赔法》、国防部关于赔偿费的政策，以及南哥哈尔开火事件后尼科尔森上校的公开讲话，所有这些很容易被视为令人怀疑的宣传或军事机构的运作。然而，在这些法律术语、官方政策与新闻发布的背后，适应主义者可以看出某种关于人性的理论在起作用。在试图"促进并维持友好的关系"之时，道歉、悔恨之情的真切表达以及努力赔偿为什么会如此有效？适应主义者回答道："自然选择正是这样来安排人性发挥作用的。"

宽恕的信号

如第七章所示，觉察到侵犯者是安全的、有价值的和值得关怀的，有助于引发宽恕而抑制复仇。人们可以通过用生物学家所谓的**信号**与他们所伤害的人交流，以培育宽恕的三个要素。

动物用各种举止来交流其心理的与生理的信息。理论生物学家马丁·诺瓦克和卡尔·西格蒙德在研究囚徒困境的进化模拟的细节之时，曾推测社会有机体可能进化出某些信号以帮助其博弈伙伴认识到，从复仇转换到宽恕在何时是安全的。[5]

动物研究专家已经发现了正如诺瓦克和西格蒙德所设想的信号。在某些物种那里，促进宽恕与和解的信号相当直白。回想一下捕食侦察的孔雀鱼吧。某条孔雀鱼如果想要向其侦察伙伴表明它在某次失职之后准备恢复合作，其信号相当简单：它落到队伍的后面值班。还可以回想一下许多群居的哺乳动物用来弥合冲突的和解姿态：接吻，顶足，摩角，如此等等。这些姿态也表示想要恢复某种积极的关系。

对于社会等级遭到挑战之后的和解，存在着其他有用的信号。比如在黑猩猩的社会生活中，首恶是不服从：[和解的姿态就是]① 向上级恰当地展示出顺从等等。黑猩猩顺从的信号是互致问候。占统治地位的个体让自己的身体尽可能地显得壮大；处于服从地位的个体俯首抓挠，并发出通称为"喷得—咕噜"的声音。[6]我如果对你发出喷得—咕噜的声音，就表示承认我附属于你，你（至少目前）不必担心我会试图取代你的等级地位。

假设你是雄性首领，而我决定追求你在权力等级上的地位。我如果发起一场试图颠覆你地位的争斗，其结果只可能有两种：我比你强而夺走你的权位，或我比你弱而你成功地捍卫了你的权位。若是前者，除非你对我发出喷得—咕噜的声音，否则我不会放过你；若是后者，除非我对你发出喷得—咕噜的声音，否则你也不会饶恕我。要是没有这一信号，否则就不会有和平，只有紧张而危险的长期争斗。除非被征服的敌人表示正确的信号，否则就不会有任何"宽恕"。而像魔术一样，一显示信号，争斗就停

① 方括号内为译者依上下文所加，以补足文意。

止而大家都放松下来。

人类也有一系列行为的、表情的与口头的信号，以终止侵犯与报复的 *162*
循环，促进冲突之后的合作，从而最终带来宽恕与和解。我的同事和我一
直致力于编辑这些信号，其中许多已被其他科学家指出。[7]在这些信号之
中，我打算谈谈三种最常见、最实用且最有效的信号：道歉、自我贬低的
表现及姿态、补偿。没错，美国国会和在阿富汗与伊拉克的指挥官们一直
在正确地使用它们。

信号 1：道歉

对于劝阻复仇和促进宽恕来说，恰当的道歉极为有效。[8]事实上，就
使这个世界较少复仇、较多宽恕而言，道歉很可能是在我们可支配的范围
内最有力的工具，即使是在伤害极其严重的情况下也是如此。在关于南非
种族隔离期间被严重侵犯人权的受害者的一项研究中，对于受害者宽恕侵
犯者的意愿，最成功的预测是通过考察受害者对于侵犯者为其行为"真正
感到后悔"的程度。[9]

依文化的不同，道歉的效果稍有区别。例如在日本文化中，道歉的首
要作用是润滑社会关系，以便冲突之后和谐的人际关系得以修复。在中国
文化中，道歉表示道歉者愿意屈服于权威和道德习俗常规。在阿拉伯人的
观念中，道歉与减少血亲复仇这一古老的动机相关。在西方，道歉对于和
解的宗教与公共观念起着辅助作用，还相关于承认道德负疚甚或法律责
任。[10]在某种新的文化背景中，你要是想当然地认为，你的道歉方式毫无
疑问地会感动人、为人所接收，而达到你预想的效果，那可能会出乎你的
意料。

即便如此，道歉有某些似乎超越文化差异的普适价值。关注道歉的跨
文化共性的语言学家们辨识出五点共性。第一是"语用力量指示成分"，
即，道歉者使用一套词语以表明他在致歉（比如用英语讲"I'm really sor- *163*

143

ry.")。第二是承认过失责任（比如"这是我的过失"）。语言学家告诉我们，前面的这两个特征可见于他们所考察的四种语言（英语、法语、希伯来语和德语）背景中的所有有效道歉。第三是解释——侵犯者试图说明侵犯行为的起因。第四是修补的提议。第五是承诺克制——保证不再重复侵犯。[11]另一名研究道歉的专家提出了更简洁的关于有效道歉的要素清单：（1）承认侵犯；（2）给予侵犯为何发生的解释；（3）传达后悔、羞愧、谦卑和诚意；（4）提供修补的方法。[12]一般说来，侵犯者提供的道歉越多地表现出上述特征，受害者就越会视其行为是可宽恕的。[13]

道歉与其他选择

要理解一次得体道歉的威力，一个好方法是想想如果有人向你作了一次糟糕的道歉，你会感觉如何。彼得·舍巴赫（Peter Schönbach）描述了四种形式的"陈述"，人们可依此来尽力"解释"其糟糕行为：拒绝、辩解、借口，以及道歉（舍巴赫称之为"妥协"）。[14]在**拒绝**陈述中，侵犯者否认为伤害行为负责或否认是其行为导致了消极后果。在**借口**陈述中，侵犯者通过提供减轻的情节而力图减轻责任。**辩解**陈述比拒绝和借口稍微令人满意一些，因为它至少承认对侵犯行为的责任。然而，辩解的作用仅止于此，因为它试图为侵犯行为以某种有利于自己的方式陈述（比如"目的证明手段"）。

对于熄灭复仇欲[15]及促进宽恕来说，辩解和借口几乎不起任何作用，而**妥协**才是人们在一次得体的道歉中真正想得到的。在妥协陈述中，侵犯者"既承认责任又接受不如意的情境；他承认部分或全部的罪责，表示悔恨，并提出补偿"[16]。

164　　对于想要说明这些解释不当行为的尝试如何变得极其错误的作家而言，美国的政治场景就是一家糖果屋。1998 年 1 月，比尔·克林顿总统在向美国人民摇动手指并强烈否认他"与莱温斯基小姐曾发生性关系……"[17]之时，作出了一次教科书式的"拒绝"。几个月后，随着不利于其无辜辩护的一条蓝裙作为证据的出现，克林顿再次面对这一问题，并最终作出了部分的妥协，承认他"的确与莱温斯基小姐存在不恰当的关系。事实上，这一关系是错误的。它包括有待判定的严重过失，而我对此负有唯一且完全的责任"。这一妥协虽迟但胜过没有。

即便此时，克林顿仍禁不住伺机批评给他带来诸多忧虑的独立律师："我是为了我的家庭，意在挽救家庭生活。这是我们自己的事，无关于其他任何人。即使是总统也有自己的私生活。现在是停止诋毁个人、刺探个人私事的时候了，而国事仍当继续。"[18]这一转折策略削弱了妥协，使之看上去像是借口或辩解（克林顿真正想说的似乎是："要不是那特别的检察官对我如此苛刻，所有这一切我都不会承认。"）。

但在接下来的几个月，克林顿为其不当行为逐渐作出了更好的妥协。到了 9 月 4 日，他终于讲道："我犯了大错。它是不可原谅的，我深表歉意……对于我已承认不可原谅的事，其他任何人想要提出批评，我都不可能表示异议。对于参议员约瑟夫·利伯曼或其他任何人以个人批评的方式所说的，我不能设想自己可能有何异议，因为我已经对自己反复地这样说，并且我对此感到非常抱歉，但除此之外我无话可说。"但到了 9 月 9 日，他觉得还想多说一些："我也让你们失望，让我的家庭失望，让这个国家失望了。但我会努力改正。我决心绝不让类似的任何事再次发生，决心挽救你们对我的信任……因此，在这次事件中，我请求你们的理解和宽恕。我希望这是一个和解与弥合的时刻。"在 12 月 12 日参议院就弹劾提案表决的前一天，克林顿讲道："我想让美国人民和国会知道的是，我对我所有错误的言行表示深深的歉意……我决不应该误导国家、国会，以及我的朋友和家人。坦率地说，我深感羞愧……"[19]

人们不禁要问，如果在这一过程中，克林顿早就作出了尽管显得代价较高而谦卑但更好的妥协，那他是否可能免于这几个月来的政治伤痛甚至羞辱。

不能有效地使用道歉，是两党政治的失调。让我们看看特伦特·洛特的例子。2002 年 12 月 5 日，在华盛顿纪念斯特罗姆·瑟蒙德百岁寿辰的庆典上，洛特作了如下评论："对于我的国家（洛特是密西西比州的终生议员），我要说：斯特罗姆·瑟蒙德竞选总统时，我们都投票支持他。我们为此而自豪。如果当时其他的国人能够跟着我们走，我们就不会有这多年来累积起来的、现在面临的种种问题。"[20]

洛特对瑟蒙德的溢美之词，其问题在于瑟蒙德在 1948 年是以种族隔离的政纲进行总统竞选的。有人认为，它是瑟蒙德的政纲中**唯一的**要点。这让洛特显得形象不佳。

洛特-瑟蒙德事件几天之后才引起媒体的关注，但接着几天之后，洛特被迫予以澄清。他为其行为作出的最初解释是最苍白无力的——由其发言人作出了两句拒绝陈述："参议员洛特的评论意在赞美一位杰出者的杰出人生。对此评论的任何引申都属于误读。"[21]

但参议员洛特虚弱地拒绝承认其评论的冒犯性质，这对他毫无益处。到了 12 月 10 日，面对其共和党同僚及民主党的愤慨，他被迫作了略微改进但仍乏力的拒绝："由于选词不当，给某些人造成了这样的印象，即，我拥护过去的已被遗弃的政策。这绝非事实，在此我向被我的评论冒犯的所有人致歉。"

洛特在 12 月 11 日又解释道："其用意当然并非拥护他 54 年前或一直支持的种族隔离政策。但显然，我对我的用词表示歉意，它们选择不当且漫不经心，我对解读它的方式表示遗憾。这是思维而非用心所犯的错误，因为我根本不接受这些以往的政策。"[22]但这一解释也不能解决洛特的问题。事实上，他最初是否认做了任何错事，接着声称其错误是由于选词不当而带来的**不恰当的解读**，然后又不承认人们**的确**受到了其评论的冒犯（洛特的用语反而是一般说来欠考虑的"我向被我的评论冒犯的所有人致歉"）。他的努力让其形象越来越糟糕。

在其参议院的同事和乔治·W·布什总统的压力下，洛特于 12 月 13 日在其家乡密西西比州的帕斯卡古拉发表了一项正式声明，这才解决了问题。"随着我不断地从我的错误中吸取教训，随着我既作为一个人也作为一名领导的成长，我已经请求并正在请求人们的容忍和宽恕……我为重揭以前的创伤并伤害了如此之多的美国人而抱歉。我对我的评论负全责，唯有希望人们从心里宽恕我这一令人伤心的错误。我不仅看到了过去的种族主义和不道德的政策带来的破坏性后果，而且将尽我之全力以确保我们决不会再回到那种社会。"[23]

一周之后，洛特辞去了参议院多数党领袖的职务（当时他尚未被正式任命）。他最初犯下的错误以及未能及早对此作出充分的解释，让他的政治生涯付出了巨大的代价。但在经过多次失误之后，他最终勉力以足够的谦卑与真诚的悔意作出道歉，从而挽救了其政治生命。

克林顿和洛特最终都作出了正确的道歉，而事情对他们俩也逐渐有好转。洛特甚至在 2006 年的中期选举之后被推举为少数党领袖。

道歉的收益

按照阿伦·拉扎尔的观点，好的道歉可满足多种需要。它们有助于修复受害者的自尊。它们提供某种信心，即，受害者与侵犯者分享着同样的道德价值。它们让受害者打消疑虑，即他们所遭受的侵犯并非由于自己的过错。它们让受害者安心，侵犯者是安全的（尽管他们做出了糟糕的行为）。它们让侵犯者感受痛苦。它们还提供了一种可能性，即，受害者可能因其所遭受的伤害而得到某些补偿。[24]

拉扎尔列出的道歉收益清单极其中肯。一次好的道歉通过修复受害者的自尊，解除了侵犯行为最初给受害者带来的名誉侵害。与修复的名誉伴随而来的是免于未来的掠夺，因而它是平息复仇欲的关键。通过提供受害者与侵犯者分享道德价值的信心，道歉让人觉察到安全性：它帮助受害者感受到，侵犯者的内心约束将阻止他重复同样的侵犯行为。确认道德价值的共享，还令受害者感到与侵犯者更为亲近和类似，因而让侵犯者显得更具价值、更值得关怀。

最后，道歉让侵犯者因承认其道德缺失而蒙受羞耻，从而满足了人们想看到侵犯者遭罪的深层欲望。觉得克林顿对他们撒谎（或玷污总统职位）以及洛特确实是种族主义者的人，在国家电视台看到他们羞愧的样子会获得某些满足。如第七章所述，报复欲是通过"搜寻系统"而发挥作用，而一次好的道歉引起的痛苦可能足以满足大脑的复仇渴望。通过让侵犯者痛苦，道歉还可能引起受害者对侵犯者的同情，从而产生关怀之情，它也起到了阻止复仇和促进宽恕的作用。[25]

尽管受害者最想从侵犯者那里得到的似乎是道歉[26]，但道歉对于防止复仇与促进宽恕的效力仅到此为止。即使是从早到晚的道歉也只不过是谈论，无补于语言与行动之间的鸿沟。比如我请求你宽恕我，或许并**不是**由于我已经历了某种内心的改变从而使得我值得关怀、安全和有价值，而是由于我想避免严厉的惩罚或想让你放松警惕以便再次利用你。

尽管如此，这也不是什么大不了的问题，因为道歉仅仅是我们可资运用的、促生宽恕的信号之一。几百万年来，宽恕与和解现象在现代人以及我们的祖先那里一直存在，而我们的言说能力之发展仅始于 50 万年前。[27]事实上，由人类学家的好朋友收集的人类学证据——人类关系区域档案——指出，只有在人类社会发展出高层次的等级结构之时，人们才开始运用道歉。在那些高度平等的、极初级的社会形式中，人们很可能根本就不用道歉。[28]幸运的是，过去并非事事都离不开道歉，今天也是如此。对于促生宽恕来说，我们至少还有两种不错的信号可资利用。

信号 2：自我贬低的表现及姿态

查尔斯·达尔文无法肯定脸红能起什么作用，怀疑它能否服务于某种特定的社会功能。他推测，脸红或许完全是由于人类具有从他人的观点来设想自己的能力。[29]但达尔文认为脸红没有特定的社会功能，这一观点可能是错的，尤其是考虑到脸红的起因常常是由于不守规矩或更严重的侵犯他人。马克·吐温曾写道:"人类是唯一能够或需要脸红的动物。"[30] 此时他或许触及了脸红的实质。

　　就脸红问题来说,社会心理学家达契尔·克特纳(Dacher Keltner)及其同事坚持了马克·吐温的思路。他们提出,脸红以及与之类似的表情(比如不敢抬头或强颜欢笑)都充分地暗示,某人正体验到困窘(该情绪是由于未遵守特定文化中的社会习俗,诸如饮食方式、穿着方式、问候他人的方式之类)或羞愧(该情绪是由于更严重的道德违规,从而暴露了某人的性格缺陷)。羞愧与困窘的面部表情似乎让人更容易被宽恕。例如,如果得知某个做错事的人显得羞愧,你就会对之予以更多的同情。克特纳及其同事还发现,比起被认为未表现出特别情绪或表示轻蔑的被告,人们对那些看上去显得羞愧或困窘的假想罪案被告提议的判罪较轻。[31]这些羞愧和困窘的面部表情与口头表达(我们或许可称之为**自我贬低的姿态**),一旦辅之以口头道歉,就可以增加诚意的分量而不会看上去像应付,因而让冒犯者更易于被宽恕。

　　人们还可能动用全身来发出自我贬低的信号,以促生宽恕。在某些文化中,自我贬低的姿态包括实际掌控其身体姿势(鞠躬、爬行或下跪),从而使侵犯者显得比实际上弱小。自我贬低的表现还可以通过自愿接受惩罚(或温和的报复)来实现。相较于表现出自我贬低行动的侵犯者,被侵犯的受害者显得强大而自主。就此而论,侵犯者一方表现出一定的自我贬低,有助于受害者恢复其社会状况(否则可能要通过寻仇来尽力恢复),从而让复仇变得无意义。

　　哥本哈根大学社会心理学家罗尔夫·科赛尔(Rolf Kuschel)对这些姿势作了细致的研究。他的结论是,在许多前现代文化中,自我贬低的礼仪通常包括四种举止:(1)暴露身体的脆弱之处;(2)将自己的身体放低于想要取悦的人;(3)触摸不洁物;(4)允许其他人摸自己的头或头发。[32]这些信号所要表示的信息很明确:我弱而你强;我肮脏而你纯洁;我无名誉而你值得尊重。这些难道不就是人们在寻仇时通常所要传达的信息吗？难怪人们想终止争斗、促进宽恕之时，会将这些自我贬低的姿势作为信号的重要组成部分。

170　在其著作《血亲复仇》（*Blood Revenge*）中，克里斯·贝姆（Chris Boehm）分析了黑山部族实施复仇及媾和的传统，并列出了显示自我贬低姿态之有效性的一个典型事例。他重述了洛维斯基百年历史的人类学档案，其中两个家族的世仇导致各有多人死亡而后和解。世仇的最终解决，是由于起先发起世仇的某一家族成员践行了一项自我贬低的礼仪。两个主人公分别是：博依科维奇，其家族犯下第一起谋杀从而启动世仇；泽克，其父亲是世仇的第一个丧生者。

> 在仪式上，这两个家族相互分开，"像两个敌对的军团"一样对峙着。洛维斯基详细描述了这一仪式："人们陷入了短暂的沉默，接着一群人从另一端走了出来。凶手的儿子仅穿一层内衣，光着脚，未戴帽，四肢着地爬了过来。一杆长枪用背带系着，挂在他的脖子上（为达到更好的效果，总是用长枪，即使凶手使用的是手枪）……泽克刚一看到就急忙跑了过去，以缩短这一令人难堪的场景。他奔向博依科维奇，以便快些将他扶起来。但就在扶起的片刻，博依科维奇亲吻泽克的脚、胸和肩膀。泽克将枪从博依科维奇的脖子上取下，对他说了如下的话：'先前我们是兄弟，然后成了有着血仇大恨的敌人，接下来我们就是永远的兄弟。这是夺走我父亲生命的枪吗？'然后不等回答，他将枪交还给博依科维奇，表示完全宽恕了过去的事情，接着他们相互亲吻，像兄弟一样相互拥抱。"[33]

博依科维奇以最卑微、最丢脸、尽可能自我贬低的姿态出现在人群之前。他穿的是内衣；像动物、幼儿或受伤者一样在地上爬行；脖子上还挂着枪，以代表激起世仇的武器。这一仪式无可挑剔，其意图在于显示自身的渺小、虚弱和无助和对方的强大和高贵，以及自身抛弃世仇的欲求。

171　很难想象，在当代社会还会有人进行如此夸张的仪式，但作为一种传达宽恕与和平愿望的信号，其效力不可否认。泽克禁不住因其移情而产生的悲痛，奔向谦卑的博依科维奇以尽快终止这一仪式。泽克家族的名誉也得以修复：博依科维奇家族显得弱小、无助而丢脸（但也显得明智，因为他们知道应该终止世仇）。对照之下，泽克家族显得强大而体面。宽恕自然会出现，并且令人感动。再加深痛苦变得毫无意义。

信号 3：补偿

道歉与自我贬低的姿态固然不错，但并不总是足以产生宽恕。2004 年 3 月，温哥华法裔加人队的右前锋托德·贝祖奇滑到科罗拉多雪崩队队员史蒂夫·摩尔背后，冷不防地对着他脑袋给了一个侧击（很可能是为了报复几周前摩尔袭击了一名法裔加人队的队员）。摩尔头先着地跌倒在冰面上，体格大得多的贝祖奇则倒在他身上。摩尔遭到了严重且很可能终止其运动生涯的伤害（脑震荡及三根颈骨开裂）。

针对摩尔的袭击是莽撞、野蛮的，且带有明显的故意，但很难想象贝祖奇实际上是想要终止摩尔的运动生涯。两天后，贝祖奇作了看上去感人的公开道歉——至少满足拉扎尔关于有效道歉的若干标准。道歉声明中承认了贝祖奇的侵犯以及造成伤害的程度，并表达了悔恨、羞愧、谦卑和诚意。[34]

在随后的几个月，贝祖奇得到了某些相当严厉的惩罚。通过一场辩诉交易，他在刑事法庭就袭击指控作了有罪答辩，被判一年的缓刑。他在薪金和赞助费方面损失了近 100 万美元，并被禁赛 20 场（禁赛期限在国家冰球联盟历史上居第四位）。他还得做 80 小时的社区服务。因此，贝祖奇为其行为付出了代价，尽管远远比不上他给摩尔造成的损害。

在随后的几个月里，贝祖奇直接对摩尔作出的道歉不下十次，但摩尔 *172* 仍拒绝宽恕他。贝祖奇请求摩尔宽恕的努力之所以失败，其原因可能在于缺乏两个因素。第一，贝祖奇从没就其行为的动机作出一个真正恰当的解释，从而削弱了其道歉的效力。相反，他拒绝为其行为承担责任。"我要是能够（解释我为什么袭击摩尔），就不会在此，"事件发生一年多以后，在一次对新闻媒体准备好的声明中他讲道，"相信我，我已离开了很长时间，且在许多不眠之夜思考这件事。但你知道吗？它就是这样发生了。"

第二点或许更为重要。贝祖奇没有为给摩尔造成的伤害提供任何补偿。2006 年，摩尔对贝祖奇及法裔加人队提出民事诉讼，要求赔偿 1 950 万美元，以弥补他在薪金和赞助费方面的损失（这些薪金和赞助费本可以在其余下的职业生涯中获得），以及不断恶化和令人痛苦的伤害。[35]这一案件仍在加拿大的法庭审理中。摩尔为什么决定起诉？"我确实没有其他选择……这是我的新手赛季，而此后我没有获得任何收入。极少有球员在竞赛中遭遇这种状况。或许根本没人碰到。这不是我想做的，但我别无选择。"

摩尔对贝祖奇的道歉尝试仍未作出回应。贝祖奇的言语表达出类似这样的观点："你得尊重人们关于事情的决定。有些人的宽恕比其他人要容易得多，你得面对这一点并继续努力。"这的确没错，但如果贝祖奇的道歉更令人信服，如果作出富有新意的姿态以表明愿意部分地补偿摩尔的收入损失、身体伤害和被毁的职业生涯，那么情况又会如何呢？整件事或许会有相当不同的结果。

对于促生宽恕来说，补偿是一种经过检验的可靠机制。[36]补偿消除了由侵犯带来的部分损害，同时迫使侵犯者承受某些痛苦。另外，一旦你对给受害者造成的伤害予以补偿——如律师们的习语，一旦你让受害者"恢复"——受害者就较少聚焦于过去所受的伤害，而或许会将你视为将来可能有价值的人。史蒂夫·摩尔之所以起诉贝祖奇和法裔加人队，至少部分原因是要钱用。他要是赢了这场民事诉讼，就更有可能平息一部分怒气。

对于平息复仇欲、促进宽恕来说，补偿的重要性再怎么强调也不为过。在其关于血亲复仇的跨文化的重要著作中，马丁·戴利与马戈·威尔逊注意到，他们所研究的许多前现代文化都发展出补偿策略来平息复仇。

接受"抚恤金"是替代报复性地杀死凶手或其亲属的一种常见的选择[37]，而在许多文化中，补偿和交换礼物是宽恕与和解仪式的共同组成部分。[38]

人们一直用补偿作为让自己在其受害者眼中显得更可宽恕的一条途径。补偿过去通常是刑事法的一个关键成分。然而，随着西欧政府承担社会控制的责任越来越大，侵犯者变得向**国家**而不是向受害者担负罪责。其结果是补偿的边缘化。这是一种与事件相逆的转向，因为它无视人们直觉的道德感受性：人们想直接从侵犯者那里获得补偿。这一不幸的文化改变，暗中破坏了人类调解严重不满的一个极有效的策略。[39]

补偿极其有效，其有效性事实上足以提供"满足"，即使受害者的损失不能完全得到弥补。对于大大少于损失的补偿，人们的回应通常是放弃复仇欲而代之以宽恕。相对于其所意图补救的伤害而言，赔偿费与吊唁费相当微薄。但即便如此，它们对于平息愤慨和促进宽恕的有效性仍无可置疑。

在说明这一点的实验中，研究者让参与者进行类似囚徒困境的游戏，并让他们相信自己在与他人博弈（实际上他们的对手是预先安排的计算机策略）。几轮合作博弈过后，计算机策略（我称之为侵犯者）开始背叛，174 破坏了前几轮的合作传统。这通常会导致好几轮参与者及其对手都受到伤害的相互背叛。

其后不久，侵犯者发出道歉信息并提供一种形式有趣的补偿：请受害者选择"背叛"而同时侵犯者自身选择"合作"（这让人们积累"诱惑报偿"，这是囚徒困境所提供的最佳报偿），从而让受害者补回某些损失。实际上存在三种补偿状况。在低补偿状况下，侵犯者让受害者在下一轮得到诱惑报偿。在高补偿状况下，侵犯者让受害者积累随后两轮的诱惑报偿。在开放补偿状况下，侵犯者向受害者提问，"要让你恢复合作，我能怎么做？"接着受害者就显示愿意恢复合作所需的诱惑报偿的轮数（从 0 到 5）。

令人惊讶的是，对于劝导背叛者恢复合作来说，低补偿与高补偿具有同等的效力。在接下来的 5 轮中，得到道歉但未得报偿的参与者恢复合作的轮次之平均值仅为2；得到道歉且得低报偿的参与者恢复合作的轮次为3.5；得到道歉且得高报偿的参与者恢复合作的轮次为3.3。

另外，低补偿和高补偿与开放补偿同等有效。当被直接问及需要多少补偿才恢复合作（选择在0至5个轮次之中，自己获得最大收益而对手的收益为0）时，人们并不要求足够的补偿来弥补损失。平均的轮次是2.3——仅略高于侵犯者初次背叛带来的损失，而远远低于由侵犯者初次背叛加上其后相互背叛（其中双方均不受益）带来的损失。[40]

这一研究得出的结论是，人们接受部分补偿的意愿比一般人想象的要强——尤其是侵犯者同时还对其行为感到抱歉之时。在现实生活中与在社会心理学家的实验室里，这条原则同样有效。犯罪受害人说，他们甚至愿意接受补偿其物质损失的极少量赔偿，**只要这一赔偿是罪犯本人提供的**。[41]这是因为赔偿不仅可以现金的形式，还可以诸如痛苦和同情的通货方式付出。

恢复性司法

道歉、表现出确实感到抱歉的举止或尽力消除所造成的伤害，这些有助于孩子们解决游戏争端的忠告，是否也是有助于成人修复冲突的好提议呢？答案无疑是肯定的。我们已经看到，就盟军与伊拉克和阿富汗的平民之间的关系而言，诸如道歉和赔偿费之类的信号对于维持善意是如何必不可少。恢复性司法运动也运用这些观点，以让犯罪受害人及罪犯都获得积极的结果。

在传统的西方刑事司法制度中，犯罪受害人在刑事诉讼中的作用通常局限于报案、与检察官面谈，或许还包括法庭作证以及在量刑听证会中作受害人影响陈述。一旦开始起诉和判刑，受害人很快就处于边缘位置。因此，许多受害人感到疏离于刑事司法过程。令人奇怪的是，司法程序竟然缺乏这样的观念：犯罪会对人类造成伤害，而且刑事司法制度应该帮助受

154

害人恢复。犯罪学家希瑟·斯特朗（Heather Strang）对此作出了如下描述：

> 看看这一在民主国家中已演变几百年的刑事司法制度吧。想想在这个国家中，那些被控罪的人尽管心怀深深的怨恨，但仍承认其法律上的罪行，而其辩护律师在几乎不认识其当事人的情况下尽量为之减轻罪责。想想在这个国家中，犯罪受害人毫无机会说明犯罪造成的后果，他们的观点被视为不相关的，甚至有妨碍司法的危险。进而再想想在这种刑事司法制度中，犯罪的一方完全远离了其行为的后果，仅可能通过这样的方式来受罚——罚款、社区服务或丧失自由——所有这些的特征是：与罪案无关联，对受害人来说除了满足复仇欲之外毫无意义。这就是我们所能做到的最佳结果吗？[42]

到了 20 世纪 70 年代后期，斯特朗所谴责的刑事司法制度，其令人遗憾的状态开始有所改进，这大部分得归功于基层的行动主义以及几位学者的著作。到了 20 世纪 90 年代中期，一场国际恢复性司法运动蓬勃开展起来。恢复性司法可视为"某种处理犯罪的特定方法。它将作案者及其受害人以及各自的家人和朋友召集在一起，讨论事件的后果以及可以采取何种步骤来修复作案者所造成的伤害"。作为针对犯罪的一种哲学方法，恢复性司法信奉如下价值观：作案者应就自己的行为对受害人作出说明；伤害的效果应予以消除；一旦可能，作案者应重新融入团体；应该尊重受害人与作案者之间的对话。世界各地有许多团体应用恢复性司法的实践来处理犯罪，北美和欧洲有 1 500 多个关于恢复性司法的计划。其中有些是用来取代正式的审判，有些与对犯罪的正式宣判相伴随，有些则完全独立于正式的刑事司法背景。[43]

恢复性司法的中心组成部分是受害人与作案者之间的会话，其中受罪案影响的人及其支持者（有时多达一百人挤在一个单间），有机会与作案者及其支持者谈话。这样的会议通常由专业人士如社区警官来主持。对于受害人和作案者来说，参与与否全凭自愿。会议通常致力于给予作案者一

177 个机会，以解释其行为、致歉，以及与受害人一起寻求修复伤害的途径。另外，受害人有机会表达关于他们为什么受害的观点，向作案者提问，并说明罪案对自己造成何种影响。[44]会议通常持续约 2 小时，但对于严重的罪案，有的据悉持续时间长达 8 小时。

　　恢复性司法会议对于减少复仇欲、促进宽恕极为有效。就抢劫、偷窃和袭击案来说，参与过与作案者会话的罪案受害人比通常的罪案受害人，感觉得到了真诚道歉的比例要多 23 倍，持续怀有复仇欲的比例要少 80%，声称已宽恕作案者的比例要多 2.6 倍（尽管会议对于宽恕的效果依情境的不同而有所区别）。[45]另外，参与过会议的受害人变得更少对作案者发怒，对作案者表现出更少的恐惧和更多的同情。大约 90% 的参与者对结果感到满意，并声称愿意再次参与。[46]

　　斯特朗及其同事推测，受害人—作案者会议之所以取得如此积极的结果，是因为由此人们有机会去重新处理痛苦难忘的经历，并以安全而不受威胁的方式与作案者交谈——已经表明这一过程会减少创伤后压力心理障碍症。他们还揭示了这一过程通常会带来对作案者移情的作用，仪式化的参与对于培育积极情绪的作用，以及由于作案者承认对受害人的权利侵犯而具有抬高受害人的作用。[47]

　　但在我看来，它们之所以如其实际表明的那般有效，是因为促进了我前面已经说明的信号交流。参与恢复性司法会议的作案者已承认其罪行。他们通常提供真诚的道歉与行为解释，并且可以设想，还有羞愧和自我贬低的非语言信号。会议使作案者处于一种屈服的位置，并迫使他们体会到
178 情感折磨。最后，会议结束时通常备有作案者对受害人作出补偿的计划。尽管恢复性司法运动并非参考进化心理学的原则而产生，但就结合这些因素来促进宽恕的产生来说，它毫不逊色于任何一位进化心理学家的做法。

安抚的风险

　　如恢复性司法的成功所表明的，最能帮助你去宽恕的人，可能并不是

你自己，而是伤害你的人。这一事实开启了使世界更富于宽恕的重要契机。当然，它也是一个问题，因为许多作案者几乎无意于采取有助于受害人宽恕的措施。

从罪犯的观点看，诸如道歉和补偿之类的信号可能存在三个缺点。第一，承认侵犯之责包含着接受**痛苦**——其形式可能是惩罚、社会谴责或其他制裁。既然面临 1 950 万美元的官司，就难怪托德·贝祖奇在对伤害史蒂夫·摩尔的认责问题上含糊其辞，也难怪他没有主动提出补偿。道歉还包含名誉与地位的损失：罪犯示弱，从而给受害人以颜面。在许多物种中，社会地位的损失实际上会导致一连串的心理后果，包括应急激素上升、血压升高、低密度脂蛋白（一种"不良的"胆固醇）水平升高，以及患心血管疾病的风险增加。[48]有谁愿意为所有这一切签单呢？正如比尔·克林顿和特伦特·洛特的拙劣道歉所表明的，一旦认罪的代价是损失地位，那么对自己犯错的真相予以逃避的诱惑常常难以抵御。

第二，罪犯有时担心，道歉或认罪可能让受害人更容易觉得报复是正当的。当受害人无论如何最终都要诉诸复仇之时，人们会对安抚其受害人的决定追悔莫及。[49]因此，罪犯可能认为，他们坚持拒绝认罪的时间越长， *179* 就越能拖延复仇的到来。

第三，人们一旦真的确信其动机的纯洁及行为的正当性，就不想道歉和认罪。萨达姆·侯赛因对于 1990 年伊拉克对科威特的入侵从未表示后悔，或许是因为他真的相信其有关科威特是伊拉克的第 19 个省的主张是合理的。[50]你要是认为没做错事，怎么会作出真诚的道歉呢？许多罪犯不乐意发出促进宽恕发生的信号，这种状况又为如下事实所恶化：相较于受害人，他们认为其伤害行为更值得辩护、伤害程度较轻或不道德的因素较弱。[51]因此，罪犯与受害人对于侵犯的严重性常常不能取得一致的看法。而且就大多数世上涉及暴力与复仇的最棘手的社会问题来说，人们往往将自己既视为罪犯也视为受害人，这就使得促进宽恕的信号看上去更加缺乏感染力。

大多数人都体验过道歉、自我贬低的礼仪及补偿的效力。他们知道，这些信号能够平息复仇欲，启动宽恕本能，在与家庭成员和密友的关系中尤其如此。在这样的关系情境中，类似的信号交流往往自然而有效地发生，无须科学家和社会改良者的介入。但要促使宽恕发生于陌生人和非亲属之间——尤其是在发生流血事件之后——人们总是依赖于正式的礼仪、正式制度，以及正式的社会变革。明智地说：赔偿费与吊唁费是行之有效的，尤其是在与真诚的道歉相配合以及用一种严肃得当和能增进尊严的方式之时。要是它们不具备意想之中的效果，即，通过赢得宽恕而赢得人心，阿富汗和伊拉克的指挥官们就不会在上面浪费时间。

对于发挥人们处理冲突与暴力之后果的最佳能力来说，恢复性司法运动是又一伟大的制度范例。此前很久，人类就具有安抚与宽恕的能力。而恢复性司法之所以有效，是因为它能够让人们运用其进化而来的道德直觉，以应对我们大多数人生活于其中的超大社会中犯罪带来的痛苦。要是没有这些制度，人们在运用其自然倾向以帮助自己宽恕及被宽恕之时就会更加困难。

因此，要想着手建立"宽恕的社会"，即宽恕兴盛而复仇更少的社会，需要创造何种条件与制度呢？你理想之中最终的社会是怎样的呢？

180

第九章　从神经元到国家

宽恕发生于人类个体的头脑之中。这种会宽恕的头脑已逐渐将冒犯者 181
视为值得关怀的、有价值的和安全的。曾怀有复仇念头的人，一旦通过得
知侵犯者受到了惩罚或遭受痛苦而获得满足，可能也会乐于宽恕。想受到
宽恕的人则通过道歉、表现出自我贬低的姿态和力图补偿受害者，以尽量
创造上述心理条件。

对于满足复仇欲和启动宽恕本能来说，这些原则在个体的层次是如此
有效，并且能够加以引申。我们不仅可以运用它们来帮助受害者个人宽恕
侵犯者，还可以用之于改变世界。通过帮助，宽恕可以在群体、团体、派
系乃至国家之间发生。群体、团体、派系和国家的领袖或法人代表可以代
表其成员，向与之冲突的其他群体道歉。他们还可以对其他群体遭受的痛 182
苦作出表示悔恨和同情的姿态，向其所伤害的其他群体成员提供补偿，这
正如个人所能做的一样。他们作出这样的姿态，通常可以达到极其不错的
效果。[1]

事实上，道歉、自我贬低和补偿这些熟悉的信号，通常也在国际的层
面用于平息愤慨和促进宽恕。基督教世界有好几个世纪不公正地对待犹太
人的历史，教皇约翰·保罗二世为此到处向犹太人道歉。多年来，日本首
相为日本对中国、韩国和其他亚洲邻国犯下的战争暴行作了几十次公开道
歉。对于第二次世界大战期间被监禁和剥夺财产的日裔美国人，美国已作
出了道歉和提供象征性补偿的尝试。2006 年 6 月，伊拉克总理努里·马利
基公布了重组伊拉克的二十四点方案，其中不乏平息复仇、促进宽恕的提
议，比如说：（1）补偿恐怖主义、军事行动和宗派暴力的受害者；（2）补

偿罢免萨达姆后失去公职的前政府雇员；（3）赦免"抵抗"军人，只要他们未参与恐怖主义、未犯战争罪行或反人类罪。[2]

当然，棘手之处在于细节。随后即使是与马利基的和解方案相接近的任何提议，也未被广泛接受。[3]启动宽恕本能的原则很简单，但这并不意味着就很容易有效地用之于复杂的群体间冲突。事实决非如此。让事情更为复杂的是，在接受促进宽恕的姿态的一方，总有些愤世嫉俗者怀疑其真诚（而人类事件的发展往往证明他们的愤世嫉俗是有道理的）。而一旦这些复杂性得以克服，在群体间层面策划的、平息复仇和促进宽恕的行动，就能发挥巨大的威力来启动有关以往冲突与不公正的、真诚而有效的对话，从而帮助人们转向和平的未来。例如，2002年，爱尔兰共和军对北爱尔兰战争中非战斗人员的死亡表示歉意，许多人怀疑其道歉的真诚性，但爱尔兰共和军的首领为这一冒险举动付出的政治资本使得如下情况不言而喻：爱尔兰共和军确实强烈地希望爱尔兰的未来不像20世纪那样血腥，并且愿意作出极大的努力实现这一点。[4]

强国能够控制复仇

除了鼓励处于冲突之中的群体作出平息复仇欲和便于宽恕的行动之外，我们还需要思考起初能有效控制复仇的各种宏观的社会条件。首先，最有效地控制复仇的国家，能有效地实施法律，保护公民免于伤害和惩罚侵犯者。如前所述，自然选择设计出复仇欲，以便激发人们保护自己免于伤害、维护名誉及惩罚作弊者。一旦某个国家能有效地执行这些功能，那么人们就更愿意放弃亲自执行自我保护的负担。

在其1939年的著作《文明的进程》（*The Civilizing Process*）中，德国社会学家诺伯特·伊莱亚斯（Norbert Elias）提出，从中世纪晚期的几个世纪开始，西欧的致命暴力发生率逐步下降，导致这一过程的一个因素在于，经发展而出现了"武力垄断"的强国。一旦出现了真正的武力垄断，国家且只有国家才有法律力量来惩罚那些伤害他人的人。如今我们已习惯于这一大型社会中的现实，以至于很少意识到它对于西欧文明来说是多么巨大的变化。正如伊莱亚斯所述："武力垄断一旦形成，就造就了正常情况下免于暴力行为的、和平的社会空间。"[5]换句话说，一旦国家掌控了所有有关杀伤的法律专权，国内由复仇驱动的暴力就骤减了。

随着西欧政府的武力垄断越来越强，人们最终（我怀疑是不情愿地）默认了摆在面前的契约。国家许诺保护人民不受邻居的侵害，人民则反过来得允诺听从国家的安排，而不是自己手握法律武器。随之而来的是在英国、荷兰、比利时、德国、瑞士、意大利和斯堪的纳维亚诸国的谋杀率大幅下降。这一 1350—1975 年欧洲谋杀率下降的事实，已为剑桥大学的犯罪学家曼纽·艾斯纳（Manuel Eisner）以历史资料所证实。[6]解除人们复仇的法律能力而让人们确信，可以通过较少报复的方式来维护自己的权利，其结果是每个人都可以拥有安全得多的生活。[7]

反过来看，如果国家的武力垄断终止，人们就返回了不得不亲自保护自己的状态，生活就再度变得充满了更多的报复和危险。当武力垄断终止之时，复仇的情况会如何呢？就在写作本书之时，世人正可以看到自然而然发生的关于这一点的例证。在 2003 年 3 月入侵伊拉克之前，伊拉克每年由于暴力导致的死亡率约为 0.1‰。2003 年 3 月至 2006 年 6 月期间，这一数据骤升至 7.2‰。[8]流行病专家依此推算，从入侵伊拉克到 2006 年 6 月，死于暴力的伊拉克人多达 60 万，而可归因于盟军行动的死者不到其中的1/3。在余下的 2/3 之中，成千上万（或许超过 10 万）的人是因由复仇驱动的宗派暴力而死，这些宗派暴力出自分别代表库尔德-什叶派和阿拉伯-逊尼派的民兵组织。

主要由逊尼派阿拉伯人组成的萨达姆·侯赛因当权政府，做了许多激化逊尼派与什叶派之间矛盾的事情。与此同时，高压统治和强大的军力又在相当程度上使得由复仇驱动的宗派暴力处于可控状态。2003 年，美国和联军颠覆伊拉克政权，解散了伊拉克军队，从而解除了控制部族和宗派敌

意的武力垄断。在出现权力真空的状态下，人们开始求助于古老的部族身
份来保护自己及其家人，以免遭受绑架、折磨、致残和死亡，同时也凭此
身份来复仇。"这种逊尼派和什叶派的争斗，深植于这些部族的历史之
中，"一名伊拉克观察家对某记者说道，"他们称之为复仇。它是这个国家
的历史，渗透于人们的血液之中。"[9]其实，复仇是世界各地的历史，渗透
于每个人的血液，只不过强大的国家而非别的任何制度能够控制它。

我在此写下这些文字之时，还很难预测伊拉克宗派暴力与复仇的循环
将如何结束。沟渠和垃圾堆中不断地出现尸体，到处是碎骨、钻孔以及子
弹和酸烧伤的洞。"我们要是能阻止巴格达的这种循环，就能真正改变这
里的权力状况。"驻扎伊拉克的美军主要发言人威廉·B·考德威尔少将
说。[10]萨达姆·侯赛因政权是近几十年来确实糟糕的政权之一，其复兴社
会党政府对大多数伊拉克人来说都是梦魇，对此无人表示异议。但由于我
们颠覆了能够控制复仇的唯一社会制度，复仇驱动的宗派暴力也就随之
而来。

有鉴于此，暂且回到西欧来思考如下问题将不无裨益：经过几个世纪
的下降之后，为什么近30年来西欧的谋杀率会上升？在这些已经强大的欧
洲国家中，暴力的增长在相当程度上与有组织的犯罪相关。[11]贸易的增长
与更为自由的边境出入，有助于许多合法的欧洲经济利益的取得，但开放
的边境也使得有组织的大型犯罪集团更便于进行毒品交易、洗钱、贩卖人
口以及其他许多非法的商业活动。

按照界定，在其生意伙伴欺骗他们或在其他犯罪组织侵犯其垄断权之
时，犯罪组织的成员是不能报警的，而且他们不可能运用法律制裁来规范
组织成员，因此，他们就用复仇来解决这些问题。欧洲有组织的犯罪越
多，就意味着报复越多，而报复越多，也就意味着死亡人数越多。除非欧
洲的领导人及其选民觉得需要更多的警力（得担负昂贵的支出）甚至更激
进的社会变化，否则他们就得忍受欧洲有组织犯罪的背景下（伊莱亚斯将
称之为"不安宁的社会空间"）复仇的泛滥。究极说来，欧洲的有组织犯

罪与伊拉克的宗派暴力，两者同大于异：相同的社会势力或者毋宁说都缺乏同样的社会势力，是它们复仇泛滥的肇因。

宽恕可能要求大量的真相

然而，伊拉克或其他某处并非就必定始终处于宗派仇恨和复仇欲驱使下的无休止争斗状态。通常的情况是，总会有那么一天伊拉克人将感到厌倦而不再争斗。如今我们比以往任何时候都清楚，如果确实到了那一天，需要做些什么来促使宽恕与和解发生。佐治亚理工学院①的社会科学家威廉·朗（William Long）和彼得·布莱克（Peter Brecke）对最近的十场内战中交战的派系之间的互动作了系统的分析。其中有三场又出现了冲突（哥伦比亚、北也门和乍得），七场以持续的和平告终（阿根廷、乌拉圭、智利、萨尔瓦多、莫桑比克、南非和洪都拉斯）。他们的结论是，以宽恕与/或和解告终的内战，其特征是包括四个过程。[12]

其一，实现持续和平的国家，成功地重新界定了受影响人群的身份。内战之后如何界定人们的身份？其方式是帮助他们恢复到陷入冲突之前的生活。必须实施重建人们家园及其家乡建筑的方案；必须帮助军人恢复原来作为农夫或银行出纳的生活；必须重新界定军队的功能，由政府政策的执行者转变为国家及其人民的保卫者。

其二，内战之后成功和解的国家实施无数细致的举动（我称之为信号），其意图在于，宣布和牢记交战各方相互建立新的较良好关系的意愿。 *187*

其三，他们精心策划某种公开诉说真相的程序，其方式是就如何理解其所遭受的不公正及相互施加的伤害，交战各方达成共识。南非和柬埔寨已经使用真相与和解委员会，而其他地方也证明朗和布莱克此言非虚。[13]

---

①　原文为 Georgia Tech University，似为笔误。佐治亚理工学院英文名为 Georgia Institute of Technology，简称 Georgia Tech。

其四，他们能够颁布"复仇不足的正义"，其中"报应正义①既不会被忽视，也不会被充分实现"[14]。在上述状况下，充分的报应正义简直就不现实，因为得小心不扰乱刚刚形成的、脆弱的和平，而过于严厉的报应正义可能激怒仍能支配军力的派别。再则，如果司法体系已被打散，可能也就没有合法的团体按照原则去执行报应正义。另外，内战期间，法定权威本身通常卷入侵犯人权之事，因而战争结束时他们也不适合作为报应正义的裁决者。报应正义有时是不切实际的，因为战士们仍坚信，其行为尽管可怕但在战争中是可辩护的。

然而，朗和布莱克所研究的成功和解的每个例子，都通过三种因素的结合实现了部分的正义：（1）某些罪犯将承担法律后果及道德地位和名誉的损失；（2）赦免其他罪犯；（3）对某些受害人作出补偿。我前面曾讲到，受损失的人们的表现出乎意料，他们宁愿接受部分而不是全部补偿。与我的这一观点相应，朗和布莱克也写道："尽管令人困惑，但在社会和平的名义下，看来人们能通过赦免忍受相当程度的不正义。"[15]必须记住，在许多情况下，人们放弃其报复的欲望，确实并不需要采取以眼还眼的方式：有时只需要一半的补偿，甚至仅需一个真诚的道歉、一点点公开表达的羞愧之情、不再重犯的可靠承诺、一些关于补偿的有意义的尝试就足够了。复仇不足的正义对于大多数人来说都是愿意为和平付出的代价。

国家之间的和解

然而，世界上最具毁灭性的复仇问题，并非在个人之间或某国内的群体之间展开，而是发生于国家之间。对于控制国家之间相互发动战争的倾向，人类尚未找到万无一失的解决方法。这些战争通常为复仇欲所驱动或激化，而通过游说性的演讲巧妙指出国家过去遭受的侵犯和羞辱，国家领

---

① 原文为 retributive justice，又译"报应性司法"，下文有几处似乎取这种译法更妥。但为避免混乱，一律译作"报应正义"。

袖往往能轻易煽动起复仇欲。[16]

作为扮演世界警察的行为者，联合国**应该**是一种超越国家的强大政府，可以防止国家间的战争。然而，联合国制止国家间战争的能力为如下事实所削弱：对于联合国军事行动的任何提议，联合国安理会的任何成员国（其中包括了世界上军力最强的国家）一旦觉得对自身或盟友造成威胁，就可以投票否决。就其设计来说，联合国安理会似乎没有牙齿。除非联合国在失控之前变得足够强大来制止暴力，或者出现某种更强大的超越国家的组织形式，否则由复仇情绪引发和滋生的国家间暴力，将很可能继续是我们生活的现实。[17]

但即便如此，仍存在某些希望。与国内的情况一样，朗和布莱克指出，和解——即使不是宽恕本身——也可以发生于**国家之间**。促进国家之间和解的动力与内战之后促进和解的动力有着惊人的差异。两个交战国家之间的和解需要克服的基本障碍，并不是重建一个统一的群体（内战之后实现和解的情况即是如此），而是要让交战国相信，其敌国真正热衷于和平。朗和布莱克论证说，通过某种谈判协商，国家可以最具说服力地展示其致力于和平的意愿；在谈判之中，两国首脑进行公开的"信号"交流，以相互传达改善关系的承诺。

朗和布莱克写道，这些信号要有效，就应当让人觉得有新意（即具有某些超出国际舞台常规的姿态），慷慨地给予且给予者付出了代价（比如首脑为了作出公开道歉，甘愿冒着在选民眼中形象受损的风险；或某国裁减其军事能力以有利于启动冲突降级的进程）。信号可能是简单而试探性的，如一国领袖发表想要终止战争的演讲；也可能是具体而全面的，如解除武装、撤军或发出启动签订正式和约的邀请。[18]

在这种有代价的信号交换中，一种有益的做法是让公认在军事或经济上较强的国家率先启动这一进程。[19]其理由有二：其一，更强大的国家拥有更多的资源为将来的合作作出贡献。其二，更强大的国家在对其敌国作出友好姿态的时候，得降低其防卫（至少在象征的意义上），由此让弱国

189

暂时不再那么担忧双方的力量差距，从而更可能回应以和平的姿态。对于经济或军事上较弱的国家来说，率先作出友好姿态的代价太大，因为若如此，则双方的力量差距看上去要扩大。

但是，力量的差距也使得强国启动和解进程变得复杂化。强国通常持有更多的王牌，因而在处理过去的不公正和改变现状的过程中的损失会更大。[20]有效的和解与宽恕对强力一方提出了如此高的要求，因此，我们对国际范围内的和解与宽恕——尤其是宽恕——不应抱有太高的期望。朗和布莱克发现，国家间冲突的成功解决，很少包含诸如公开告知真相和有限正义之类促使内战创伤有效愈合的因素："自然的亲和力看来尚未扩展到所有的国家……至少不足以容纳宽恕。"[21]

简而言之，如朗和布莱克所指出的，要获得和平，可能转而应该将视线集中于可靠的信号交换。两个交战国的关系正常化之后，通常会回顾过去以促进宽恕。但这种回顾可能几十年（如日本不愿为其二战罪行负责）甚或几个世纪（如罗马教廷对于其反犹太的情绪和行为的承认）都不会发生。[22]一旦对过去予以正式的回顾，官方的道歉和宽恕行为可能只是将注意力转向实体之间已经建立的积极关系，而不是去做任何特别的促进关系之事。

朗和布莱克发现，国家之间宽恕的前景是灰暗的。这是令人冷静的认识。但我们不应轻易放弃国家之间交战后宽恕的观念：人性还有其他秘而不宣的机巧，对此，我们现在仅处于学习如何运用的阶段。一旦搞清楚如何运用它们，就能设计出真正实现在全球范围促进宽恕的方法。

非零的扩展圈

受害于陌生人和长期的敌人之时，我们往往将复仇作为解决问题的优先策略。受害于朋友、合作伙伴和家庭成员之时，我们往往优先选择宽恕。将我们的社会圈子区分为"朋友与邻居"、"陌生人与敌人"，这种心

190

理机制是固有的、有力的、自然而然的。[23] 然而，正如达尔文早在一个多世纪以前所认识到的，随着文明的进程，地球上归为我们的"朋友与邻居"的人会越来越多，"陌生人与敌人"会越来越少。

> 随着人类文明的发展，小部落联合成较大的社群，最简单的而又 *191*
> 不为个人所知的原因会教导每个个体，他应当将其社会性本能和同情
> 延及同一民族的所有成员。一旦到了此时，就只有一种人为的障碍令
> 其同情难以延及所有种族的所有人。如果确实如此，他们就是因外貌
> 或习惯上的显著差异而相互疏离。很不幸，经验表明在把他们视为同
> 伴之前，我们将要经历的时间何其漫长。[24]

由此看，要创建一个更为宽恕的世界，最难克服的障碍之一就是搞清楚如何将我们眼中的敌人或陌生人转而视为可能成为朋友的人。如达尔文所见，与其他的社会群体即社会心理学家所谓的"外群体"成员交朋友，完全在我们天生的社会能力的范围之内。但作为现实主义者，达尔文也认识到，我们将之践行的能力容易受挫于诸如肤色、语言、宗教、文化和意识形态之类的分别。

科普作家罗伯特·赖特由达尔文的洞见引出了一条有趣的思路，它可以为我们解决如何化敌为友的问题提供启发。赖特的著作《非零》（*Non-zero*）之论点即是：人类社会之所以发展到目前水平的复杂性（我在此是在褒义上使用该词），是因为人类被赋予了一种将陌生和敌对人群转化为朋友和近邻的倾向，只要觉察到这样做的奖励大于风险。赖特令人信服地论证道，从人类最早基于血缘结成的游团到部落，再到酋邦以至国家，乃至现代的大国，文明的不断进步与人类福祉的（逐渐）提高是由于在日常突发事件的处理中，我们的头脑乐于接受重复性囚徒困境的核心教义：长远地看，合作总是优于竞争。[25] 因此，我们乐于与世界各地离我们更远的、更大量的人们进行更为复杂的"非零和"博弈。

因而在赖特看来，只要被觉察到的收益具有足够的驱动力，人们就不 *192*
仅乐意与其他家庭或部落的成员进行合作，而且愿意与文化迥异的人们合

作。这种合作倾向可以解释，为什么如此之多原本精明谨慎的人会被简单的骗局所欺骗。比如臭名昭著的"尼日利亚银行骗局"。它使用电子邮件骗使不知情者上当，让他们与素未谋面的可疑的银行官员进行所谓非零和（无疑是非法的）博弈："把你在美国的银行账号给我，帮我洗出本冻结账户上的钱，接下来我会与你分享成百万的美金。"

人类如此执着于合作，因而一旦合作的激励高到足以压服去寻仇的对抗倾向，我们常常愿意抛开彼此的差异（而群体之间也能抛开彼此的差异）。如果赖特是正确的（我认为是），那就可以推论：一旦合作的收益无疑地高于不宽恕的、零和的状态，人们就更有动机抛开其血腥冲突的历史而宽恕以往的敌人。

普林斯顿的哲学家彼得·辛格（Peter Singer）将达尔文的洞见引向有别于赖特然而同等有益的方向。在其著作《扩展圈》（*The Expanding Circle*）中，辛格描述了一些与不断成熟的道德推理——随着世代的推移，这些道德推理似乎日益深刻地渗透于人类的言谈之中——相结合的社会天性（他以互惠利他与亲缘利他为例），如何使得人类社会逐渐扩大其道德关切的范围。[26]（你如果怀疑道德进步的主张，就想想过去两千年来女权、公民权、儿童权、专利权、同性恋权利、残疾人权利、劳工权、囚犯权利乃至动物权利等方面的进展状况。）

诺伯特·伊莱亚斯认为，"文明的进程"导致对复仇的国家控制愈益强大，赖特在《非零》中描述了文化进步之中基于合作的棘轮效应，与此相一致，辛格指出，随着文明的演进，我们将愈益广泛的人群包含于道德关切的范围之内。"最简单的原因"确实表明，仅由于国籍的区别就认为他国人的生命没有本国人的生命值得关怀和尊重，这种看法是愚蠢的。就辛格的论述看，道德的整个领域可以无限地扩展。我们如果明智地使用推理能力，那么在考虑哪些东西值得道德关怀进而宽恕的问题上，就绝不会在理论上受限于个体的数量或种类。

赖特和辛格所描绘的这一乐观的未来图景，其中存在的问题早在一个世纪之前达尔文就已指出：我们的内群体偏好是天生、普遍且牢固的。内群体偏好很可能是在漫长的历史中养成的，在这段历史中，我们依赖由血缘和熟稔的邻居结成的紧密小群体来生存和发展。[27]我们自然而然地信任内群体成员，而不信任外群体成员。我们在内群体成员犯错时姑且假定他们是无辜的，而同等的礼遇并未延及外群体成员。因此，我们更乐意宽恕内群体成员，而非外群体成员。[28]你要是要求人们以可感知的自身群体损失为代价去宽恕其他群体的成员，那就只会使事情变得更糟。但研究表明，强烈的合作激励以及某些来自有效合作的认知效应，足以克服对外群体的敌意。罗伯斯山洞实验即是其中的范例。

罗伯斯山洞实验

1954 年夏天，22 名 12 岁的男孩刚刚来到俄克拉何马州的罗伯斯山洞州立公园，参加三个星期的夏令营活动。孩子们并不知道，名为穆扎费尔·谢里夫（Muzafer Sherif）的社会心理学家及其同事已经将他们随机地分为两组，每组 11 人。在第一个星期，两个小组完全处于相互隔绝的状态，他们在相互独立的住所从事各自的夏令营活动。事实上，他们各自都不知道对方的存在。在这第一个星期的内群体结盟中，孩子们在引导之下给他们的小组起了独特的名字。一组自称响尾蛇队，另一组自称老鹰队。他们还创制了一套规矩和标记（T 恤、旗帜、座右铭），以使自己的群体显得与众不同。与此同时，谢里夫扮作营地的看守人，以便暗中观察孩子们的行为。[29]

经过一星期的内群体结盟之后，研究者安排这两个小组见面，他们相互之间自然抱有疑虑且略带敌意。在随后一星期的时间里，研究者煽动彼此之间的怒火，安排他们进行了一系列非赢即输的锦标赛，如拔河、棒球赛、搭帐篷比赛、寻宝。比赛很激烈，事态迅速恶化。两组孩子相互侮辱、袭击对方的住所、偷盗和损坏对方的个人财物。接下来就是报复性袭击和烧旗帜事件，就餐之时发生斗殴。如果说孩子们觉得应该携带武器，那就是他们随身带着棒球棒，以及装满石头的袜子。

显然，老鹰队和响尾蛇队并非愉快的露营者。

在锦标赛的这一星期结束之际，老鹰队宣告胜利。他们满载着奖章、奖杯和奖品。响尾蛇队则两手空空，显得很沮丧。在总结锦标赛的时候，两队相互之间的排他倾向以及鄙视情绪达到了顶点。为弥合响尾蛇队和老鹰队之间的嫌隙而采取的一起进餐和看电影的措施，几乎没有任何效果，只不过是为他们相互扔掷食物和侮辱提供了新的机会。

按计划，此时谢里夫及其同事该拿出他们的秘密武器了。他们开始在营地附近制造各种小小的紧急状况，而且它们只有通过老鹰队和响尾蛇队协作才能解决。这些谢里夫及其同事所谓的"高级目标"包括：（1）找出营地供水系统的管道破裂处；（2）凑钱去租看一场他们都想观看的电影；（3）想办法用拔河绳启动熄火的卡车，以便营地领导能运来准备午餐所需的水果。好几天都要应对并完成许多这样的高级目标，经此之后响尾蛇队与老鹰队之间滋生的强烈敌意终于被消除了。到了夏令营的最后几天，他们终于解除了彼此提防的状态，甚或成了朋友。随着时间的推移，孩子们相处融洽，似乎群体的独特身份已无关紧要。在夏令营的最后一天，老鹰队和响尾蛇队挤在一辆巴士的前面，唱着歌一起回家了。

合作带来的三点益处

罗伯斯山洞实验非常巧妙，已成为几十年来社会心理学教科书的经典之一。尽管它如此著名，但我认为，对于创造一个更宽恕的世界来说，我们甚至尚未开始充分利用它带来的两点教益。第一点是只需一面旗帜、几件 T 恤和争夺有价值资源的几项大强度的群体间竞赛，就能制造群体间的强烈敌意。我们不能无视这一点。而第二点是群体间的敌意是可以消除的，其途径是让敌对群体参与某些活动，在这些活动中，他们不得不相互依赖以完成对双方都有价值的目标。在此，对个体之间宽恕非常重要的"有价值关系"原则，也作为促进群体之间宽恕的重要因素而表现出来。

通过促使出现三种有别的社会心理学现象即非范畴化、再范畴化与互助的群体间差异，合作有助于群体实现从冲突到宽恕的转变。这三种机制并非相互排斥。在走向群体间宽恕的过程中，我们可能不时会使用非范畴化，然后不知不觉会转向再范畴化，随后又不知不觉转向群体间差异共享，如此等等。让我们进一步考察这三种机制。

非范畴化

首先，合作使得来自其他群体的个体成员非范畴化：你不再先以其群体的成员身份来看待他。在你与某人合作以解决某一共同问题之时，他是属于响尾蛇队还是老鹰队并不重要，重要的只是他是否拥有相应的品质，以便更顺利地解决你们的合作所要应对的问题。

非范畴化在理论上不错，但将之实际运用于现实领域则需谨慎。如果你过于热衷于淡化人们的群体、种族或宗教身份，他们就会担心，你是否试图为了谋求和平，牺牲了他们的身份或文化之中极为核心和宝贵的部分。[30]这可能让人们转而恢复其所塑造的群体身份，从而不利于宽恕与和解。

有人可能会产生如达尔文一般的疑惑：人们对于政治党派、民族、种族团体和宗教等的忠诚是否会如此强烈，以致非范畴化的努力将注定以失败告终——尤其是在群体是以如肤色之类的生理特征或如语言和宗教实践之类的行为特征来界分的情况下。在存在强烈而难以摆脱的联盟纽带的情况之下，莫非人类的认知尤其难以"抛弃"其群体偏见？

或许不会。以人种为例来说明。作为一种社会分类，人种似乎是人们顺利交往的一个巨大障碍，但结果证明，要让人们不在乎人种区别惊人地容易。进化心理学家罗伯特·科兹班（Robert Kurzban）及其同事论证说，认为人类思维拥有某种将人种予以编码的进化机制的看法从进化的角度看是靠不住的，因为"人种"并非人脑进化所处的社会环境的组成部分。他们认为情况反而是，如今我们在意人种并基于对人种的认知对人们进行分类，其原因仅仅在于，近几个世纪以来，人种一直是发生群体间冲突的断层带。科兹班及其同事推测，如果对于某人是属于老鹰队还是响尾蛇队的认知确实重要，而人种无关于此类认知的有效性，那么人们根本就不会注意他人的人种。为了说明这一点，他们接着做了一些巧妙的实验。关于人们对联盟的忠诚，研究者向参与者提供了其他更可信的展示资料（例如，让一个混杂多个人种的群体成员穿黄衬衣，而另一多人种的群体成员穿灰衬衣），研究参与者一下子就变得不关心人种了：他们不再基于人种特征在心理上给人们分类。[31] 这些结果表明，关于群体成员身份的视觉标记，只是在确实有助于我们搞清楚人们处在哪一"队"的意义上有用。

以上论述的含义在于：如果帮助人们建立跨越人种、种族、宗教和意识形态等传统断层带的新同盟，以使这些传统断层带不再用作人们目前的同盟标记，那么老的断层带将根本不会再发挥分界的作用。一旦做到了这一点，宽恕这个或那个过去对"我们"做过什么的群体，或许就不像我们所想象的那么困难。

跨群体的友谊是非范畴化的又一有力工具。与敌对群体的成员有着日常友好交往（友谊、工作关系或家庭关系）的人，更容易宽恕过去该群体造成的伤害。例如，北爱尔兰的天主教徒在日常生活中与新教徒接触较多，他们对于北爱尔兰"动乱"抱着更为宽恕的态度；反之亦然。[32] 尽管不可能替人们挑选朋友，但群体间的友谊有利于群体间的宽恕这一事实确实说明，要是我们能创建让人们容易结成如此友谊的社会环境，那也就更容易促成群体间的宽恕。

再范畴化

合作还可以导致又一种认知效应，社会心理学家称之为再范畴化。在罗伯斯山洞实验中，露营者逐渐认识到，除了其老鹰队或响尾蛇队身份之

外，他们也是一个更大范围的群体之成员，因为他们都有一系列需要通过
合作来解决的共同问题。如果重要的是我是一名老鹰队的成员而你是响尾
蛇队的成员，那么我们的关系多半会有麻烦。为什么呢？因为将我的社会
圈子划分为"我们"和"你们"，这一直觉倾向会提醒我，与你交朋友要
冒背叛自己所在群体的危险。然而，要是最重要的是我们都是更大群
体——需要集中智慧去解决某些问题而相互之间无须加以区别的一群男
孩——的成员，那么我会更倾向于抛却我们群体间的冲突历史。突出我们
共同归属的而非将我们加以区别的群体之特点，这有助于我们相互之间的
宽恕。

在进化论专家彼得·理查森（Peter Richerson）、罗伯特·博伊德
（Robert Boyd）和乔·亨里希（Joe Henrich）所谓"部落的应急之策"
中，再范畴化是其中的一个范例。[33]通过将外群体成员界定为一个我们也
属于其中的高级内群体之一分子——或许界定为这样的人群：都使用同样
的语言，都践行同样的宗教，都居住在同一地理区域，或都属于同一物种
（或者是在老鹰队和响尾蛇队的例子中，高级群体是由12岁男孩们组成的，
他们都于1954年夏天想在罗伯斯山洞州立公园度过一个愉快的假期）——
我们能够激活对于亲属和邻人的古老关切，并正如达尔文所提议的，用之
于范围大得多的群体。有位研究战争的人类学家名叫劳伦斯·基利（Law-
rence Keeley），他提出："我们应当努力创造尽可能最大的社会、经济和政
治单位，就理想状况而言是包括整个世界，而不应该听任我们分散为相互
带有敌意的种族或部落飞地。"[34]此时他实际上是在谈论作为促进宽恕与和
解的再范畴化机制。

如下是再范畴化的实际运作。如果改变"规定"侵犯的社会背景，人
们对于群体间的侵犯历史予以宽恕的意愿会发生什么变化呢？有些社会心
理学家对此感兴趣。研究者向一组研究参与者描述大屠杀，参与者是犹太
人，在第一种情况下将大屠杀描述为针对犹太人的暴行，第二种情况下将
之描述为一些人对另一些人犯下的罪行。第一种情况下参与者自称的宽恕

意愿比第二种情况要少得多。与此类似，研究者在调查土著加拿大人对于加拿大历史上虐待土著的态度时，一种情况是**在此之前**核对一些文件来确认其种族身份，另一情况则没有。结果表明，第一种情况下的土著参与者比未确认其种族身份的情况下表现出的宽恕态度要少得多。[35]考虑我们作为小群体而受到来自另一小群体的伤害，让我们较少宽恕；考虑我们都是大群体的成员，其中一部分人受到另一部分人的伤害，让我们宽恕更多。

互助的群体间差异

合作还能激发第三种认知效应，社会心理学家称之为**互助的群体间差异**。在罗伯斯山洞实验中，两组男孩终于都逐渐认识到：另一组有其独特的力量以及**作为一个群体本身**的价值；而要获得彼此的成功，两个组都必须发挥其力量。[36]

作为两个各具特色的群体，他们完成了单靠每个组自身不可能完成的任务。这一发现帮助他们归于和平。

播下和平的种子

仅仅是迫使伊拉克的逊尼派与什叶派、北爱尔兰的天主教徒与新教徒，或卢旺达的图西族与胡图族进行更频繁的相互接触，这是无济于事的，有时还让事情变得更糟。要让一个群体的成员宽恕另一群体的成员，就得促进**正确**类型的接触。

和平种子是一个富有创意的项目，旨在试图促进正确类型的接触。该组织是由已故记者约翰·沃勒克（John Wallach）于 1993 年发起的。它致力于推动中东和平，其方式是让下一代领导人在十多岁时就相互结识。和平种子组织的运转是通过夏令营，但与罗伯斯山洞实验不同的是：罗伯斯夏令营的成员先分入相互竞争的敌对小组，然后才互掷马铃薯泥，而加入和平种子夏令营的孩子则来自多年或几十年来战争不断的国家。

有资格参加和平种子夏令营的孩子，由本国教育部根据他们成为领导人物的潜力来挑选。夏令营围绕帮助来自相互敌对的国家的孩子们发展持续的关系及相互尊重来运作。和平种子夏令营包括与美国其他夏令营一样的"诙谐与孔巴亚"① 节目，但也有不少严肃的谈话和带着敬意的倾听。整个日程充满了露营者与他国人发展双边友谊的机会、对关切持续冲突的理解与考虑，以及坚信可能结成相互尊重的和平共存关系。

和平种子组织的思路很简单：参加和平种子夏令营的年轻人如果在营地活动期间能与外群体成员逐渐积累新的积极经验，那就可能有助于他们建立某种心理基础，以消除我一直在讨论的内群体—外群体的恶性效应。因此，希望他们回国后能继续努力，成为致力于宽恕与和解的外交家。

1993 年夏天，这个新项目开展于缅因州森林的一个营地，有来自以色列、巴勒斯坦和埃及的 46 名少年参加。埃及少年塔梅尔·纳吉是第一期夏令营成员。"你来到（营地）与人分享让你的故事，结果发现情况比原来设想的要复杂得多。"在描述营地运作时他这样讲道，"开始总是非常激烈地讨论，伴随着哭泣和尖叫，但最终你没什么可争论的，而开始倾听对方的发言。"

近年来，和平种子每年夏天邀请的夏令营队员已近 400 名。尽管营地也有来自亚洲、欧洲甚至美国冲突地区的学生，但其重点仍在中东。这个项目的长期效果如何，现在作判断为时尚早。第一期来自阿拉伯和以色列的队员最近才走上工作岗位。尽管如此，纳吉乐观地认为，一旦这些年轻人占据有影响力的位置，以色列和阿拉伯将会有一个新的未来："尽管中东有诸多事端发生，我们仍设法相互交流……对话仍将持续，直到我们这一代人的时代到来。"[37]

---

① Kum Ba Yah，本为英文儿歌歌词，这里代指给青少年带来快乐的节目。

第十章　神圣的宽恕与正义的复仇

　　在人类学家关于世界的和平社群名单中，阿米什人总是名列前茅，但其对暴力并不陌生。与植根于瑞士、法国和德国的其他再洗礼教派一样，阿米什人在 17 世纪面临着严酷的宗教迫害。瑞士政府对于"不守规矩者"尤为残忍：在官方国教的准许之下，瑞士成立了"抓捕再洗礼教徒"的秘密警察部门，以追捕再洗礼教徒。再洗礼教徒被剥夺财产、受折磨和驱逐出境，有些在火刑柱上被烧死，有些被贩卖为奴隶——这一切都是由于他们对于服从国教、向国家宣誓忠诚或服兵役予以拒绝。尽管面临迫害，再洗礼教徒们仍拒绝武装反抗迫害者。暴力乃至自卫简直就不会成为他们的选项。由于坚持这一原则，他们终于被驱逐出欧洲而逃到了北美洲。[1]

　　这一残暴的历史以及再洗礼教派对之的和平回应，在阿米什人的文化和身份之中刻下了不可磨灭的伦理印记。因此在某种意义上，对于 2006 年 10 月 2 日发生的事件，阿米什人的回应依托于其 400 年的历史。在那个星期一的上午，一名持枪男子闯入了宾夕法尼亚州镍矿村阿米什学校的一间教室，挟持了十名阿米什女学生（教室里所有的成年人和男生均已转移）。警察迅速来到现场，但未能及时解除持枪男子的武装。他射杀了五名女生，射伤了另五名，随后自杀。

　　在镍矿村凶杀案发生几小时之内，来自兰卡斯特郡阿米什社群的人们就对赶到现场的记者保证，他们会发自内心地宽恕凶手。事实上，他们在几天之内就向凶手的家庭提供援助、奉献爱心并表示关怀。唐纳德·克雷比尔（Donald Kraybill）是研究阿米什人的著名专家之一，他用最简洁的说法解释了为什么阿米什人对这一无知的杀戮自然而然地作出了宽恕的回应："报复与复仇不在他们的语汇范围之内。"[2]如大多数基督教徒声称应该做到的一样，阿米什人以耶稣的生活和教导为榜样，但有些东西使得阿米什人实践教义的方式在大多数人（包括自称基督徒者）眼中显得高深莫测。

"我们确实像耶稣一样受到了要宽恕的强有力教导，"一名阿米什女性告诉记者，"我们宽恕，就像基督宽恕我们。"[3]克雷比尔写道："阿米什人严肃看待耶稣的生活与教导。虽然没有正式的信条，但他们简单的（但绝非简陋的）信仰强调的是，按照耶稣的方式生活，而不是理解复杂的宗教教义。他们的榜样是受难的耶稣、无怨无悔背上十字架的耶稣，以及被钉上十字架仍宽恕其行刑者的耶稣……教室里血迹未干，凶手的家人就得到了宽恕，其原因即在于此。"[4]

似乎由于宗教驱使而宽恕，阿米什人并非唯一。本书开头曾介绍，钱特·马拉德于2001年10月26日凌晨开车撞到了格雷戈里·比格斯。她没有打911求助，作为一名助理护士，她甚至没有设法去帮助比格斯。她反而驾车回家，将车停回车库而任凭比格斯卡在挡风板上，孤单而令人恐怖地死去。随后她和两个朋友将比格斯的尸体遗弃于附近的公园。

比格斯唯一的儿子布兰登在得知马拉德如何听凭父亲死去时，迅速克服了憎恨与愤怒："是的，这是个过程，但是很快就过去了。我知道得马上表现出宽恕。"审判期间，布兰登接受了马拉德的道歉。作为回报，他对她表示宽恕："我想让她知道，我已经宽恕了她，并希望她会接受基督耶稣的宽恕。这确实是我内心的想法。我想让她及其家人知道，无论罪有多深、恶有多大，上帝仍能宽恕而我们也会宽恕其家人。"[5]

宗教与宽恕之间的关联，甚至比这些故事所表明的还要深刻。世上许多的宽恕典范——马丁·路德·金、德斯蒙德·图图大主教——都是宗教领袖。世界上的许多宗教包括犹太教、基督教、伊斯兰教、印度教和佛教，其教义都教导（或至少提议）教徒要宽恕。[6]根据1998年社会普查，超过80%的美国成年人觉得其宗教信仰时常有助于他们宽恕他人。[7]许多

204

其他研究表明，与不怎么信教的人相比，信教者自称更为宽恕。[8]

有一项研究调查了 826 名捷克共和国以前的政治犯。随着其政体的变化，捷克共和国制定了广泛的社会政策，以对第二次世界大战后受政治迫害者提供补偿、讨得公道、作迟到的道歉。研究表明，在这些以前的政治犯之中，曾积极参与宗教活动者确实更可能认为，他们已宽恕伤害过他们的人。即使是在统计上控制以下因素——他们遭到了多大的伤害，得到了多少赔偿，以及其迫害者受到了何种惩罚——之后，情况仍是如此。[9]

205　　　但宗教也可能引发仇恨。就迄今世人所知，它已经驱动并支持了某些最顽固、最带报复性的冲突。伊斯兰主义者仍然能够煽动起对十字军东征的耻辱感和义愤。逊尼派与什叶派穆斯林之间的积怨几乎与伊斯兰教一样古老。宗教差异已经给爱尔兰社会组织造成了长达几个世纪的裂痕。由于耶稣之死，基督教对于犹太人的怨恨（如我们所见，这个怨恨是一种误置）持续了两千年。换句话说，宗教似乎易于助长人们的积怨，同时又促进人们的宽恕。

例如，一项 2004 年的调查发现，就具有强烈而保守的基督教信仰的美国人而言，赞成"应当强制美国穆斯林在联邦政府登记以便监视其行踪"这种看法的可能性比其他人要多将近三倍，持"伊斯兰教比其他宗教更鼓动暴力"看法的人要多于 50%，认为"美国应当可以在尚未确定的状况下逮捕恐怖分子"人也多于 50%。在此引人注目的，并非美国人想要严厉对待恐怖分子，而是强烈的基督教信仰驱使人们严厉对待的不仅是恐怖分子，而且包括未做任何错事的成百万的美国穆斯林。[10]

对宗教与宽恕、复仇之间的关联之理解越深，看上去矛盾就越大。就伊斯兰教再举一例。穆罕默德及其早期追随者之所以十分珍视伊斯兰教，其部分原因在于它提供了一种可**替代复仇的选择**——而不是对复仇的辩护。"Islam"在阿拉伯语中的词根为"s-l-m"，它同时也是 salam 一词的词根，其含义为"和平"[11]。因此，乔治·W·布什总统在"9·11"事件后的宣言中说"伊斯兰教是一种和平的宗教"，这包含了双重含义。

但你是否知道，在真主的 99 个名字中，不仅有"宽恕一切"和"宽恕的人"，也有"复仇者"？本·拉登著名的《给美国人的一封信》2002 年发表于互联网，随后发表于英国的《观察家报》，其中他直接引用伊斯兰教来洗脱（即使不是激励）基地组织对美国的袭击："根据万能的真主安拉的旨意，复仇是许可且可取的选择。因此，我们如果受到了攻击，那就有权回击。无论是谁，只要毁坏了我们的村镇，那我们就有权摧毁他们的村镇。任何人偷走了我们的财富，那我们就有权摧毁他们的经济。而任何人杀害了我们的平民，那我们就有权杀死他们的平民。"[12]

别自欺欺人地认为这只是走极端的疯子才持有的信念。在历史的这一刻，它是许多伊斯兰国家正常的主流看法。一份皮尤全球态度 2005 年度调查揭示：1/4 的土耳其穆斯林、1/3 的印尼穆斯林，以及超过一半的约旦穆斯林和黎巴嫩穆斯林认为，为了维护伊斯兰教，在自己领土上发动的针对平民的暴力（至少在某些时候）是可以辩护的。[13]

那么宗教与宽恕、复仇到底关系怎样？为什么那么多信教的美国人，虽然其宗教之中有打不还手而长期受难的耶稣，却强烈地要求政府跟踪别的忠诚于宗教的美国人，只因为他们恰巧属于一个不受信任的宗教群体？为什么如此之多的虔诚穆斯林，虽然其宗教是和平的而其真主是"宽恕一切"的，为了维护其宗教却愿意求助于针对平民的暴力？难道宗教信徒就是伪君子吗？对于世上的复仇问题来说，宗教是解决之道的一部分，抑或让问题变得更糟？或许两种作用都有。为了进一步得出一个像样的答案，让我们暂时抛开这些，而去探讨更为基本的问题。

宗教是干什么的？

对于这个问题，似乎每个人的答案都会有所不同。

当然，宗教人士会认为，宗教（至少他们自己的宗教）让人与神明更亲近，让人能够与一个由强大的超自然力量支配的世界相交涉，或者促使人们向善。与此相对照，传统的社会科学家认为，宗教之所以存在，是因为它们使得精英能够控制大众，在人们面临挫折时提供安慰和希望，或者是能缓解人们对死亡的恐惧。

而进化论专家的思路则不同。他们完全愿意承认，对于控制和安慰等等来说，宗教常常是有用的，但他们大多数人怀疑，宗教是**由于这些效果**而进化出来的。他们往往认为，这些效果是宗教的副产品，而不是宗教的**功能**。也就是说，这些效果原本并不是宗教得以进化出来的导因。[14]

大多数进化论专家反而认为，宗教本身是在更为基本的思维过程中产生的副产品。譬如说，一种固有的倾向是认为他人拥有驱动其行为的心灵或精神，还有一种固有倾向是相信运动中的物体是由某种力量驱动的。副产品理论持有者论证说，一旦进化形成了这些基本的心理基础，不久人们就开始相信，人类拥有外在于其身体的灵魂，而世界也就充满了能产生火山、雷电和疾病的精灵。如果副产品理论持有者是正确的，那么原始宗教的出现，就是思维的基本认知结构自然而然产生的结果，而不是由于宗教**为了**人做了任何特别的事情。

尽管如此，原始宗教一旦出现，就终究会从作为更基本的思维过程的卑微副产品提升到地位较高的**后生适应**。后生适应的根据是已经获得的适应特性且这些特性是由于他种原因而出现的，**此后**，生物的基因特性作出调整并通过自然选择而得以保存。在此可以用羽毛来做一个很好的类比。最早的羽毛很可能并非为了飞行，而是为了保暖。经过一段时间，羽毛以其保暖的特性为基础，经过自然选择的作用而呈现出某种形态。而后纯系偶然，它让小型的史前爬行动物能稍稍飞起（看看如今的鸡，它仅能飞上矮篱笆墙或树桠）。随着飞行动物越来越擅长觅食和避开捕食者，这一新获的飞行能力取得了令人惊叹的选择性优势。由此一种为某一目的（保暖）而产生的特性，随后根据另一性能（飞行）而加以调整。[15]

或许人类的宗教倾向像鸟的羽毛一样，其所进化而出的功能与它原本得以形成的原因之间并无关联。若如此，那宗教会帮助人类实现何种"飞行"呢？几乎可以肯定的是，答案与大型的群体生活相关。[16]进化生物学家戴维·斯隆·威尔逊已指出，宗教可以通过将之视为"适应性群体"来理解，其功能在于帮助群体成员在特定的生态与社会环境中繁盛。为实现这一功能，它们促进相应的信仰与行为，以求在与其他群体共存的情况下提高群体自身的适存度。如果某种宗教不能产生有助于这一目标的信仰与行为，那么该群体就会失败。[17]

基督教与宽恕、复仇之间的不稳定关系

一个极为简单的假设可以为接下来的论述提供指导（随后我们还可以作些微调）。如果在某一特定的宗教群体生活过程中的某一阶段，在某种条件下针对某一外群体的复仇能提高该宗教群体的适存度，那么该宗教的教义与历史惯例就会从其宗教典籍和传统中产生复仇行为有理的结论。同样，如果对于在特定时段的该宗教群体来说宽恕某一群体更有效，那么教义及其历史就会转而为证明宽恕的态度有理提供支持。换句话说，成功的宗教——尤其是像基督教和伊斯兰教这样经过了多种环境考验而极其成功的世界大型宗教——可能产生看上去无穷无尽的、关于复仇与宽恕的信念和实践。宗教经过了时间的检验而长期存在，正是由于它们具有灵活性，足以在其文化演进过程中有效应对极为多样的社会突发事态。为了切实说明这一点，威尔逊教授将我们引向基督教《圣经》的四部福音书，其中记录了耶稣的牧师和基督教酝酿期的情况。[18]

令人不禁深受感动的是，耶稣非常注重宽恕生活于犹太社会边缘的人们。以税务员为例，在耶稣的时代，犹太税务员是与罗马帝国签约的私人承包商，他们以贪婪和不诚实而闻名，并因与外国占领者"合作"而遭到唾弃，受到了大多数犹太人的蔑视。但耶稣似乎喜欢他们，甚至欢迎税务员马太成为其12门徒之一。

在别的章节，耶稣安慰和宽恕了一名通奸被抓的妇女［《约翰福音》

(8)]，以及一个其眼泪打湿了耶稣双脚的"邪恶女人"（或许是名妓女）[《路加福音》(7)]。在另一段［《马太福音》(9)]，耶稣治愈了一名瘫痪的男子，并宣告其罪过已被宽恕。在《约翰福音》(9)中，他让一名先天失明的男子（有此等残疾的人被视为二等公民）恢复了视力。在《约翰福音》(4)中，他与一名撒玛利亚女人（普通犹太人认为撒玛利亚人是杂种）交朋友，并提供安慰和救赎。根据《路加福音》(23)，甚至在被钉上十字架的时候，耶稣还向一名一起钉上十字架的普通罪犯许诺说，给他在天堂留一个位置。如下的信息准确无误：耶稣对于无赖、通敌者、妓女、无家可归者和不合时宜者都怀有一副软心肠。在《路加福音》（5：31～32）中，耶稣对于某些对他的批评予以反驳："无病的人用不着医生；有病的人才用得着。"[19] 在所有的经文中，这一段最生动地刻画出耶稣对处于社会边缘者的宽恕态度。

与热心于宽恕犹太社会边缘者形成不协调的对照的是，耶稣预言，那些信奉其启示但未能按照其教导来生活的人将面临悲惨的命运。在《马可福音》(14)中，耶稣发出警告，等待叛徒犹大的将是严厉的惩罚。在《马太福音》（24～25）中，他讲述了带有劝诫的故事，其中不忠实的仆人被"腰斩了"或"丢在外面黑暗里"。

如果从适应主义的观点来看这一切，就不难想象是怎么回事。你替耶稣设身处地想想看。你在努力组建一场新的宗教运动，需要吸引新的皈依者，同时留住已皈依者。接纳和宽恕在目前的宗教体系下受到不公正待遇的各色人等，对于壮大你的队伍来说是一个不错的方法。同时，来生受严厉惩罚的威胁，有助于对退出队伍设置一些严重的障碍。耶稣的宽恕政策似乎是为组建新宗教运动量身打造的。

福音书的作者讲述了第三种与新基督教运动相关的人群，即犹太建国者。在耶稣之死随后的几十年里，无论是从宗教上还是种族上看，基督教都是犹太教的一个分支。然而，随着第一个世纪的终结，某种深刻的人口变化已经将基督教变成了一种**真实存在的**非犹太宗教。因此，关于基督教

210

相对于主流犹太教的地位的争论，就从同种信仰的两个宗派之间的"内部争吵"〔引自宗教学者约翰·菲茨杰拉德（John Fitzgerald）的说法〕转变为两个有着鲜明的种族区别的宗教之间的激烈竞争。威尔逊教授指出，耶稣运动之所以能生存下来，其关键在于对犹太建国者保持着意识形态的距离并抱有敌意。

要知道，福音书是在耶稣之死好几十年后才写成的。此前，耶稣的故事是通过口传的。在耶稣的生平事迹与对这些事迹的记述之间有较长的时间间隔，这就为某种历史的调整留下了足够的余地。因而一旦第一个世纪末出现了对犹太人表示恶意的需要，它就作出了有利于这种需要的调整。福音书作者利用这一余地的一个方式似乎是，指责犹太社群应该为耶稣之死负责。按照《马太福音》的说法，耶稣被捕后，因亵渎上帝罪受到了犹太领袖层的审判：大祭司们诱出对耶稣不利的供词并加以控罪，然后严刑拷打。接着他们将耶稣带到犹太行省的罗马巡抚本丢·彼拉多面前，那里有一群人在咆哮，要求彼拉多钉死耶稣。彼拉多有些不情愿，为找不到恰当的理由处死耶稣而踌躇不决。但为了迎合愤怒的人群，他最终满足了他们的要求。

彼拉多的这种软弱无力形象是否确切？看看在基督教文献之外的同时代历史文献就不能不令人生疑。亚历山大里亚学派作家斐洛（Philo of Alexandria）将彼拉多描述为一个极其残忍的统治者。据犹太历史学家约瑟夫斯（Josephus）的叙述，对于犹太人关于其宗教良心受到侵害的抱怨，彼拉多是一个不抱同情态度的巡抚，根本就不会为了平息犹太人的不满或取悦于他们而运用暴力。按照斐洛和约瑟夫斯（值得一提的是，他们可能正好亲历了这段艰难时期[20]）的看法，彼拉多似乎并非那种因屈从于犹太人压力而处死耶稣的人，除非处死耶稣符合他本人的意愿。他似乎也不太可能同意浪费罗马的资源（包括执行死刑、维持人群秩序以及随后几天护卫耶稣坟墓等所需的大笔花费），而去处死一名绝对未触犯罗马法的人——除非他有自身原因想要处死耶稣。然而，《马太福音》的作者清楚地说明，他想将在十字架上钉死耶稣的责任归往何处：

> 彼拉多说："这样，那称为基督的耶稣我怎么办他呢？"他们都说："把他钉十字架！"巡抚说："为什么呢？他作了什么恶事呢？"他们便极力地喊着说："把他钉十字架！"彼拉多见说也无济于事，反要生乱，就拿水在众人面前洗手，说："流这义人的血，罪不在我，你们承当吧！"众人都回答说："他的血归到我们和我们的子孙身上。"
> [《马太福音》（27：22～25）]

福音书的叙述之真实性值得怀疑，还有另一个原因：《马太福音》指出，对耶稣的公开审判是在犹太教公会（传统上看，它是由70多个法官组成的）。但《马太福音》又告诉我们，审判耶稣发生在逾越节。那么，在逾越节晚上整个公会成员聚在一起，这个说法简直令人难以置信。不妨引用约翰·菲茨杰拉德的又一妙语："逾越节将公会聚在一起，就像在平安夜召集美国国会一样容易。"由此看，福音书作者将责任归咎于犹太领袖层及其群众，而让彼拉多和罗马政府免于为耶稣之死承担道德谴责[参见《路加福音》（23：34），耶稣甚至替罗马行刑者祈祷，请求上帝宽恕他们，因为"他们所作的，他们不晓得"]，这种做法看来更像是捏造。

212 　　人们不禁感到震惊的是：过去两千年来，由于背上了"杀死基督的凶手"这一捏造的罪名，犹太人"及其儿女"不知遭到了多少由复仇驱动的暴力。威尔逊的说法略为温和，也略带生物学的意味："如下情况完全可能：《新约》预先安排了基督徒对犹太人的厌恶，这远在《新约》作出适应性的调整之前。"[21]

　　在接下来的19个世纪里，随着其命运的变化，基督教廷继续调整关于宽恕的策略。在4世纪，在君士坦丁大帝的统治下，基督教获得了官方的政治支持。在随后的几个世纪里，由于奥古斯丁的神学影响力，基督教廷还获得了政治权力和秘密资产。基督教终于成了帝国承认的宗教。宽恕不再是吸引或留住基督徒的工具：**就基督教世界来说，整个文明世界都是属于基督教的。**

　　因此，就曾经弱小的耶稣运动而言，时代已经变了，宽恕在基督教世界的公共生活中的角色也随之改变。正如唐纳德·施赖弗（Donald Shriver）所指出的，宽恕成了个人良心的事务，而不是基督教与"某个世界"的关系之格言，这个世界本来可能是人们所期望且建基于耶稣诸如打不还手、多多宽恕等教导之上的。[22]教廷的策略已转变为让宽恕在公共生活中的角色适应如下需要：迅速上升到宗教食物链的顶端，以及获取和保持世俗权力的雄心。

　　即便如此，耶稣的话语尚未失去促进宽恕的效力，尤其是在缺乏现实政治权力的个人或小群体面临不公正、迫害或令人心碎的暴力之时。耶稣讲过"父啊！赦免他们，因为他们所作的，他们不晓得"，不知有多少早期的基督教殉道者在亲历被监禁、羞辱、被动物撕咬以供罗马人娱乐之时，从这些话中寻求安慰？在那成千上万被谋杀或驱逐出欧洲的再洗礼教徒之中，又有多少朗诵着同样的话语？多少美国南方的民权运动者、多少南非种族隔离制度的受害者在面对挨打、狗吠、监禁乃至死亡之时，倒在地上念叨着这些话？

宽恕拯救了瓦阿尼

　　就宗教关于宽恕与复仇的教导如何与群体需要相互作用来说，来自东尼加拉瓜瓦阿尼族的田野调查给出了一个特例。[23]你可能还记得瓦阿尼，我在第四章曾作为例证提及。瓦阿尼族有一个复仇极为频繁发生的社会，却缺乏确切的词语来表达"复仇"的概念。人类学家于1958年最早接触瓦阿尼族，其时该族大约有600人。瓦阿尼族缺乏秩序，在人类学的领域中，其以残暴和族人的相互交往容易演变为世仇而闻名。事实上，当人类学家发现瓦阿尼族的时候，复仇已开始分裂这个弱小的文化。谋杀是其成年人的首要死因，而世仇的报复极其残暴，乃至发生灭门惨剧。毫不令人惊讶的是，年轻的男性与女性也难以找到配偶和养育下一代。

213

瓦阿尼人知道，其生活方式正在不断地消亡，但他们只能眼睁睁地看着，任其发展下去。甚至表示价值、安全和值得关怀的古老礼仪（比如交换肉、箭筒、吊床等礼物，以及不同村庄的人们之间的友好互访）也不再起作用。接着，就在从进化看来的一瞬，复仇的循环停止了，而瓦阿尼文化有了转变，重要的事件发生了。

这件要事就是西方传教团引入了基督教。传教团于 1956 年到来之时，确实不受欢迎。在棕榈滩，好几名瓦阿尼武士用长矛袭击了传教团，杀死了五人。这次遭遇为其后事情的发展拉开了序幕，因为令瓦阿尼武士们迷惑不解的是，传教团的成员为什么不用枪自卫（在棕榈滩袭击中，实际上有一名武士中弹身亡，但人们似乎认为，这颗子弹原本是朝天开火示警用的）。剩下的传教士在受袭之后拒绝进行报复（即使其中一人在袭击之中失去了兄弟，另一人失去了丈夫），这件事只会增加瓦阿尼人的好奇。传教士们并不试图报复瓦阿尼人，而是想"拯救"他们。

瓦阿尼人逐渐认识到，使得传教士们与众不同的，是其宗教以及耶稣的话、爱和宽恕。或许这个奇特的宗教可以帮助瓦阿尼人解决其自身的复仇问题。

杀死了五名传教士的武士们属于最早皈依新宗教的人。接着，看到基督教的威力足以让他们最凶残的武士驯服，许多其他的瓦阿尼人终于纷纷效仿。截至 1973 年，约有 500 名瓦阿尼人皈依了基督教。他们搬进了新的皈依者社区。在那里他们可以与喜爱的人相联合，免于以往的族间仇杀，受益于来自现代世界的商品贸易。但就他们新的生活方式带来的益处而言，最吸引人的还是基督教禁止复仇的命令及其关于宽恕的启示。传教士们鼓励皈依者通过放弃族间仇杀来展示其皈依的真诚（新皈依者的一句常用的祷文是"以耶稣的名义，不再用矛刺人"）。[24] 有位皈依者解释如下：

> 在传教士们到来并教导我们关于上帝的事情之前，我们生活于仇杀之中。我们到处用矛刺人，他们因此而死。我们曾试图停止矛刺，并说："够了，放弃矛刺吧。"但接下来还是有人会杀人，于是我们又

回到到处杀人的状态。在聆听和信仰上帝之后，凯莫和我告诉他们，我们无论怎么死去，都别再为此用矛杀人了。于是我们停止杀人。就在几年前，几个瓦阿尼男子杀死了我妹妹，我拒绝为了她去用矛杀人。要不是我信教，他们现在都已死了。[25]

对瓦阿尼人来说，皈依基督教似乎被用作他们致力于宽恕生活的一个真诚而昂贵的象征。传教士们未用暴力自卫或报复，这一事实表现了基督教信仰的有效性。因此，瓦阿尼武士在成为皈依者的时候，就矢志于抛弃旧怨。他们的皈依也逐渐被视为致力于更为宽恕的生活的"真诚信号"。后来的皈依者终于效仿他们，并认识到只要也接受基督教，他们可能也会享有基督教的生活方式所提供的保护和社会稳定以及宽恕的自由。从这一安全的庇护所之中，他们得以重建其家庭和文化。

总体上说，这是有效的。如今约有 2 000 名瓦阿尼人。这一人数是半世纪前基督徒到来之时的三倍多。从别的方面看，过去 50 年对于瓦阿尼人来说并不好过，环境恶化和污染以及来自现代世界的敌意造成了全方位的威胁。然而，可以毫不夸张地说，通过促进宽恕和阻止复仇，宗教将瓦阿尼人从暗淡的前景中拯救出来。[26]

在此可以思考一个有些类似鸡与蛋的有趣问题。一方面，我们可以将基督教的引入视为鸡，它孵化出瓦阿尼人宽恕的生活方式。正是由于对基督教的忠诚，他们抑制其复仇的冲动而接受宽恕。另一方面，这些首批到来的传教士以及最早的皈依者，面对暴力表现得如此宽恕，从而使基督教一开始就显得极具吸引力。要是这样一种基督教，它教导说上帝是富于侵略性和报复心，其追随者必须照此去做以表忠诚，那的确很难想象它会对瓦阿尼人具有很强的吸引力。因为他们的复仇已经够多了，进一步说，他们就没有必要费心皈依一种陌生的新宗教。宽恕导致宗教皈依，进而更为宽恕，转而又导致更多的皈依。那么究竟是基督教让瓦阿尼人宽恕，还是宽恕让瓦阿尼人转向基督教呢？

作为复仇机器的宗教

在《希伯来圣经》的《士师记》中，第 19 章和第 20 章有一段记述，其活生生的暴力堪比塔伦蒂诺①的电影。它讲的是关于来自以色列部落利未的一名男子和他的妾（大概算是他第二喜爱的妻子，在一般情况下可能并不像你想象的那么糟糕。读下去就知道了）的故事。在从伯利恒回家的路上，他们在便雅悯的基比亚寄宿过夜。黄昏时，几名"城中的恶人"来敲主人家的门，要求房主"把那个到你家的男人带出来，我们要与他交合"。房主拒绝了，但给出了如下的替代方法："瞧，我有个女儿，是处女，还有这人的妾，我将她们领出来任凭你们玷辱。"来自利未的客人将他的妾交给这帮恶人。他们便强奸她，终夜凌辱她，然后才放她走。妇人刚爬回她住宿的房门前就死去了（在房主的女儿身上发生了什么？而且在恶人们凌辱他的妾致死之时，这个利未人在做什么来打发时间，这些就听凭读者猜测了）。

第二天早上，利未人带着妾的尸身回到了家乡。到了家里，他将妾的尸身切成 12 块。在危机状况下召集军队的通常做法是，将牛切成几块分送给不同的部落。这里他做了点改变，向以色列的每个部落（共 12 个部落）都送上一块妾的尸身，由此鼓动他们发起对基比亚的行动。出于愤怒，部落代表们聚集起来，以决定是否采取军事行动。他们的回答毫无异议："我们连一人都不回自己帐棚、自己房屋去。我们向基比亚人必这样行，照所掣的签去攻击他们。我们要在以色列各支派中，一百人挑取十人；一千人挑取百人；一万人挑取千人为民运粮。等大众到了便雅悯的基比亚，就照基比亚人在以色列中所行的丑事征伐他们。"

在发动攻击之前，以色列的部族要求便雅悯人将那些匪徒交出来，以

---

① 即美国导演昆汀·塔伦蒂诺，其电影作品充满了暴力场面。

求和平解决，但便雅悯人拒绝了。因此，以色列组建了有 40 万战士的军 *217*
队。经过两天的激战，以色列的伤亡有几万人。以色列各支派向上帝祈求
指导，是否应该继续攻击。上帝回答说："你们当上去，因为明日我必将
他们交在你们手中。"于是以色列人继续屠杀，仅有几百名便雅悯士兵生
还并逃到了沙漠。以色列军接着开进了便雅悯，屠杀了他们遇到的所有男
女老少和牲畜。

这一段故事对于现代读者会产生生何种影响？布莱德·布什曼（Brad
Bushman）及其同事预测，它会让人更具侵略性，尤其当他们刚好是虔诚
的信教者之时。于是这些研究者们对该故事略加处理，拿出几个版本做了
一个小小的实验。在阅读时，一半的参与者被告知该故事来自《圣经》，
而另一半参与者则被告知取自古代文献。这两组参与者又被进一步划分。
每组有一半人所读的故事中上帝明确地宽恕了报复性攻击，另一半人读的
故事中上帝则未置可否。

读完故事后，研究参与者被要求进入一项引发侵犯的标准实验室程
序。他们与对手进行 25 轮比试反应时间的游戏。在每一轮，选手们都会收
到一个信号。听到信号后，第一个选手就按按钮发出一阵噪音，传到对手
所戴的耳机之中。在每一轮之前，选手们可以通过噪音传输装置调节音
量，其范围在 0（无噪音）到 105 分贝（相当于手提钻或链锯在两三米外
传来的噪音）之间。

布什曼及其同事想知道的是，在这貌似不相干的反应时间测试中，相
信故事出自《圣经》或者是相信其内容中有上帝认可报复，是否导致参与
者选择更高的噪音音量。研究者的第一次实验对象是来自杨百翰大学（由
于是一所摩门教大学，其学生往往怀有相当的宗教虔诚）的本科生。研究
者发现，与被告知出自古代文献的学生相比，相信该故事出自《圣经》的 *218*
学生发出的噪音强度要高 40%（即音量设置在 9 或 10）。同样，得知上帝
认可报复的学生比没有得知这一点的学生所发出的噪音强度也要高大
约 40%。

布什曼及其同事验证同一假设的第二次研究，其实验对象是来自荷兰一所世俗大学的学生（其中仅一半学生声称信仰上帝）。其中，得知上帝认可报复的学生比没有得知这一点的学生所发出的噪音强度要高77%。此外，声称信仰上帝和《圣经》的人发出的噪音强度还要高些，而且——这个结果甚至更令人困惑——正是这些相信《圣经》、敬畏上帝的学生，最容易由于相信上帝认可攻击而提高其侵犯水平。[27]

对于《士师记》的研究说明，宗教实践及其意识形态可能驱动复仇，但这样的研究并非第一次。在另一项研究中，研究者让参与者回答关于宗教生活的一系列问题（例如，他们从事宗教服务的频繁程度，参与宗教活动的次数，给其宗教组织捐款的频繁程度），并让他们对于复仇的公开态度进行自我评估。研究者还让参与者完成类似布什曼及其同事所用的比试反应时间任务（该研究的不同点在于，参与者发出电击，而非噪音），由此获得了对复仇的行为评估。研究者想知道，参与者自己在忍受了一系列不断增强的电击刺激（对手最终会力图发出尽装置所能的最强电击）之后，会给对手施加多强的电击。

在无数次的研究中，研究者重复着在人们心中根深蒂固的发现：比起不信教者，抱有宗教虔诚的人们对于报复持较为消极的态度。信教者经常会说，他们理论上并不支持复仇。然而，参与者的实际行为暴露了他们对于复仇的真实感受。与不频繁捐款者相比，声称频繁捐款给教会的人（频繁程度可用作衡量虔诚度的虽然绝非完美的指标）对于刺激他们的人施加的电击更强。[28]即使在统计控制上将年龄、性别及其他宗教行为因素考虑进来，频繁捐款与更严重的报复性电击之间的关联仍然成立。

上述两项研究揭示出某些清晰可见的方式，由经文或对特定信仰社群的忠诚而传递的宗教意识形态可以用这些方式来激发复仇。但当然，宗教与复仇之间的联系和宗教与宽恕之间的联系一样，两者都并非稳定不变的。以上所描述的基督教历史中的状况，也同样表现于伊斯兰教的历史。

伊斯兰教与复仇、宽恕之间的不稳定关系

像基督教一样，伊斯兰教与宽恕、复仇之间的关系也是不稳定的。学者们力图说明，在伊斯兰教出现之前，阿拉伯半岛处于一种混乱无序、充斥着复仇的状态。[29]伊斯兰教能给予阿拉伯人一个优先于其血缘身份的、共同的群体身份。随着伊斯兰教这一能力的显现，阿拉伯人生活之中的报复渐少。但正如西欧的律法依靠致命的武力威胁来控制嗜杀的血亲复仇一样，伊斯兰教使人文明化的影响也是用武力来支撑的。

对和平的渴求与必要时使用暴力的意愿相混合，是穆罕默德本人的性格特征。在短短的 20 年间，穆罕默德从一个有德行的商人转变为一位有教养的先知，在作为先知期间长期遭受富有的麦加统治者的迫害，进而转变为强大的伊斯兰军的身经百战的领袖。按照传统的说法，在 630 年决定性地击溃麦加人并监督他们大规模地皈依伊斯兰教之后，穆罕默德很快就宽恕了他们（尽管这似乎取决于他们对伊斯兰教的皈依）。[30]

《古兰经》也提供了某种宽恕与复仇的有趣混合。在其著作《上帝心中的恐惧》（*Terror in the Mind of God*）中，社会学家马克·尤尔根斯迈耶（Mark Juergensmeyer）指出，《古兰经》有反对杀戮的明确训示，对于杀害平民尤为反感。[31]而且多个世纪以来，主流的《古兰经》思想都一直支持宗教多元主义，并主张宗教表达的自由是上帝给予所有人的权利。[32]然而，像基督教一样，对《古兰经》的教义解释具有灵活性，足以让穆斯林领袖们对可能出现的社会情境策划出包括报复在内的各种行为反应。譬如说，在最近的一个世纪，激进的伊斯兰学者和政治领袖成功地复兴了700 年前的一种穆斯林神学传统，它强调严格遵守经文、不容忍其他传统、对犹太人和基督徒发动圣战的合法性。通过支持伊斯兰教的基要主义形式，他们设法煽动了对现代世界似乎无尽的仇视。

尤其值得注意的是，这些对伊斯兰教的激进解释者已设法引申了《古

220

兰经》关于"正当的暴力"的界定。由此它不仅包括保护人身安全和践行伊斯兰教的自由，而且包括维护人的尊严和丰裕的物质生活，乃至伊斯兰教本身的进步。[33]谢赫·奥马尔·阿卜杜勒-拉赫曼由于发动1993年世贸中心爆炸案而被控罪，他在一次电视访谈中曾被要求解释为什么"他所到之处总是带来死亡"。他答道："我们从未宣扬暴力，而是呼吁爱、宽恕与宽容。但是，如果我们受到侵犯，我们的家园被践踏，那么我们就必须呼吁抗击袭击者和侵略者，以结束对我们的侵略。"[34]此时他很可能在想，他是在为所有的穆斯林说话。与基督教类似，伊斯兰教有足够的灵活性和差异，可以对复仇和宽恕都作出辩护。

宗教是活生生的体系

就诊断宗教对于促进宽恕、激发复仇的作用而言，我们可以很快得出一个不怎么诱人的结论：成功的宗教尤其是信众数以亿计的世界大型宗教，为了在其惯常遭遇的发展条件下生存和兴盛，可能呈现出其必须表现的任何样式。其证据在于这一事实，即它们是成功的。这意味着就同一种宗教而言，它既可以促进非暴力抵抗的启示、对敌人的宽恕、兄弟般的友爱，也可以激发正义的报复、对敌人的嗜血，以及复仇作为履行庄严的宗教义务而带来的快感。其中似乎毫不存在矛盾：宗教可以去做必要做的任何事，因为从历史上看，它们已经具有灵活性，足以做到**需要**去做的事情。

具有长期活力而同时又能维持坚决支持宽恕的非暴力姿态，这样的宗教只能存在于如下几种情况：缺乏天然的"捕食者"；在来自其他群体的竞争变得过于激烈之时愿意迁徙到新的定居点；能从东道主文化那里获得保护，该东道主文化愿意用自己的武力去保护这些和平主义者。这恰好能说明阿米什人的情况。事实上，第二次世界大战前美国伟大的神学家莱茵霍尔德·尼布尔（Reinhold Niebuhr）有段名句对门诺派（再洗礼教派的一个分支）提出了批评。他断言，基督教和平主义的这种方式是"寄生于他人的罪孽之上，而这些他人维持着政府及相关的社会和平与社会正义"[35]。如果任何人决定要派兵前往宾夕法尼亚州的兰开斯特，试图消灭在那里安家的旧规阿米什人，那得先通过美国国民警卫队。

　　尼布尔将再洗礼教派比作寄生虫，这或许过于尖刻（更不用说唐突）。如下的想法虽不令人愉快但或许是可能的：如果某个嗜血的游牧部落闯入来毁灭阿米什人，那么阿米什人确实会消极地对待而无所作为，任由自己被消灭。毕竟当要求行为一致性的宗教压力足够强大之时，人们就得忍受无疑令人**不适应**的各种折磨——看看阉割、发誓独身和守贫，以及训练毒蛇（是的，某些训练响尾蛇、水生蝮蛇和铜斑蛇的阿巴拉契亚山区人确实被蛇咬过，他们萎缩的手、断指，以及对死去的亲人的记忆都可以证实这一点）。阿米什人从未被置于这样的境地：他们**必须**在"要么运用暴力自卫，要么被消灭"二者之中作出抉择。但这并不意味着他们在面临悲惨结局之时就不会坚持无条件宽恕的信念。他们或许会坚持。 *222*

　　顺便讲一下，神学大师尼布尔经常为生物学的语言力量所诱惑，比如以寄生状态来思考宗教群体之间的关系，你是否注意到了这一点？戴维·斯隆·威尔逊的说法或许是正确的，他指出，（像所有的群体一样）宗教群体确实是"活着的"，这是在不同于说"该群体成员是活的"的意义上讲的（这正如我们可以在不同于"构成威尔逊身体的细胞是活的"的意义上说，威尔逊是活着的）。如果威尔逊是对的，那我们或许可以从如下似乎乏味的结论中受益更多：成功的宗教可以既促进宽恕，又激发复仇，因为它们已经从需要同时做到这两者的无数社会危机之中生存下来。

　　我们可以将宗教群体比作生物体的类比推进到有点近似荒唐的地步，由此来看看能给我们带来什么。譬如将宗教群体比作一个大的神经系统，而将个体成员比作神经元。这些神经元相互之间不是用化学和电子信号，而是用教义和社会压力来交流。这一庞大的神经系统对环境很敏感，因而一旦它探测出需要对环境作出宽恕的回应，这些神经元就产生出最终促使宽恕发生的教义与社会压力。同样，一旦它探测到应当对外部环境作出复仇的回应，这些神经元就产生出激发复仇行为的教义与社会压力。

这一小小的迷思可以为世上的改革者提供如下启示：你如果想要世界各地的宗教群体成为宽恕的势力，就得创造相应的条件，让他们觉得宽恕符合其最大利益。只要你做到了，他们就会强调有利于宽恕的教义和传统。如果这些宗教群体反而觉得，复仇是对他们来说最有效的行为选择，那么你从他们那里看到的也就是复仇。当且仅当存在着对于这些群体自身可见的收益，宗教才会最终成为促进世上宽恕的势力。利用宗教力量来促进宽恕，其挑战在于要创造这样一种社会政治生活：宗教群体于其中**不得不觉察到**，宽恕符合其最大利益。要搞清楚如何产生如此的社会政治现实，就要在那些能提供帮助和指导的传统范围之内与其改革者通力合作，否则将是不明智的。

在可预见的未来，宗教也就是目前的情况了，而宗教群体会继续做其所乐意之事，这主要取决于他们对其自身利益的感知。我们要么无视宗教对于宽恕的形塑力量及其复仇构成的威胁，要么就得努力去理解这种力量并与之合作。我们不应当让不恰当的乐观主义使得我们期望更多，但也不应当让无端的悲观主义使得我们争取过少。

第十一章　宽恕的人类

　　瑞典植物学家卡罗勒斯·林尼厄斯（Carolus Linnaeus）是科学时代的亚当。他不仅着手给动物（以及植物和矿物）命名，而且设计了一套将它们命名和分类的系统。他的分类系统被沿用至今，其间略有调整。在林尼厄斯的系统之中，每个物种都有两个拉丁名。第一个名字表示物种的属，第二个是修饰名，用来说明物种的特性。林尼厄斯将我们这一物种起名为Homo sapiens：Homo 的含义是人，sapiens 意指"有知识者"或"智慧者"[1]。必须承认，这个名字不错，因为没有任何物种比人类更了解这个世界和自身了。

　　尽管如此，仍间或有社会科学家禁不住尝试给人类起别的名字。如Homo faber——"制造的人类"，Homo ludens ——"游戏的人类"，以及Homo econmicus 乃至 Homo religiosus。① 这一名单还在加长。因此，如果说稍嫌唐突的话，我认为或许还可以加上一个名字：Homo ignoscens——"宽恕的人类"，这个名字如何？不算太离谱吧。宽恕的潜能是人性的固有特征。我们惯于宽恕我们的家人、朋友，以及在合作活动中与我们共事的人。我们觉得某个冒犯者是安全的、有价值的和值得关怀的，此时宽恕本能就会发挥作用。冒犯者给出恰当的信号，比如道歉、自我贬低的姿态和提供补偿，此时人们就愿意宽恕。一旦我们规划出这样的社会：其中人权得到了保护，人们觉得受到了公正的对待，有动力去与以前的敌人合作（而不是竞争），那么宽恕就会作为我们思维进化的一个自然结果而产生。

---

　　① 这里对人类的命名均为拉丁语。Homo econmicus 与 Homo religiosus 可分别译为"经济的人类"与"宗教的人类"。

然而，是一个"宽恕的"物种并不会让我们表现出惊人的不同。将Ignoscens这个词用来描述我们许多的灵长类近亲（脊椎动物更常见），几乎与用来描述我们一样有效。但作为"智慧的人类"，我们获得了其他动物无与伦比的优势，因为我们可以讨论宽恕，为后代记录我们作出的宽恕行为，在实验室和田野里研究宽恕，并改变世界，使之宽恕更多而复仇更少。作为"智慧的人类"的地位让我们能够成为最为宽恕的物种。

而用宽恕的人类来描述人性，其最严重的问题在于它是从我们好的方面来说的。我们是宽恕的物种，但也是报复心很重的物种。现实世界的丑恶事件时常提醒我们，Homo ultor——复仇的人类与宽恕的人类这两个名字一样恰当。不幸的是，没有任何理由认为，复仇欲就脱离了表现我们物种特性的进化心理学机制的范围。

这是一个问题，因为人类的未来可能在相当程度上依赖于我们控制复仇和促进宽恕的能力。随着21世纪的展开，世上的坏人变得更愤恨、更有组织、有更多的资金支持，因而我们确实得担忧复仇欲可能会对我们的世界做些什么。但我是乐观的，因为尚有三个别的物种特性，能够使我们预作安排以有利于造就一个更为宽恕的世界。

我们是敏感于背景的生物

所有生物都必须根据环境变化来调整行为，背景敏感性是生命本身的特点。自然选择已经将人类的背景敏感性提升到前所未有的高度。几乎没有物种能够在智人生存的如此多样的环境条件下繁衍昌盛。我们可以在地球上某些最极端的气候条件（从沙漠到北极冻原）下生存，而就许多我们无法长期栖居的地方（例如海洋深处）来说，我们也能做短暂的旅行。在其足迹所到之处，人类几乎总能设法安排好自己的衣食与住所。

我们对于急剧变化的环境突发事件作出调整的灵活性，是适应80多万年来地球气候异常变化的一个直接结果。直到最近，在一个世纪内平均温

226

度的变化值达 10 摄氏度，这种现象并不少见（稍微岔开一下或许值得：过去 11 500 年是地表温度前所未有的稳定期，我们大大地受益于这一稳定性。因而气候学家警告说，我们不要视当前的气候条件为理所当然）。为了适应这些迅速的温度变化，人类祖先不得不而且也确实进化出高度的行为灵活性。他们的大脑变大，脑容量不断增长，从直接经验之中学习以及使用工具的能力也愈益增强。[2]

你要是能通过与环境的直接接触而学会新的做事方式，能够更新你的工具来帮助你做事，那就的确会成为非常灵活的生物。你将做好准备，从生活给予的教导中学会如何在你所处的环境中茁壮成长，还会发明一些能有助于你的小技巧。正如两位科学家最近所言："人类是创造多样文化的行家里手。我们捕鱼、狩猎、牧羊、饲养、耕种。我们实行一夫多妻制、一妻多夫制和一夫一妻制，置办聘礼和嫁妆，发展出父系的和母系的财产继承传统。我们建造并居住于各种形式的居室，讲着约 7 000 种不同的语言，吃着从种子到鲸的一切食物。"[3]这些应对生活挑战的不同方式使得人类通过对世界的直接经验而适应新环境，它是通过进化而精心制作出的思维机制之产物，而不仅仅是通过基因的编程。

我们对于复仇与宽恕的适应，也是敏感于背景的。作为解决之道，它们针对的是人类进化过程中长期遭遇的问题，而其中许多问题仍是当今的人类要遭遇的。人们如果处于这样的环境：高犯罪率与高度失序、警力贫乏、政府虚弱无力、生命无安全保障，那么他们往往就会用复仇作为解决问题的策略。因为如果复仇在我们祖先的环境中能够惩罚侵犯、阻止潜在的侵犯者及欺骗者，那它就是适应性的。同样，人们如果处于这样的环境：存在对于复杂的合作关系网的高度依赖，有可靠的警力，司法系统公正且值得信赖，社会制度能负责地援助冒犯者使之展现出值得关怀、有价值和安全的形象，那他们回应以宽恕的可能性就较高。因为如果如此条件出现于我们祖先的环境中，宽恕就是适应性的。

这显然可以为社会改革者提供如下教益：你如果能辨识你的环境中支

227

持复仇和阻碍宽恕的因素，而你又能够予以改变且不会带来意外的不良后果（在思考社会变化之时决不能想当然），那你或许就能使你所处的环境更为宽恕。

我们是文化的生物

人类之所以能如此有效地应对偶发事件，尚有另一个原因：我们有一种快速调整自身行为的进化机制，由此能对环境挑战作出可靠的回应。这一机制就是文化。这里所谓"文化"，意指"能够影响个体行为的信息，它是个体通过教导、模仿及其他形式的社会传送等途径，从同一物种的其他成员那里获得的"[4]。我在此谈论的并非艺术和音乐，而是较为平淡的文化形式，比如关于如何从橡树果中去掉鞣酸以便食用的知识，关于哪里可以找到纯净饮用水的知识，或者是就一块黑曜石制作出箭头的技能。

文化使得我们调整自身行为从而更适应环境。自然选择虽然也能通过基因的作用而做到，但相较之下，文化的作用更迅捷。而每当我们必须寻228 求新问题的解决方法，通过文化比仅靠我们自己也更为便捷有效。文化能力使得我们能做到的事，只有相当稀少的物种才能做到：通过旁观其他个体的成败来获取教益。通过观察他人如何工作——如何捕鱼，如何治疗疾病，如何制作一个不错的烧烤拼盘——我们所能处理的问题范围，比仅靠自己花时间和精力去冥思苦想远为宽广。

如果要创建一个更多宽恕而更少复仇的世界，就需考虑人类的文化能力，这有两条不错的科学理由。第一条理由是，即使我们不能直接改变社会和环境中所发生的事件，文化改变仍能带来复仇与宽恕的变化。其原因在于，就宽恕与复仇而言，文化具有帮助人们学习相关规则的功能，由此人们无须经过艰苦的磨炼，就可以知道选择宽恕与复仇的恰当时机。

作为文化学习者，我们只需通过观察我们的父母、兄弟姐妹、朋友、同事、老师和辅导者，就能学到关于何时何地该寻仇、何时何地该宽恕的有价值的经验教训。通过关注文化传递的正式途径如宗教教导、神话、传统、艺术、广告、新闻栏目等等，我们也可以进行文化学习。例如，在许多美国城市的中心城区主导社会行为的"街头法则"，以及许多有游牧传统的社会中主导行为的荣誉文化，都包含着大量激发复仇的文化信息。同样，阿米什人由于一直接受着鼓励宽恕的宗教教导和其他文化输入，因而成为如其所是的超级宽恕者。我们大多数人都介于两个极端之间，吸取的是两相混杂的文化信息，既包含激发复仇的方面，也有促进宽恕的方面。

就关于复仇与宽恕的习惯受文化的影响而言，我们并非唯一的物种。就本性而言，短尾猴的愿意和解倾向比恒河猴要强得多，有一项研究让未成年的恒河猴与未成年的短尾猴同处一室五个月。其间，恒河猴表现出与其短尾猴室友同样的和解特征。事实上，即使在它们分开以后，这些恒河猴表现出的和解行为仍是普通恒河猴的三倍。[5]这是猴子看着做即模仿的范例（亦即文化学习）。短尾猴比恒河猴庞大，而在这项研究中的短尾猴也比恒河猴要年长，这可能让它们尤为适宜于作为文化学习的榜样（特别是文化学习是在诸如"模仿大人"或"模仿长者"之类的天然学习规则主导的情况下）。[6]

父母对于非人类的灵长类动物的和解方式也会产生重要的文化影响。与母亲关系稳定的棕色卷尾猴比与母亲关系不稳定的卷尾猴，其和解方式更为温和。[7]其他研究者发现，幼年与母亲分开并断奶，接着又在相对隔离的环境中长大的恒河猴，甚至缺乏在一般恒河猴身上可见的、微弱的和解倾向。[8]一旦早年没有得到有效的看护，作为这些物种之特征的和解方式在发展过程中就会受到阻碍。

初看起来，这三项关于猴子的研究，或许是向我关于复仇和宽恕的整个进化论说法浇了盆冷水。这些研究结果表明，和解的意愿是多么容易由于社会或文化因素而变更，这难道不会相矛盾于这样的观点，即，复仇欲与宽恕潜能是通过自然选择而产生的、有着生物学基础的适应？

根本不会产生矛盾。这些研究结果所说明的甚至更有趣：物种特有的适应随着环境的（在上述情况下是文化的）输入而作出相应的发展。只要改变某一有机体的文化经验，那么其适应的发展状况也可以随之发生变化。将幼猴与其母亲分开，它们长大后表现出的和解倾向就弱于其所属物种的一般成员。将它们置之于较温和的种群抚养，它们形成的和解倾向就强于一般成员。文化对于心理适应的发展具有影响这一说法，并不比如下说法更具争议，即，一种要求用一块扁板挤压婴儿脑袋的文化传统（这是几千年来世界各地相当常见的做法）会改变脑袋长成之后的形状。[9] 在这两种情况下，文化都导致某种适应（一种是骨骼的，一种是行为的）呈现出不同的"形状"。

那么，你如果想要产生有助于世界更宽恕的文化改变，应当从何处着手呢？我并非你所处的生活领域的专家，因而这个问题得由你来处理。但当你准备努力促成如此变化之时，得记住文化改变已在进行中。就更大的范围来看，它也在协力促成一个更宽恕的世界。

要想亲眼看看更大范围的文化改变，你可以查询记录科学与文化知识的电子数据库。在我所研究的心理学领域中，有一个追踪公开发表的科研成果的数据库。1976 年，该数据库提供给我们的信息是，关于宽恕的心理学研究几乎为零，仅有一篇发表于 1976 年的文章涉及宽恕。因而当时心理学家们对宽恕的了解几乎算是空白，你完全可以总结他们所知的一切。但随后科学家们开始从这一点点了解的基础上逐步开展研究。1986 年发表了十篇有关宽恕的文章。十年后的 1996 年，新发表了 19 篇文章。在接下来的十年里，文化的闸门确实打开了：单就 2006 年来说，心理学期刊上就出现了 100 多篇关于宽恕的论文。作为一种"从本物种其他成员那里获取的、能够影响个体行为的信息"，关于宽恕的科学知识是文化的一种，其绝对数量一直以令人惊讶的速度在增长。我们比以往任何时候都懂得如何去营造一个更宽恕的世界。

在此还要谈谈另一种让世界更宽恕的大范围的文化改变，即早在 20 世纪 90 年代中期，在萨尔瓦多内战和南非种族隔离期间，"真相与和解委员

会"调查侵犯人权的状况。此前很少有人熟知关于这一委员会的观念。但 *231*
至此之后，"真相与和解委员会"就通过报纸、电视和其他信息渠道在世界范围内广为传播。这一文化信息已经被成百万的各种各样的文化学习者所理解，而其中不少通过在本国建立真相与和解委员会，吸取了这一文化信息并取得了不错的效果。美国和平学院记录了经历内战之后尝试建立真相与和解委员会的 20 多个国家。[10]这是文化学习的最好例证，而且确实是在全球范围内发生的。

"恢复性司法"的观念也是如此。直到 20 世纪 90 年代，大众媒体还从未谈论过恢复性司法。但此后对这个话题的讨论大大增加。仅在不久前，恢复性司法还没有成为正式的文化实践。但如我在第八章所指出的，如今在北美和欧洲已有超过 1 500 个基于社区的恢复性司法项目。和解可以成为愈合国家内战创伤的一条有效途径，这一"观念"不再仅限于萨尔瓦多或南非；而"恢复性司法"有助于促进世界的和平与宽恕，这种观念也不再仅属于某些学者。我们是可以进行文化学习的物种，因而这些观念现在属于我们所有人。

人类是文化的生物，尚有注意这一点的第二条理由：对于我们学习做事以及教导他人做事，文化发挥着如此之强的影响，以至于能使一种行为从其早期有效运用的情境中分离出来。即使其所适应的环境因素已经消失，这些行为仍可以通过文化的作用而在某一文化群体中持存。复仇的习性有助于人们在一种敌对和不稳定的社会环境中生存，而促使人们成为复仇者的文化力量，显然是适宜于此环境的有利因素。但如果环境变得较安全从而复仇的必要性降低，那么情况又如何呢？文化力量仍会让复仇的行为持续，其原因只不过是，"这就是我们一直以来的行事方式"。这就可能 *232*
形成这样的文化陷阱：它维持着无良效的行为，甚至产生确定无疑的适应不良，而我们陷入其中无法自拔。[11]

让我们回想一下第三章所讲的那些密歇根大学的本科生，他们参与一项在其中受到其他学生冲撞和侮辱的实验。其中半数学生在美国南部长大，那里的最早定居者来自游牧文明；另一半学生则在北部长大，其最早定居者来自农业文明。尽管这些学生所进的是美国的一流大学，且无疑其未来职业将会是商业、科研、法律、传媒、艺术和公共服务（畜养牲畜和种庄稼的职业影响将非常小），南方的学生在被激怒时表现出的是"游牧者的反应"：在心理、生理和行为上，他们都准备采取报复的举动。尽管他们的祖先以畜牧为生已经过去了几个世纪，但他们的表现仍然仿佛是需要保护自己的牲畜一般，让自己显得凶狠而无畏。这种惯于报复的举止，已经脱离了其所适应的环境因素，由于文化的力量而得以持存。[12]

一项对宾夕法尼亚大学和加州大学伯克利分校学生的研究显示出类似的现象。在实验的参与者之中，犹太教徒倾向于认为，某些侵犯不可宽恕；新教徒则认为，理论上说所有的侵犯都是可宽恕的。学生们这种由宗教差异带来的宽恕态度上的区别，可能源自何种生态因素呢？这样的生态因素很可能不存在，除非将文化视为一种生态因素。犹太教教导说，某些侵犯不可宽恕（某些侵犯过于严重而不可宽恕，某些侵犯不可宽恕是由于只有受害者有宽恕的权利，某些侵犯不可宽恕则是由于宽恕与否要视侵犯者是否悔过而定）。新教的教导则是，所有的侵犯都可宽恕（一种"不可宽恕的罪"除外，即关于基督教义简洁得令人惊讶这一话题）。当然，大屠杀的恐怖也可能影响了犹太学生的态度，但即使这种影响也是以家庭教育、影视及其他文化媒体为中介的。他们对大屠杀并没有直接的体验。[13]

因此，文化就像环境和社会因素一样重要。要让世界变得更宽恕，你可以通过改变你生活于其中的物理的和社会的现实环境，也可以通过改变文化，只要你对促进与维持复仇和宽恕的文化力有足够的把握。

我们是合作的生物

近年来进化生物学中最令人振奋的一项提议（至少我是这么认为的），

是进化生物学家马丁·诺瓦克的如下观点：合作不仅对于社会关系的进化而且对于生命本身的进化，都起着关键的作用。他进而断言，"自然的合作"应该增补为一种基本的进化原则，而与变异和选择并置在一起。[14]诺瓦克写道："在染色体中，基因相互合作。在真核细胞中，染色体相互合作。在多细胞有机体中，细胞相互合作。人类则是合作的冠军：从狩猎—采集社会直到民族国家，合作都是人类社会决定性的组织原则。"[15]尽管来自研究进化与合作的第一流的专家，但这仍是一个相当大胆的断言。而诺瓦克或许是正确的，就由简单的部分产生专门化和复杂性而言，合作看来简直与变异和自然选择一样重要。

　　原始沼泽中的第一组 RNA 在复制之初，甚至可能也需要与"较有益的分子"建立合作关系，以维持其自身的复制进程。[16]没有第一组复制的 RNA，就根本不会有 DNA 和基因。基因之间如果不合作互助，就不会有细菌。细菌之间如果不合作互助，就不会有真核细胞。真核细胞之间如果不通过紧密合作以形成多细胞体，就不会有人类。人类如果不是碰巧发现结成小群体所带来的益处，就不会形成社会。在生命进化的历程中，合作的作用显示出某种随意的美感，由简单的个体集合成新的较复杂的生命形式，而个体自身则融入这种较复杂的生命形式之中。[17]这一由简单到复杂的进程，在从分子到大型社会的每一生命发展阶段都可以见到。

　　大自然母亲是否为人类准备了更高的复杂性呢？或许是的（当然暂不考虑全球恐怖主义、核末日、生态崩溃，以及其他灾难的影响）。如果说地球上的生命历史可以为未来的生命发展提供参考，那么人类进化的下一阶段很可能也相关于更高程度的合作。我们既已组织成被称为民族国家的极大群体，因而进化的下一阶段或许在于，持存于世界各民族国家之间的合作联盟——某种由类有机体群体组成的类有机体实体。

　　要顺利形成如此的超级有机体，很大程度上取决于新兴的复杂系统具有足够的弹性，能够容纳各成员国基于自身利益的偶尔背叛。在复杂的生物系统内部，次级单元仍遗存着谋取自身利益的动机，因而冲突以及背叛

234

的企图在所难免。从癌细胞——起初是逃脱身体高级系统的检测而任意复制的捣蛋细胞，到来自美国 50 个州的国会议员——他们为其自己所在的州而争夺有限的联邦财政资源，再到联合国安理会的成员国，这些次级单元之间的冲突与竞争必须得到积极的管理。[18]一种复杂的生物系统要能经受时间的考验，就必须有维持合作的激励，以及限制自利的监督与权衡。另外，系统必须有足够的弹性，以免次级单元的背叛一出现即告瓦解。

235　　　换句话说，复杂的社会系统要进化，就需要宽恕（如"一报还一报"和"宽恕的一报还一报"策略等等）。而如我所一再叙述的，合作的收益本身也会为次级单元之间的相互宽恕提供激励（如有价值关系假说）。因此，合作会促生宽恕，而宽恕也会促进合作。起点可任由选择：让世界更宽恕，而合作就会兴盛；或者让世上的合作更多，而宽恕也就更多。从进化历史的长时段观点看，其趋势似乎是更多的宽恕、更多的合作以及更高的复杂性。

　　听上去有点离奇？要知道，在将脱离英国的 13 个美洲殖民地合在一起组成持久的共和国之时，大多数人也认为这个想法相当离奇。这些殖民地由于如下原因而显得太难以相容：过多的种族群体（英裔、苏格兰-爱尔兰裔、德裔，以及非洲奴隶），过多的宗教（卡尔文教、路德教和天主教），经济利益的分歧，过大的领土。美国战争前十年，殖民地之间的敌意众所周知。边境争端不断。印第安人袭击马萨诸塞时，纽约甚至不提供帮助；反之亦然。[19]1765 年，马萨诸塞的律师詹姆斯·奥蒂斯预言："要是明天这些殖民地还是这样，美国就只会挣扎于血腥和混乱之中。"[20]殖民地的人们完全有理由持怀疑态度，因为在世界历史中从无如此先例。但如今，我们将这样一种超级有机体视为理所当然、本该如此。

橄榄枝抑或多面之一

　　1776 年 7 月 4 日，新大陆的国会正式颁布了《独立宣言》，此时他们也需要关注更多的烦琐事务。在设计大陆的火石制造体系与向北卡罗来纳州一个名叫约翰·加里森的人销售 25 磅火药期间，大陆议会任命本杰明·富兰克林、约翰·亚当斯和托马斯·杰斐逊监管美国标志的设计。*236*

　　六年之后，经过三次会议的讨论，这一伟大的标志终于完成了，时间绝不算短：与英国的战争已结束，需要签订和平条约。标志的正面是一只美洲秃鹰。鹰的左爪握着 13 只箭，象征国家的作战力量。其右爪拿着橄榄枝——无论是在经典还是《圣经》中，它都是和平的古老象征。秃鹰面向右边，朝着和平的方向。[21]

　　战争结束之时，为确保美国的独立，该是宽恕的时候了。这个年轻的国家有太多的事情，需要与大西洋对岸的邻居相互合作。产生于 13 个殖民地的新的生活方式仍处于襁褓之中，但即便此时，考虑到与旧敌建立富有成效的合作关系将带来新的机遇，抛却前嫌仍是必不可免的。

　　几千年来，西方文明延续着对于复仇与宽恕的一系列神话：复仇是种疾病，而宽恕是其疗方。复仇只不过是肆意而不受管制的暴力，是病态思维和病态社会的产品。宽恕完全无关于人性，它是由某人在某处"发现"或"发明"出来的。人们易于复仇，而难得宽恕。

　　现在是消除这些神话的时候了。我们的复仇习性与宽恕能力都是天生的，均为优雅的适应逻辑所支配，都敏感于接受社会和生态环境的变化，都是在遭受特定的环境输入而自然地被激发，都敏感于文化的力量。并且，它们都与人类紧密相关。

　　理解我们作为一个物种的复仇倾向与宽恕意愿，是一个理解我们是谁以及如何变得如此的问题。智人、宽恕的人类、复仇的人类，都是指同一种人类。进化使我们成为复仇的人类，因而我们会以报复性的侵犯来保护我们自己、我们的爱人、我们的社会合作组织，以及其他珍爱的东西，因为有此必要。进化还使我们成为宽恕的人类，因而我们愿意抛却不满和恶意，只要我 *237* 们确信这样做是安全而值得的。进化还使我们成为智人，因而就如何帮助人类表现出较多的宽恕和较少的复仇来说，我们已经发现许多秘密。

致 谢
ACKNOWLEDGMENTS

我很幸运。我的工作让我得以接触聪明、有趣而善良的人们，他们热衷于增进对人类及其行为原因的了解。我对宽恕进行了思考，并写成本书，这大大受益于与一个极为优秀的人群之间的研究合作，他们包括 Jack Berry，Giacomo Bono，Bob Emmons，Julie Juola Exline，Frank Fincham，Bill Hoyt，Shelley Dean Kilpatrick，Steve Sandage，Jo-Ann Tsang，Charlotte vanOyen Witvliet，以及 Ev Worthington。

很荣幸，我还要提及一些最优秀的本科生：Anna Brandon，Sharon Brion，Adam D. Cohen，Marcia Kimeldorf，Courtney Mooney，Emily Polak，Chris Rachal，Lindsey Root，以及 Ben Tabak。要不是他们，我不可能做出本书所叙述的原创性实验。对于多年来在我的实验室里工作的本科生，我同样要表示感谢。

我对宽恕与复仇的研究，还得到了如下机构的慷慨赞助：约翰·坦普尔顿基金会（John Templeton Foundation），宽恕研究计划（the Campaign for Forgiveness Research），费茨研究院（the Fetzer Institute），美国国家心理健康研究所（the National Institute of Mental Health）。对于我以及我一直所致力的研究工作，你们给予的信任让我感激不尽。当然，本书表达的观点与意见纯属我本人。

本书讲述了科学的发展，这得益于许多学者的帮助。如果不是他们将其观点、创意、未发表的论文、对于当今科学发展程度的看法、对以往的回顾拿出来分享，那我是无法作出这些讲述的。其中尤其要感谢 Bob Axelrod，Chris Boehm，Adam B. Cohen，Martin Daly，Doug Fry，John Haidt，Dan Hruschka，Th. Emil Homerin，Tim Ketelaar，Brian Knutson，Graeme Newman，Don Parker，Harry Reis，Arlene Stillwell，Frans de Waal，David Sloan Wilson，以及 Paul Zak。

我在迈阿密大学（the University of Miami）的同事让我体会到了这所现代化大学的美好之处，在我深陷知识产权困境之时，John Fitzgerald，John Kirby，David Kling，Phil McCabe，Bryan Page，Greg Simpson，Ashli White 等人都给了我很大帮助。另外还要感谢 Michael Halleran 对我的鼓励。

Benjamin Lee 对科学和英文都有着强烈的热爱，要不是他早就表现出积极的兴致，本书就远远不能成为现在的样子。Josh Nowlis 从生态学的视角为前几章提供了有益的指导。Bob Emmons，Juliette Guilbert 和 Stephen Post 对本书写作中的关键之处提出了重要的反馈意见。最后要提到的是我的妻子 Billie。她逐字逐句地阅读了本书，其中许多内容都读了两三次。她让我得知她对每一处内容的想法，对此我深表感激。

在形成本书主旨及行文的过程中，作为极具耐心和对写作极有见识的助手，Susan Arellano 发挥了重要作用。《超越复仇》还极大地受益于乔西-巴斯出版社（Jossey-Bass）的编辑 Julianna Gustafson，她对本书的热情是对我极大的鼓励。Naomi Lucks 是我所能期望的最好的策划编辑。对于本书的进展尤其是完稿，乔西-巴斯的 Catherine Craddock 和 Sheryl Fullerton 也发挥了重要的作用。

在如下活动或场所中，我收到了关于本书若干观点的非常有益的反馈意见：在罗斯密德心理学院（Rosemead School of Psychology）的心理与精神研究所（the Institute for Research on Psychology and Spirituality）所做的关于宽恕与复仇的讲座（2004 年 1 月），由梅塔尼克斯研究院（the Metanexus Institute）和维拉诺瓦大学（Villanova University）的无限大爱研究中心（the Institute for Research on Unlimited Love）赞助的会议（2004 年 4 月），在新奥尔良举行的关于人格与社会心理学的第六届社会学年会（2005 年 1 月），在华盛顿举行的积极心理学大会（the Positive Psychology Summit，2005 年 9 月），牛津大学（the University of Oxford）人类学和心灵研究中心（2006 年 11 月），埃默里大学（Emory University）法律与宗教研究中心（2007 年 4 月），佛罗里达大学（the University of Florida）心理学系（2007 年 10 月）。

本书的写作部分地得到了无限大爱研究中心、埃默里大学法律与宗教研究中心、约翰·坦普尔顿基金会的支持。特别感谢 Stephen Post 对我的一贯鼓励。

我要将最深深的感谢留给 Billie，Joel 和 Madeleine。我为了本书的写作，没能陪你们一起待在沙滩，对此你们都予以了理解。

xi

注　释

导论：关于复仇与宽恕的三个朴素的真相

〔1〕格雷戈里·比格斯和钱特·马拉德的故事细节取自：R. Blumenthal, "Victim's son is giv-en award for forgiving father's murderer," *New York Times*, October 23, 2003, p. A26; "Timeline of events in the Chante Mallard windshield death case," www. foxnews. com/story/0, 2933, 90498, 00. html, June 23, 2007; "Doctors agree windshield victim bled to death, as testimony ends," http：//courttv, com/trials/mallard/062503 _ ctv. html, June 23, 2007; 以及马拉德的庭审报告, http：//transcripts. cnn. com/TRANSCRIPTS/0306/26/bn. 06. html, June 23, 2007。

〔2〕巴德·韦尔奇的故事取自："Bud Welch," www. theforgivenessproject. com/stories/bud-welch, April 18, 2007; "More forgiveness：A shared mourning," www. science-spirit. org/article _ detail. php?article _ id＝423, April 18, 2007。

第一章　让复仇与宽恕复归于人性

〔1〕de Waal 1996, p. 5.

〔2〕Wrangham and Peterson 1996.

〔3〕Wrangham and Peterson 1996.

〔4〕对此的一个评论, 参见 Hewstone, Rubin, and Willis 2002。

〔5〕K. Curtis, "Chimpanzees' attack leads to investigation," *Miami Herald*, March 6, 2005, p. 16A.

〔6〕Jacoby1983, p. 1. Pinker 2002 也谈到公共健康领域如何大量使用关于疾病的语言, 以在更一般的意义上理解人类的暴力。

〔7〕世界的重要宗教关于宽恕的教导, 对此的评述参见 Rye and others 2000。

〔8〕Jacoby 1983; Marongiu and Newman 1987; Murphy 2003.

〔9〕Horney 1948, p. 5.

〔10〕Parkes 1993.

〔11〕Cardozo, Vergara, Agani, and Gotway 2000. Derek Summerfield 2002 充分揭示了复仇产生心理问题的西方假设, 以及这一假设如何常用于战后康复的执业实践。

〔12〕American Psychiatric Association 1994.

〔13〕N. R. Kleinfield, "Before deadly rage, a life consumed by a troubling silence," *New york Times*,

209

April 22，2007；www. nytimes. com/2007/04/22/us/22vatech. html？ex ＝ 1177905600&-en ＝ 599cdd0r7ef887ac&-ei＝5070&-emc＝etal，April 23，2007.

[14] McCullough, Emmons, Kilpatrick, and Mooney 2003.

[15] Lawler and others, 2003；Witvliet, Ludwig, and Vander Laan 2001.

[16] Miller，Smith，Turner，Guijarro，and Hallet 1996.

[17] R. D. Enright and G. Reed， "Process Model," 参见 www. forgiveness-institute. org/html/ process _ model. htm，October 21，2007。

[18] Jampolsky and Walsch 1999.

[19] Tooby and Cosmides 1992.

[20] Pinker 2002.

[21] Brown 1991，Pinker 2002.

[22] Butler 1970 [1726]，p. 74.

[23] Smith 1976 [1790]，p. 71.

[24] Darwin 1952 [1871]，p. 294.

[25] Richerson and Boyd 2005.

[26] Wright 1994，p. 339.

[27] Frijda 1994，p. 283.

[28] Wilson，Dietrich，and Clark 2003.

[29] Thornhill and Palmer 2000.

[30] Allport 1950.

[31] Seligman and Csikszentmihalyi 2000，p. 12.

[32] Aureli1997；Karremans，Van Lange，Ouwerkerk，and Kluwer 2003；Schino 1998.

241 [33] Bradfield and Aquino 1999；McCullough，Rachal，Sandage，Worthington，Brown，and Hight 1998；Wohl and Branscombe 2005.

[34] de Waal 2001.

[35] 关于芬尼根和吉塞尔的情节取自： "Pregnant dog adopts hurt squirrel," 参见 www. cb-snews. com/stories/2005/10/14/earlyshow/living/petplanet/printable943873. shtml， April 23， 2007； "Finnegan the squirrel," www. snopes. com/photos/animals/finnegan. asp? print ＝ y，April 23， 2007； "Finnegan," www. animalliberationfront. com/News/AnimalPhotos/Animals _ 31-40/Squirrel-dog. htm， April 23，2007。

[36] Krishnan 1993.

第二章　复仇是个问题：算算代价

[1] 我收集的这些情节有好几个来源："Bulldozer rampage ends in Granby," CBS 4 Denver, http：//news4colorado. com/topstories/local _ story _ 156173524. html，June 4，2004；J. Aguilar, "I never got caught," *Rocky Mountain News*，www. rockymountainnews. com/drmn/state/article/0, 1299，DRMN _ 21 _ 2949388，00. html，June 9，2004；J. Aguilar, "Heemeyer lists found," *Rocky Mountain News*，www. rockymountainnews. com/drmn/state/article/0，1299，DRMN _ 21 _ 2946605，00. html，June 8，2004；D. Montero and O. S. Good，"Rage fueled man's assault on Gran-by," *Rocky Mountain News*，www. rockymountainnews. com/drmn/state/article/0，1299，DRMN _ 21 _ 2944165，00. html，June 7，2004；T. Fong, B. D. Creccente, and C. Brennan，"Acquaintances de-scribe two different sides to Heemeyer," *Rocky Mountain News*，www. rockymountainnews. com/drmn/state/article/0,1299，DRMN _ 21 _ 2940402,00. html，June 5，2004；C. Brennan, O. S. Good，and J. Poppen，"Rampage guts Granby," *Rocky Mountain News*，www. rockymountain-news. com/drmn/state/article/0,1299，DRMN _ 21 _ 2940309,00. html，June 5，2004；J. Aguilar, "Armored dozer was bad to go," *Rocky Mountain News*，www. rockymountainnews. com/drmn/state/article/0, 1299，DRMN _ 21 _ 2989657,00. html，June 5，2004。以上都是我在 2004 年 8 月 13 日检索的。

[2] Frijda 1994，p. 266.

[3] Rokeach and Ball-Rokeach 1989.

[4] Gorsuch and Hao 1993.

[5] Kadiangandu，Mullet，and Vinsonneau2001；Mullet，Houdbine，Laumonier，and Girard 1998.

[6] Van Biema 1999.

[7] Davis，Smith，and Marsden 2002.

[8] Crombag，Rassin，and Horselenberg 2003.

[9] Crombag，Rassin，and Horselenberg 2003.

[10] Cardozo，Vergara，Agani，and Gotway 2000.

[11] Cardozo，Kaiser，Gotway，and Agani 2003.

[12] Anderson and Bushman 1997.

[13] 根据 Carlson and Wilson 1988，Richard，Bond，and Stokes-Zoota（2003）给出了一个效果量：对挑衅者的侵犯之比率为 0. 51，转换为百分比是 88%。他们还给出了一个效果量：对非挑衅者的侵犯之比率为 0. 06，转换为百分比是 54%。

242

［14］Richard，Bond，and Stokes-Zoota 2003.

［15］Boehm 1999；Daly and Wilson 1988；Walker 2001.

［16］Otterbein and Otterbein 1965；Daly and Wilson 1988.

［17］Daly and Wilson 1988.

［18］Eisner 2001.

［19］Federal Bureau of Investigation 2006.

［20］Daly and Wilson 1988.

［21］Dooley 2001.

［22］Carcach 1997.

［23］Gaylord and Galligher 1994.

［24］Frijda 1994，p. 266.

［25］Wilson and Daly 1985.

［26］Kubrin and Weitzer 2003，p. 164.

［27］实际上，我所估计的 20%可能还过于保守，因为许多起因于性嫉妒（例如，某个男人或女人射杀其不忠的配偶）的谋杀通常也包含报复的因素，这是不少谋杀案的动因（Daly and Wilson 1988）。

243　　［28］Cardona and others 2005.

［29］Kubrin and Weitzer 2003，p. 172.

［30］报道参见 M. Obamsick， "Massacre at Columbine High：Bloodbath leaves 15 dead，28 hurt," *Denver Post*，April 21，1999。2004 年 8 月 19 日检索自 http：//63. 147. 65. 175/news/shot0420a. htm。

［31］Nansel，Overpeck，Pilla，Ruan，Simons-Morton，and Scheidt 2001.

［32］Anderson and others 2001.

［33］Anderson and others 2001. 另参见 Kimmel and Mahler 2003；McGee and DeBernardo 1999。

［34］Vossekuil，Fein，Reddy，Borum，and Modzeleski 2002.

［35］Ember 1978；Keeley 1996；Le Blanc and Register 2003；Ross 1983.

［36］参见 Fry 2006；Kelly 2003。

［37］关于这一点的人类学评论，参见 Kelly 2003，第四章。

［38］Scheff 2000. 另参见 Blainey 1988 和 Suganami 1996。

［39］Scheff 2000.

［40］Moerk 2002.

〔41〕Pape 2005.

〔42〕"Al-Aqsa Brigades claims Jerusalem bombing," Aljazeera. net，January 29，2004，2005 年 4 月 4 日检索自 http：//english. aljazeera. net/NR/exeres/66521E61-8418-4812-99A4-273986B2E82D. htm；"Israel air strikes hit gaza city," BBC News，March 15，5004，2005 年 4 月 4 日检索自 http：//news. bbc. co. uk/go/pr/fr/-/1/hi/world/middle _ east/3511820. htm。

〔43〕本·拉登《给美国人的一封信》全文，2007 年 4 月 25 日检索自 http：//observer. guardian. co. uk/worldview/story/0,11581,845725,00. html。

〔44〕关于这一研究的总结和讨论，参见 Speckhard and Ahkmedova 2006。

〔45〕Kaplan，Mintz，Mishal，and Samban 2005.

〔46〕爆炸袭击是又一种通常出于复仇动机的暴力犯罪。据烟酒枪支管理局报告（1999），1993—1997 年间，发生了 7 746 起动机可识别的爆炸事件（另有 5 764 起动机不可识别的爆炸事件）。调查结论是，在这 7 746 起爆炸事件中，2 122 起或 27%的动机是要解决凤怨。这 2 122 起爆炸造成了 877 万美元的损失。

第三章　复仇是一种解决方案——三个进化论假设

〔1〕这个故事是基于一系列新闻报道而组织起来的，其中包括："Air crash traffic controller murdered：Victim's husband held," *London Daily Telegraph*，February 27，2004，2004 年 4 月 28 日检索自 http：//smh. com. au/articles/2004/02/27/1077676949297. html；"Cops：Plane crash-murder link," CBS News. com，February 26，2004，2004 年 6 月 1 日检索自 www. cbsnews. com/stories/2004/02/26/world/printable602367. shtml；"Grieving father detainde for air controller's murder," *Russia Journal Daily*，February 27，2004，2004 年 6 月 1 日检索自 www. russiajournal. com/print/russia _ news _ 42711. html；"Russian says he might have killed Skyguide controller," *Russia Journal Daily*，March 17，2004，2004 年 6 月 1 日检索自 www. russiajournal. com/print/russia _ news _42968. html；"Skyguide admits errors in Russian plane crash," *Russia Journal Daily*，May 20，2004，2004 年 6 月 1 日检索自 www. russiajournal. com/print/russia _ news_43853. html；"Skyguide murder suspect makes partial confession," Swissinfo，March 16，2004，2004 年 6 月 1 日检索自 www. swissinfo. org. /sen/Swissinfo. html?siteSect＝41&sid＝4792943；"Swiss air traffic controller slain," CNEW，February 25，2004，2004 年 6 月 1 日检索自 http：//cnews. canoe. ca/CNEWS/World/2004/02/25/pf-360521. html；A. Hall，"Swiss police arrest murder suspect," *Scotsman*，February 27，2004，2004 年 6 月 11 日检索自 http：//thescotsman. scotsman. com/international. cfm?id ＝ 228952004；I. Shmelev，"Swiss court finds Russian man guilty of revenge killing Skyguide's employee," *Pravda*，October 27，2005，2007 年 5 月 3 日检索自 http：//english. pra-

244

vada. ru/main/18/88/351/16376 _ Skyguide. html。

〔2〕Dobzhansky 1973.

〔3〕Daly and Wilson 1988.

245　〔4〕Buss, Haselton, Shackelford, Bleske, and Wakefield 1998.

〔5〕Vargha-Khadem, Gadian, Copp, and Mishkin 2005.

〔6〕Plomin, DeFries, Craig, and McGuffin 2003.

〔7〕Buss 1999, p. 34.

〔8〕Wright 1994, p. 26.

〔9〕Pinker 1994.

〔10〕Flaxman and Sherman 2000.

〔11〕Gangestad, Thornhill, and Garver-Apgar 2005.

〔12〕de Waal 2002；Buss, Haselton, Shackelford, Bleske, and Wakefield 1998.

〔13〕Williams 1966, p. 4.

〔14〕Buss, Haselton, Shackelford, Bleske, and Wakefield 1998.

〔15〕Pinker 1997.

〔16〕Simpson and Campbell 2005.

〔17〕Schmitt and Pilcher 2004.

〔18〕Lerner and Keltner 2000；2001.

〔19〕Öhman and Mineka 2003.

〔20〕McCullough, Bellah, Kilpatrick, and Johnson 2001；Miller 2001.

〔21〕Clutton-Brock and Parker 1995.

〔22〕Diamond 1977.

〔23〕Ford and Blegan 1992.

〔24〕Dunbar 2003. 例如，黑猩猩会掩饰恐惧的面部表情，以免在其可能对手面前泄露关于自己心理状态的信息。

〔25〕Brown 1968；Kim, Smith, and Brigham 1998. 另参见 Kurzban, DeScioli, and O'Brien 2007。

〔26〕Felson 1982.

〔27〕Nisbett and Cohen 1996. Chu，Rivera 和 Loftin（2000）指出，Nisbett 和 Cohen 的某些发现可能存在民族资料方面的方法论问题。但是，Nisbett 和 Cohen 的观点基于多种证据，因而很难不认真看待如下可能性：南方的白人确实比美国其他地区的白人具有更强的报复倾向。

〔28〕 Black-Michaud 1975.

〔29〕 Tindall and Shi 1996.

〔30〕 Nisbett and Cohen 1996.

〔31〕 Cohen，Nisbett，Bowdle，and Schwarz 1996.

〔32〕 Anderson 1999.　　　　　　　　　　　　　　　　　*246*

〔33〕 Kubrin and Weitzer 2003.

〔34〕 Anderson 1999，p. 130.

〔35〕 Brezina，Agnew，Cullen，and Wright 2004.

〔36〕 Topalli，Wright，and Fornango 2002，pp. 342-343.

〔37〕 Ridley 1996.

〔38〕 Wright 2000.

〔39〕 Rousseau 1984〔1754〕.

〔40〕 Boyd，Gintis，Bowles，and Richerson 2003；Boyd and Richerson 1992.

〔41〕 Fehr and Gächter 2002.

〔42〕 Price，Cosmides and Tooby 2002.

〔43〕 de Quervain and others 2004；Fehr and Gächter 2002.

〔44〕 Fehr and Gächter 2002.

〔45〕 Gürerk，Irlenbusch，and Rockenbach 2006.

第四章　复仇的解决之道——适应的论据

〔1〕 Fletcher 2003，p. 7. 对于该世仇原文记录的一个充分的解释，参见 Morris 1992。

〔2〕 Shelley-Tremblay and Rosén 1996.

〔3〕 Brody 2001.

〔4〕 更多与适应主义相关的科学证据类型，可参见 Andrews，Gangestad，and Matthews 2002，Buss 1999，Schmitt and Pilcher 2004，以及 Simpson and Campbell 2005。

〔5〕 Handel 1989.

〔6〕 Brown 1989.

〔7〕 Smale and Spickenheuer 1979. 另参见 Orth，Montada，and Maercker 2006。

〔8〕 Rudolph，Roesch，Greitemeyer，and Weiner 2004.

〔9〕 Aase 2002b；Black 1998；Crombag，Rassin，and Horselenberg 2003；Miller 2001.

〔10〕 J. Simpson（ed.），1989. Oxford English Dictionary（2nd Ed.），2004 年 2 月 11 日检索自 http：//iiiprxy. library. miami. edu：2160/cgi/entry/00107749？query _ type = word&queryword =

honor&editon＝2e&first＝1&max＿to＿show＝10&sort＿type＝alpha&result＿place＝2&search＿

id＝uDhI-90gqWr1726&chilite＝00107749。

247 　　[11] Black-Michaud 1975，p. 181.

　　[12] 例见 Berger 1970。评论参见 Aase 2002a。

　　[13] 蒂姆·拉塞特对乔治·W·布什的访谈，参见 2004 年 2 月 8 日 NBC《与媒体见面》节

目。我的文本 2004 年 2 月 13 日检索自 http：//msnbc. msn. com/id/4179618。

　　[14] 参见 Aase 2002b 和 Daly and Wilson 1988。

　　[15] Jacobs 2004；Kubrin and Weitzer 2003.

　　[16] Jacoby 1983.

　　[17] Bay 2002.

　　[18] Anderson 1999.

　　[19] Boehm 1987；Otterbein and Otterbein 1965.

　　[20] William Shakespeare, *The Merchant of Venice*, Act Ⅲ, Scene Ⅰ.

　　[21] Brown 1991.

　　[22] Westermarck 1898，p. 19.

　　[23] Otterbein and Otterbein 1965.

　　[24] Daly and Wilson 1988.

　　[25] Daly and Wilson 1988，p. 226.

　　[26] Daly and Wilson 1988，p. 227.

　　[27] Boster，Yost，and Peeke 2004，pp. 472-473.

　　[28] Boster，Yost，and Peeke 2004，p. 476.

　　[29] Henrich and others 2006.

　　[30] Brown 1991.

　　[31] Wilson 2002.

　　[32] Darwin 1952［1871］，p. 289.

　　[33] Westermarck 1924.

　　[34] de Waal and Luttrell 1988.

　　[35] Silk 1992.

　　[36] Donald Black（1988）假定，在个体之间有着亲密的社会关系之时，复仇难以进行；或

许在具有生理亲近性之时也是如此。

　　[37] Aureli，Cozzolino，Cordischi，and Scucchi 1992.

［38］Clutton-Brock and Parker 1995.

［39］Hoover and Robinson 2007.

［40］Dugatkin 1991.

［41］Dugatkin and Alfieri 1992.

［42］O'Steen，Cullum，and Bennett 2002.

［43］Dugatkin 1988；1991；Milinski 1987.

第五章　家庭、友谊以及宽恕的功能

［1］Clutton-Brock and Parker 1995. 　　　　　　　　　　　　　　　　　*248*

［2］我知道你在想什么："每年那么多孩子被父母杀死，又是怎么回事呢?"这的确是事实，但这些杀人者大多是继父和继母，而非亲生父母。谋杀统计数据显示，孩子被杀的危险在继父那里会增长约8～60倍（Daly and Wilson 1994；Weekes-Shackelford and Shackelford 2004）。当然，即使是继父母，杀孩子的情况也很少见。

［3］Dunbar，Clark，and Hurst 1995. Daly and Wilson（1988）估计，在谋杀案中受害于血缘亲属者约占 2%～6%。

［4］Clutton-Brock and Parker 1995，p. 210.

［5］Poundstone 1992，p. 9.

［6］Axelrod 1997，p. xi.

［7］Ridley 1996. 本章大大受益于 Ridley 杰作的第三、第四章。

［8］Poundstone 1992；Ridley 1996.

［9］Poundstone 1992.

［10］Dugatkin 1988；Milinski 1987.

［11］Axelrod 1884.

［12］Wilson 2002.

［13］Axelrod and Dion 1988.

［14］Axelrod 1984.

［15］Nowak and Sigmund 1992. 另参见 Godfray 1992。

［16］Nowak and Sigmund 1993.

［17］Wu and Axelrod 1995.

［18］Frean 1994；Hauert and Schuster 1998；Nowak and Sigmund 1994.

［19］Birditt and Fingerman 2005；Bieditt，Fingerman，and Almeida 2005.

［20］Richerson，Boyd，and Henrich 2003.

［21］Grim 1995；1996.

［22］Hruschka and Henrich 2006.

［23］Dunbar 1996.

［24］Ohtsuki and Iwasa 2004；2006.

［25］Bendor, Kramer, and Stout 1991；Van Lange, Ouwerkerk, and Tazelaar 2002；Wedekind and Milinski 1996.

249 第六章　宽恕的本能

［1］Arendt 1958，p. 214.

［2］Hoppe 2003.

［3］de Waal and Pokorny 2005，p. 17.

［4］Enright, Freedman, and Rique 1998；Park and Enright 2000.

［5］Karremans and Van Lange 2004.

［6］McCullough, Worthington, and Rachal 1997.

［7］Köhler 1956，p. 261.

［8］de Waal 2000，p. 16.

［9］de Waal and Van Roosmalen 1979.

［10］Veenema2000. 灵长类动物学家们对灵长类动物群体的和解倾向（CT）的计算方法是：第一，合计有如下表现的成对动物的数目：在冲突之后的某一时间段（如冲突结束算起的 15 分钟之内）之内进行观察，它们在冲突后比平时的和平状态下较快地作出友好接触，与之相比较的和平状态下的观察时间与选取的时间同等。这些成对动物被称为相互吸引对。第二，将此数目减去和平状态下比冲突后较快作出友好接触的成对动物（它们被称为相互排斥对）。用观察到的冲突总数除以上述差值，其得数即为该群体的 CT 值。

［11］Aureli and de Waal 2000，见附录 A。

［12］Katsukake and Castles 2004.

［13］Aureli and de Waal 2000.

［14］de Waal 1989.

［15］de Waal 1989.

［16］Cheney, Seyfarth, and Silk 1995.

［17］Schino 2000.

［18］Butovskaya, Verbeek, Ljungberg, and Lunardini 2000.

［19］Ljungberg, Horowitz, Jansson, Westlund, and Clarke 2005；Fujisawa, Kutsukake, and

Hasegawa 2005.

[20] Wilson 2002, p. 195.

[21] Brown 1991.

250

[22] 人类学家道格拉斯·弗赖伊（Douglas Fry）目前正在进行一项关于和解的大型跨文化研究，涉及 186 种世界文化。其研究一旦完成，应该对证实或证伪 HRAF 概率样本所提供的观点大有裨益。

[23] Calame-Griaule 1986.

[24] Lodge 1941.

[25] Chagnon 1988；1992.

[26] 以下是关于雅诺马马人如何和解的记述："由此，两个极为敌对的团体可能设法搁置彼此的袭击。接着，他们如果在某个友好的居所见面，可能就会同意不再争斗。只要他们达成这种一致，一个对双方都友好的中立团体，在相互敌对的一个团体中的某一成员来访时，就必定会带口信警告另一团体：只要这里有敌对团体的成员造访，他们就不能来此。然后他们或许会同意，可以出于贸易的目的而接受敌对团体中一部分人来访。自此以后，这两个团体可能直接达成和解协议，而其各自成员之间开始发展友谊。再其后，一个团体出于善意将其女嫁给另一团体的男子为妻，此时就可以说他们的关系已经恢复，并成了真正的朋友。在一场争端或战斗中卷入的人数越多，敌对团体在短期内达成和解的可能性就越小。某一团体内部的争端则一般很快就得以解决，在几个月以内就被完全遗忘。团体之间的争端如果未越出使用手中武器的界限，其被遗忘的时间通常是一到两年。团体间争端如果使用了弓箭，尤其是其中有人被杀，那达成和解会需要很多年。争端如果发展到地域战争的规模，那就很少能在一代人的时间里被遗忘，因为这就没有任何能促成和平协议的中立团体。"（Baker，1995［1953］，pp. 48-49）。

[27] Silk 2000；2002.

[28] Cheney, Seyfarth, and Silk 1995.

[29] de Waal and Pokorny 2005.

[30] de Waal and Ren 1988.

[31] Preuschoft，Wang，Aureli，and de Waal 2002. 另参见 Koski，Koops，and Sterck 2007。 *251*

[32] Call，Aureli，and de Waal 1999.

[33] Cords and Thurnheer 1993.

[34] Silk 2002.

[35] Aureli 1997；Koski，Koops，and Sterck 2007.

[36] Smucny，Price，and Byrne 1997.

［37］Haidt 2001.

［38］Fujisawa，Kutsukake，and Hasegawa 2005.

［39］Butovskaya，Boyko，Selverova，and Ermakova 2005.

［40］Witvliet，Ludwig，and Vander Laan 2001.

［41］Lawler and others 2003；Orcutt 2006.

［42］Karremans，Van Lange，Ouwerkerk，and Kluwer 2003.

［43］Wilson 2002, p. 195.

第七章　宽恕的大脑

［1］Cacioppo，Visser，and Pickett 2006；Panksepp 1998.

［2］Panksepp 1998.

［3］Knutson and Wimmer 2007.

［4］King-Casas，Tomlin，Anen，Camerer，Quartz，and Montague 2005；Rilling，Gutman，Zeh，Pagnoni，Berns，and Kilts 2002.

［5］Eisenberger，Lieberman，and Williams 2003；Eisenberger and Lieberman 2004

［6］Sanfey，Rilling，Aronson，Nystrom，and Cohen 2003.

［7］Stillwell，Baumeister，and Del Priore 2005；Zechmeister and Romero 2002.

［8］Panksepp 1998.

［9］Philip McCabe, personal communication，June 5，2006.

［10］William Shakespeare, *The Merchant of Venice*，Act Ⅲ，Scene Ⅰ.

［11］Knutson 2004.

［12］de Quervain and others 2004.

［13］Bushman，Baumeister，and Phillips 2001.

［14］Harmon-Jones and Sigelman 2001；Harmon-Jones，Vaughn-Scott，Mohr，Sigelman，and Harmon-Jones 2004.

［15］Marlatt，Kosturn，and Lang 1975.

［16］Giancola 2000.

［17］关于费卢杰事件，参见 J. Price，J. Neff，and C. Crain，"Chapter6：Fury boils to surface," *News and Observer*，November 28，2004，2007 年 6 月 25 日检索自 www. newsobserver. com/nation _world/blackwater/series/story/237807. html；J. Gettleman，"Enraged mob in Fallujah kills 4 American contractors," *New York Times*，March 31，2004，2007 年 6 月 25 日检索自 www. nytimes. com/2004/03/31/international/worldspecial/31CND-IRAQ. html?ex＝1183003200&en＝

252

dfb7d933316d4379&.ei＝5070；以及 Perlmutter and Major 2004。

［18］Geronimo 1983［1906］, pp. 53-54.

［19］Boehm 1987.

［20］Anastasia 1991，引自 Baumeister 1996，p. 158。

［21］Crombag, Rassin, and Horselenberg 2003；Haidt，Sabini，and Worthington n. d. ；Still-well，Baumeister，and Del Priore 2005.

［22］Rolls 2005.

［23］Singer，Seymour，O'Doherty，Stephan，Dolan，and Frith 2006.

［24］Mark Twain，letter to Olivia，December 27, 1869，参见 Wechter 1949，p. 132。

［25］Clark 2005；Newberg，d'Aquili，Newberg，and deMarici 2000.

［26］Korchmaros and Kenny 2001.

［27］Rushton 1989.

［28］Baston and Powell 2003.

［29］McCullough，Worthington，and Rachal 1997；McCullough，Rachal，Sandage，Worthing-ton，Brown，and Hight 1998.

［30］Baston，Ahmad，Lishner，and Tsang 2002.

［31］McCullough，Worthington，and Rachal 1997；McCullough，Rachal，Sandage，Worthing-ton，Brown，and Hight 1998；Zechmeister and Romero 2002.

［32］Berry，Worthington，Wade，Witvliet，and Keifer 2005；Eaton and Struthers 2006；Moe-schberger，Dixon，Niens，and Cairns 2005.

［33］Baston and Ahmad 2001；Giancola 2003.

［34］Harmon-Jones，Vaughn-Scott，Mohr，Sigelman，and Harmon-Jones 2004.

［35］Arnold 2003，p. 153.

［36］乌干达事件取自 M. Lacey，"Atrocity victims in Uganda choose to forgive," *New York Times*，April 18, 2005，2005 年 4 月 18 日检索自 www. nytimes. com/2005/04/18/international/africa/18uganda. html；J. G. Price， "Ex-child soldiers forced to fight in Northenn Uganda's civil war seeking redemption," *Sudan Tribune*，August 30，2005，2006 年 6 月 1 日检索自 www. sudantribune. com/article_impr. php3?id _article＝11359；"Uganda: Locals want rebel leader forgiven," UN Office for the Coordination of Humanitarian Affairs，2007 年 6 月 25 日检索自 www. irinnews. org/Report. aspx?ReportID＝59805；"Uganda: IDPs begin slow journey home amid con-cerns over peace process," UN Office for the Coordination of Humanitarian Affairs，2007 年 6 月 25

253

日检索自 http：//irinnews． org/PrintReport. aspx?ReportID＝72228。

［37］King-Casas，Tomlin，Anen，Camerer，Quartz，and Montague 2005；Knutson and Wimmer 2007；Rilling，Gutman，Zeh，Pagnoni，Berns，and Kilts 2002。

［38］Finkel，Rusbult，Kumashiro，and Hannon 2002。

［39］Boehm 1987；Bottom，Gibson，Daniels，and Murnighan 2002。

［40］Gordon，Burton，and Porter 2004。

［41］Butovskaya，Boyko，Selverova，and Ermakova 2005。

［42］Bradfield and Aquino 1999；Gordon，Burton，and Porter 2004。

［43］Gold and Weiner 2000；Nadler and Liviatan 2006。

［44］de Jong，Peters，and de Cremer 2003。

［45］Bottom，Gibson，Daniels，and Murnighan 2002；Nadler and Liviatan 2006。

［46］Boehm 1987。

第八章 "促进并维持友好的关系"——促生宽恕

［1］General Accounting Offfice 2007。

［2］United States Department of Defense，May 8，2007，"News transcript：DoD news briefing with Col. Nicholson from Afghanistan，" 2007 年 7 月 2 日检索自 www. defenselink. mil/transcripts/transcript. aspx？transcriptid＝3959。另参见 D. S. Cloud，"U. S. Pays and apologizes to kin of Afghans killed by marines." *New York Times*，May 9，2007，2007 年 5 月 9 日检索自 www. nytimes． com/2007/05/09/world/asia/09afghan. html？ex ＝ 1336363200&-en ＝ 4829c8e94ab32cfb&-ei ＝ 5088&-partner ＝ rssnyt&-emc＝rss。

［3］Combined Joint Task Force-82，May 12，2007，"Allies：Coalition delivers 'solatia' payments to Nangarhar families，" 2007 年 7 月 2 日检索自 www. blackanthem. com/News/Allies _20/Coalition _delivers _solatia _payments _to _Nangarhar _families6615. shtml。

［4］United States Department of Defense，May 8，2007，"News transcript：DoD news briefing with Col. Nicholson from Afghanistan，" 2007 年 7 月 2 日检索自 www. defenselink. mil/transcripts/transcript. aspx?transcriptid＝3959。

［5］Nowak and Sigmund 1993。

［6］要听喷得—咕噜的声音，可浏览 http：//webdrive. service. emory. edu/groups/research/chimpanzee-cognition/CCL/ethogram. htm。

［7］Tabak，McCullough，Root，Bono，and Berry 2007. 另参见 Blum-Kulka and Olshtain 1984；Butovskaya，Verbeek，Ljungberg，and Lunardini 2000；Fry2000；Fujisawa，Kutsukake，and Haseg-

254

awa 2005；Keltner，Young，and Buswell 1997。

[8] 例见 Exline，DeShea，and Holeman 2007；Ohbuchi，Kameda，and Agarie 1989。

[9] Allan，Kaminer，and Stein 2006.

[10] Cohen 2004.

[11] Blum-Kulka and Olshtain 1984；Olshtain 1989.

[12] Lazare 2004，p. 74.

[13] Scher and Darley 1997.

[14] Schönbach 1990.

[15] Shaw，Wild，and Colquitt 2003.

[16] Hareli 2005，p. 361.

[17] "1998：Clinton denies affair with intern," 2006 年 7 月 21 日检索自 http：//news. bbc. co. uk/onthisday/hi/dates/stories/january/26/newsid _2672000/2672291. htm。

[18] P. Baker and J. F. Harris， "Clinton admits to Lewinsky relationship, challenges Starr to end personal prying," *Washington Post*，August 18，1998，2006 年 7 月 21 日检索自 www. washingtonpost. com/wp-srv/politics/special/clinton/stories/clinton081898. htm。

[19] "Clinton's evolving apology for the Lewinsky affair," CNN. com，February 12，1999，2006 年 7 月 21 日检索自 cnn. com/ALLPOLITICS/stories/1999/02/12/apology/。

[20] T. B. Edsall， "Lott decried for part of salute to Thurmond," *Washington Post*，December 7，2002，p. A06，2006 年 7 月 19 日检索自 www. Washingtonpost. com/ac2/wp-dyn? pagename＝article&.node＝&.contentId＝A20730-2002Dec6。

[21] "Beyond the pale," *Economist*，December 7，2002，2006 年 7 月 19 日检索自 www. economost. com/World/na/displayStory. cfm?story_ id＝1493020。 *255*

[22] A. York， "A whole Lott of trouble," Salon. com，December 12，2002，2006 年 7 月 19 日检索自 http：//archive. salon. com/politics/feature/2002/12/12/lott/print. html。

[23] "Lott：Apology no. 4," Salon. com，December 12，2002，2006 年 7 月 19 日检索自 http：//archive. salon. com/politics/feature/2002/12/14/apology/print. html。

[24] Lazare 2004.

[25] McCullough，Worthington，and Rachal 1997；Singer，Seymour，O'Doherty，Stephan，Dolan，and Firth 2006.

[26] 评论参见 Petrucci 2002。

[27] Dunbar 2003；Pinker 1994.

［28］Hickson 1986.

［29］Keltner，Young，and Buswell 1997.

［30］Twain 1897，p. 170.

［31］Keltner，Young，and Buswell 1997.

［32］Kuschel 1988.

［33］Rovinskii 1901，引自 Boehm 1987，p. 136。

［34］Lazare 2004.

［35］关于贝祖奇和摩尔的事件及引文取自："Bertuzzi：I wish that day never happende，"August 15，2005，2006 年 8 月 15 日检索自 http：//sports. espn. go. com/nhl/news/story? id＝2134946；the Todd Bertuzzi entry in Wikipedia，2006 年 8 月 15 日检索自 http：//en. wikipedia. org/wiki/ Todd_Bertuzzi；以及 D. Cox，"An NHL dream lives on，" *Toronto Star*，March 8，2007，2007 年 3 月 8 日检索自 www. thestar. com/printArticle/189616。

［36］Bottom，Gibson，Daniels，and Murnighan 2002.

［37］Daly and Wilson 1988.

［38］例见 Boehm 1987；Kelly 2003；以及 Kuschel 1988。

［39］Strang 2002.

［40］Bottom，Gibson，Daniels，and Murnighan 2003.

［41］Strang and Sherman 2003.

［42］Strang 2002，p. 1.

［43］Roche 2006. 引文出自 p. 217。

［44］Strang and others 2006.

［45］Sherman and others 2005.

［46］Strang and others 2006.

［47］Sherman and others 2005；Strang and others 2006.

［48］Sapolsky 2004.

［49］Exline，Deshea，and Holeman 2007.

［50］Cohen 2004.

［51］Baumeister，Stillwell，and Wotman 2007.

第九章　从神经元到国家

［1］Staub，Pearlman，Gubin，and Hagengimana 2005；另参见 Nadler and Liviatan 2006。

［2］"Main points of Iraq's peace plan. " BBC News，June 25，2006，2007 年 7 月 12 日检索自 http：//

news. bbc. co. uk/2/low/middle _ east/5114932. htm。

［3］ L. Beehner, "Impediments to national reconciliation in Iraq. " January 5，2007，2007 年 7 月 12 日检索自 www. cfr. org/publication/12347。

［4］ "IRA statement in full," BBC News, July 16，2002，2006 年 11 月 28 日检索自 http：// news. bbc. co. uk/1/low/northern_ireland/2132113. stm； "The IRA says sorry sort of," *Economist*，July 20，2000，*364*（8282），pp. 25-29。

［5］ Elias 1969, p. 235.

［6］ Eisner 2001.

［7］ 另参见 Keeley 1996。

［8］ Burnham, Lafta, Doocy，and Roberts 2006. 另参见 Iraqi Family Health Survey Study Group 2008。

［9］ S. Tavernise, "Cycle of revenge fuels a pattern of Iraqi killings," *New York Times*，November 20，2006，2006 年 11 月 20 日检索自 www. nytimes. com/2006/11/20/world/middleeast/20revenge. htm。

［10］ Tavernise, "Cycle of revenge," 2006.

［11］ Aebi 2004；另参见 Europol 2005。

［12］ Long and Brecke 2003.

［13］ 例子见 Daye 2004；Tutu 1999。

［14］ Long and Brecke 2003, pp. 70，71.

［15］ Long and Brecke 2003, p. 71.

［16］ Moerk 2002；Scheff 2000.

［17］ 对于联合国在促进和重建和平方面的、组织上的限制，Boehm（2003）提供了一个出色的诊断，认为如果在组织上作些改变，或许会变得更有效率。

［18］ Long and Brecke 2003.

［19］ Lindskold and Aronoff 1980.

［20］ Auerbach 2004；Rouhana 2004.

［21］ Long and Brecke 2003，p. 114.

［22］ Cohen 2004.

［23］ Kurzban, Tooby，and Cosmides 2001.

［24］ Darwin 1952［1871］, p. 317.

［25］ Wright 2000.

257

［26］Singer 1981.

［27］Hewstone, Rubin, and Willis 2002；Pagel and Mace 2004；Pagel and Mace2004；Wrangham and Peterson 1996.

［28］Hewstone, Cairns, Voci, McLernon, Niens, and Noor 2004.

［29］Sherif, Harvey, White, Hood, and Sherif 1961.

［30］Hewstone, Rubin, and Willis 2002.

［31］Kurzban, Tooby, and Cosmides 2001.

［32］Hewstone, Cairns, Voci, Hamberger, and Niens 2006；Hewstone, Cairns, Voci, McLernon, Niens, and Noor 2004；Moeschberger, Dixon, Niens, and Cairns 2005.

［33］Richerson, Boyd, and Henrich 2003.

［34］Keeley 1996，p. 181.

［35］Wohl and Branscombe 2005.

［36］Gaertner, Dovidio, Banker, Houlette, Johnson, and McGlynn 2000；另参见 Hewstone, Rubin, and Willis2002 and Pettigrew 1998。

［37］H. S. Wong, "Youth program sows hope for conflict areas," *Washington Times*, November 8, 2006，2006 年 11 月 30 日检索自 www. seedsofpeace. org/site/News2?page＝NewsArticle&id＝8147。

第十章　神圣的宽恕与正义的复仇

［1］Hostetler 1993.

［2］D. B. Kraybill, "Forgiving is woven into life of Amish," *Philadelphia Inquirer*, October 8, 2006，2007 年 2 月 26 日检索自 www. philly. com/mld/inquirer/15698632. htm。

［3］R. Hampson, "Amish community unites to mourn slain schoolgirls," *USA Today*, November 5, 2006，2006 年 11 月 19 日检索自 www. usatoday. com/news/nation/2006-10-04-amish-shooting _ x. htm。

［4］Kraybill, "Forgiving is woven into life of Amish."

［5］关于布兰顿·比格斯的故事情节及引文取自：R. Blumenthal, "Victim's son is given award for forgiving father's murderer," *New York Times*, October 23, 2003，p. A26；以及 2007 年 2 月 28 日检索自 www. cbn. com/700club/features/amazing/forgive _brandon _biggs _112003. aspx。

［6］Rye and others 2000.

［7］Davis and Smith 1998.

［8］关于这些研究的一个评论，参见 McCullough, Bono, and Root 2005；以及 Tsang, McCullough, and Hoyt 2005。

［9］David and Choi 2006.

［10］Nisbet and Shanahan 2004.

［11］Smith 1991.

［12］"Osama bin Laden's letter to America," 2007 年 2 月 5 日检索自 http：//observer. guardian. co. uk/print/0,4552895110490,00. html。

［13］Kohut 2005.

［14］持副产品理论的有：Atran 2002，Boyer 2001，以及 Kirkpatrick 2005。

［15］我在此作了稍微细致的区分。关于后生适应较深入（专业性）的讨论，参见 Andrews, Gangestad，and Matthews 2002。

［16］Bering and Johnson 2005；Irons 2001；Sosis 2003；Wilson 2002.

［17］在接下来的一些论述中，我尽管会大量引用 David Sloan Wilson 2002，但仍打算充分说明 Wilson 用于如下思维的主要观念，即，自然选择可以作用于个人，也可以同样的方式作用于群体。而这一观念本身又依赖于另一观念——将由个人组成的群体视为某种"超级有机体"或"群体思维"，而不可化约为各部分的总和，这种看法是有意义的。在本书的范围内，难以恰当地说明这些问题，因此，我将在这一深奥的理论中漫游——其慢让你足以领略其概观，其快让我们不至于陷入其中无法自拔。

［18］许多伟大的思想家都致力于从福音书中挖掘关于耶稣的历史，但我们仍然无法确知哪些是事实，哪些是虚构。从在最肯定的意义上，我们或许可以认为，这些公元 1 世纪的文献与其说是严格意义上的历史记录，不如说是体现了耶稣及其优先考虑之事的早期基督教信仰。

［19］所有源自《圣经》的引用，均出自《新约》。

［20］Bond 1998.

［21］Wilson 2002，p. 216.

［22］Shriver 1995.

［23］Boster，Yost，and Peeke 2004.

［24］Boster，Yost，and Peeke 2004，p. 482.

［25］Boster，Yost，and Peeke 2004，p. 481.

［26］A. Warren，"Waorani — the saga of Ecuador's secret people：A historical perspective," 2002，2007 年 8 月 2 日检索自 www. lastrefuge. co. uk/data/articles/waorani _ page1. htm。

［27］Bushman，Ridge，Das，Key，and Busath 2007.

［28］Greer，Berman，Varan，Bobrycki，and Watson 2005.

［29］例见 Homerin 2006；Smith 1991。

［30］Juergensmeyer 2003；Smith 1991.

［31］Juergensmeyer 2003.

［32］参见 Asani 2003。

［33］Homerin 2006；Juergensmeyer 2003.

［34］J. Mann and R. L. Jackson, "Motive behind Trade Center bombing remains a mystery," *Los Angeles Times*, March 20, 1993, p. 16.

［35］Niebuhr 1937, p. 1391.

第十一章　宽恕的人类

［1］R. Conniff, "A vast garden of knowledge, still blooming today," *New York Times*, May 13, 2007, 2007 年 8 月 31 日检索自 http://travel. nytimes. com/2007/05/13/travel/13Footsteps. html?pagewanted＝print。

［2］Richerdson and Boyd 2005.

［3］Pagel and Mace 2004, p. 275.

［4］Richerdson and Boyd 2005, p. 5.

［5］de Waal and Johanowicz 1993.

［6］Richerdson and Boyd 2005.

［7］Weaver and de Waal 2003.

［8］Ljungberg and Westlund 2000.

260　　［9］Schijman 2005.

［10］Hayner 1994. 另参见 Gibson 2006；Long and Brecke 2003；以及 United States Institute of Peace, "Truth commissions digital collection," May 5, 2005, 2007 年 8 月 22 日检索自 www. usip. org/library/truth. html＃tc。

［11］Richerdson and Boyd 2005.

［12］Cohen, Nisbett, Bowdle, and Schwarz 1996.

［13］Cohen, Malka, Rozin, and Cherfas 2006.

［14］Nowak 2006.

［15］Nowak 2006, p. 1560.

［16］Wilson 2007.

［17］Michod and Nedelcu 2003.

［18］Michod and Nedelcu 2003.

［19］Morgan 1992；Ashli White, personal communication, August 24, 2007.

〔20〕引自 Morgan 1992，p. 6。

〔21〕United States Department of State1996；*Journals of the Continental Congress*，1774—*1789*，Thursday，July 4，1776，2007 年 8 月 28 日检索自 http：//memory. loc. gov/cgi-bin/query/r?ammem/hlaw：@field(DOCID＋@lit(jc00525))。

参考文献

261 [1] Aase, T. (2002a). Introduction: Honor and revenge in the contemporary world. In T. Aase (Ed.), *Tournaments of power: Honor and revenge in the contemporary world* (pp. 1-17). Burlington, VT: Ashgate.

[2] Aase, T. (Ed.). (2002b). *Tournaments of power: Honor and revenge in the contemporary world*. Burlington, VT: Ashgate.

[3] Aebi, M. (2004). Crime trends in Western Europe from 1990 to 2000. *European Journal on Criminal Policy and Research*, 10, 163-186.

[4] Allan, A., Allan, M. M., Kaminer, D., and Stein, D. J. (2006). Exploration of the association between apology and forgiveness amongst victims of human rights violations. *Behavioral Sciences and the Law*, 24, 87-102.

[5] Allport, G. W. (1950). A psychological approach to the study of love and hate. In P. A. Sorokin (Ed.), *Explorations in altruistic love and behavior* (pp. 145-164). Boston: Beacon Press.

[6] American Psychiatric Association. (1994). *Diagnostic and statistical manual of mental disorders* (4th ed.). Washington, DC: American Psychiatric Association.

[7] Anastasia, G. (1991). *Blood and honor: Inside the Scarfo mob—the Mafia's most violent family*. New York: Morrow.

[8] Anderson, C. A., and Bushman, B. J. (1997). External validity of "trivial" experiments: The case of laboratory aggression. *Review of General Psychology*, 1, 19-41.

[9] Anderson, E. (1999). *Code of the street*. New York: Norton.

[10] Anderson, M., and others. (2001). School-associated violent deaths in the United States, 1994-1999. *Journal of the American Medical Association*, 286, 2695-2702.

[11] Andrews, P. W., Gangestad, S. W., and Matthews, D. (2002). Adaptationism—How to carry out an exaptationist program. *Behavioral and Brain Sciences*, 25, 489-504.

[12] Arendt, H. (1958). *The human condition*. Chicago: University of Chicago Press.

[13] Arnold, J. C. (2003). *Why forgive?* Retrieved June 1, 2006, from www. Jesus. org. uk/vault/library/arnold _ jc _ why _ forgive. pdf.

〔14〕 Asani，A. S. （2003）. "So that you may know one another"：A Muslim American reflects 262
on pluralism and Islam. *Annals，AAPSS*，588，40-51.

〔15〕 Atran，S. （2002）. *In gods we trust：The evolutionary landscape of religion.* New York：
Oxford University Press.

〔16〕 Auerbach，Y. （2004）. The role of forgiveness in reconciliation. In Y. Bar-Simian-Tov
（Ed），*From conflict resolution to reconciliation* （pp. 146-175）. New York：Oxford University
Press.

〔17〕 Aureli，F. （1997）. Post-conflict anxiety in nonhuman primates：The mediating role of e-
motion in conflict resolution. *Aggressive Behavior*，23，315-328.

〔18〕 Aureli，F. ，Cozzolino，R. ，Cordischi，C. ，and Scucchi，S. （1992）. Kin-oriented redirec-
tion among Japanese macaques：An expression of a revenge system? *Animal Behaviour*，44，
283-291.

〔19〕 Aureli，F，and de Waal，F. B. M. （2000）. *Natural conflict resolution.* Berkeley：Univer-
sity of California Press.

〔20〕 Axelrod，R. （1984）. *The evolution of cooperation.* New York：Basic Books.

〔21〕 Axelrod，R. （1997）. *The complexity of cooperation：Agent-based models of competition
and collaboration.* Princeton，NJ：Princeton University Press.

〔22〕 Axelrod，R. ，and Dion，D. （1988）. The further evolution of cooperation. *Science*，242，
1385-1390.

〔23〕 Barker，J. （1995）. Memoir on the culture of the Waica. New Haven，CT：Human Rela-
tions Area Files. Originally published in *Boletín Indigenista Venezolano*，1953，1，433-489.

〔24〕 Batson，C. D. ，and Ahmad，N. （2001）. Empathy-induced altruism in a prisoner's dilem-
ma II：What if the target of empathy has defected? *European Journal of Social Psychology*，31，25-
36.

〔25〕 Batson，C. D. ，Ahmad，N. ，Lishner，D. A. ，and Tsang，J. （2002）. Empathy and altru-
ism. In C. R. Snyder and S. J. Lopez （Eds. ），*Handbook of positive psychology* （pp. 485-498）. New
York：Oxford University Press.

〔26〕 Batson，C. D. ，and Powell，A. A. （2003）. Altruism and prosocial behavior. In T. Millon
and M. J. Lerner （Eds. ），*Handbook of psychology：Vol. 5. Personality and social psychology*
（pp. 463-484）. Hoboken，NJ：John Wiley&Sons.

〔27〕 Baumeister，R. F. （1996）. *Evil：Inside human violence and cruelty.* New York：Freeman.

[28] Baumeister, R. F. , Stillwell, A. , and Wotman, S. R. (1990). Victim and perpetrator accounts of interpersonal conflict: Autobiographical narratives about anger. *Journal of Personality and Social Psychology*, 59, 994-1005.

[29] Bay, J. (2002). Honor and revenge in the culture of Danish outlaw bikers. In T. Aase (Ed.), *Tournaments of power: Honor and revenge in the contemporary world* (pp. 49-60). Burlington, VT: Ashgate.

263　[30] Bendor, J. , Kramer, R. M. , and Stout, S. (1991). When in doubt…Cooperation in a noisy prisoner's dilemma. *Journal of Conflict Resolution*, 35, 691-719.

[31] Bergen, P. (1970). On the obsolescence of the concept of honor: *European Journal of Sociology*, 11, 339-347.

[32] Bering, J. M. , and Johnson, D. D. P. (2005). "O Lord…You perceive my thoughts from afar": Recursiveness and the evolution of supernatural agency. *Journal of Cognation and Culture*, 5, 118-142.

[33] Berry, J. T. , Worthington, E. L. , Wade, N. G. , Witvliet, C. v. O. , and Keifer, R. (2005). Forgiveness, moral identity, and perceived justice in crime victims and their supporters. *Humboldt Journal of Social Relations*, 29, 136-162.

[34] Birditt, K. S. , and Fingerman, K. L. (2005). Do we get better at picking our battles? Age group differences in descriptions of behavior reactions to interpersonal tensions. *Journal of Gerontology: Psychological Sciences*, 60B, P121-P128.

[35] Birditt, K. S. , Fingerman, K. L. , and Almeida, D. M. (2005). Age differences in exposure and reactions to interpersonal tensions: A daily diary study. *Psychology and Aging*, 20, 330-340.

[36] Black, D. (1998). *The social structure of right and wrong* (Rev. ed.). San Diego, CA: Academic Press.

[37] Black-Michaud, J. (1975). *Cohesive force: Feud in the Mediterranean and the Middle East*. Oxford, U. K. : Basil Blackwell.

[38] Blainey, G. (1988). *The causes of war*. New York: Free Press.

[39] Blum-Kulka, S. , and Olshtain, E. (1984). Requests and apologies: A cross-cultural study of speech act realization patterns (CCSARP). *Applied Linguistics*, 5, 196-212.

[40] Boehm. C. (1987). *Blood revenge: The enactment and management of conflict in Monte-*

232

negro and other tribal societies (2nd ed.). Philadelphia: Universify of Pennsylvania Press.

［41］Boehm, C. (1999). *Hierarchy in the forest: The evolution of egalitarian behavior.* Cambridge, MA: Harvard University Press.

［42］Boehm, C. (2003). Global conflict resolution: An anthropological diagnosis of problems with world governance. In R. W. Bloom and N. Dess (Eds.), *Evolutionary psychology and violence: A primer for policymakers and public policy advocates* (pp. 203-237). Westport, CT: Praeger.

［43］Bond, H. K. (1998). *Pontius Pilate in history and interpretation.* New York: Cambridge University Press.

［44］Boster, J. S. , Yost, J. , and Peeke, C. (2004). Rage, revenge, and religion: Honest signaling of aggression and nonaggression in Waorani coalitional violence. *Ethos*, 31, 471-494.

［45］Bottom, W. P. , Gibson, K. , Daniels, S. E. , and Murnighan, J. K. (2002). When talk is not cheap: Substantive penance and expressions of intent in rebuilding cooperation. *Organization Science*, 13, 497-513.

［46］Boyd, R. , Gintis, H. , Bowles, S. , and Richerson, P. J. (2003). The evolution of altruistic punishment. *Proceedings of the National Academy of Sciences*, 100, 3531-3535.

［47］Boyd, R. , and Richerson, P. J. (1992). Punishment allows the evolution of cooperation (or anything else) in sizable groups. *Ethology and Sociobiology*, 13, 171-195.

［48］Boyer, P. (2001). *Religion explained: The evolutionary origins of religious thought.* New York: Basic Books.

［49］Bradfield, M. , and Aquino, K. (1999). Effects of blame attributions and offender likeableness on forgiveness and revenge in the workplace. *Journal of Management*, 25, 607-631.

［50］Brezina, T. , Agnew, R. , Cullen, F. T. , and Wright, J. P. (2004). The code of the street: A quantitative assessment of Elijah Anderson's subculture of violence thesis and its contribution to youth violence research. *Youth Violence and Juvenile Justice*, 2, 303-328.

［51］Brody, J. F. (2001). Evolutionary recasting: ADHD, mania and its variants. *Journal of Affective Disorders*, 65, 197-205.

［52］Brown, B. R. (1968). The effects of need to maintain face on interpersonal bargaining. *Journal of Experimental Social Psychology*, 4, 107-122.

［53］Brown, C. H. (1989). The acoustic ecology of East African primates and the perception of vocal signals by grey-cheeked mangabeys and blue monkeys. In R. J. Dooling and S. H. Hulse (Eds.), *The comparative psychology of audition: Perceiving complex sounds* (pp. 201-239). Hillsdale, NJ:

Lawrence Erlbaum Associates.

[54] Brown, D. E. (1991). *Human universals*. Boston: McGraw-Hill.

[55] Bureau of Alcohol, Tobacco and Firearms. (1999). *Arson and explosives incidents report*, 1997 (No. ATF P 3320. 4)

[56] Burnham, G., Lafta, R., Doocy, S., and Roberts, L. (2006). Mortality after the 2003 invasion of Iraq: A cross-sectional cluster sample survey. *Lancet*, 368, 1421-1428.

[57] Bushman, B. J., Baumeister, R. F., and Phillips, C. M. (2001). Do people aggress to improve their mood? Catharsis beliefs, affect regulation opportunity, and aggressive responding. *Journal of Personality and Social Psychology*, 81, 17-32.

[58] Bushman, B. J., Ridge, R. D., Das, E., Key, G. W., and Busath, G. M. (2007). When God sanctions killing: Effect of scriptural violence on aggression. *Psychological Science*, 18, 204-207.

[59] Buss, D. M. (1999). Human nature and individual differences: The evolution of human personality. In L. A. Pervin and O. P. John (Eds.), *Handbook of personality: Theory and research* (2nd ed., pp. 31-56). New York: Guilford.

[60] Buss, D. M., Haselton, M. G., Shackelford, T. K., Bleske, A. L., and Wakefield, J. C. (1998). Adaptations, exaptations, and spandrels. *American Psychologist*, 53, 533-548.

[61] Butler, J. (1970). *Fifteen sermons preached at Rolls Chapel*. London: SPCK. Originally published in 1726.

[62] Butovskaya, M. L., Boyko, E. Y., Selverova, N. B., and Ermakova, I. V. (2005). The hormonal basis of reconciliation in humans. *Journal of Physiological Anthropology and Applied Human Science*, 24, 333-337.

[63] Butovskaya, M., Verbeek, P., Ljungberg, T., and Lunardini, A. (2000). A multicultural view of peacemaking among young children. In F. Aureli and F. B. M. de Waal (Eds.), *Natural conflict resolution* (pp. 243-258). Berkeley: University of California Press.

[64] Cacioppo, J. T., Visser, P. S., and Pickett, C. L. (2006). *Social neuroscience: People thinking about people*. Cambridge, MA: MIT Press.

[65] Calame-Griaule, G. (1986). *Words and the Dogon world*. Philadelphia: Institute for the Study of Human Issues.

[66] Call, J., Aureli, F., and de Waal, F. B. M. (1999). Reconciliation patterns among stumptailed macaques: A multivariate approach. *Animal Behaviour*, 58, 165-172.

265

［67］ Carcach, C. (1997). *Youth as victims and offenders of homicide* (No. 73). Canberra: Australian Institute of Criminology.

［68］ Cardona, M. , and others. (2005). Homicides in Medellin, Colombia, from 1990 to 2002: Victims, motives, and circumstances. *Cadernos de Salude Publica*, *Rio de Janeiro*, 21, 840-851.

［69］ Cardozo, B. L. , Kaiser, R. , Gotway, C. A. , and Agani, F. (2003). Mental health, social functioning, and feelings of hatred and revenge of Kosovar Albanians one year after the war in Kosovo. *Journal of Traumatic Stress*, 16, 351-360.

［70］ Cardozo, B. L. , Vergara, A. , Agani, F. , and Gotway, C. A. (2000). Mental health, social functioning, and attitudes of Kosovar Albanians following the war in Kosovo. *Journal of the American Medical Association*, 284, 569-577.

［71］ Carlson, M. , and Miller, N. (1988). Bad experiences and aggression. *Sociology and Social Research*, 72, 155-158.

［72］ Chagnon, N. (1988). Life histories, blood revenge, and warfare in a tribal population. *Science*, 239, 985-992.

［73］ Chagnon, N. (1992). *Yanomamö: The fierce people* (4th ed.). Fort Worth, TX: Harcourt Brace Jovanovich College Publishers.

［74］ Cheney, D. L. , Seyfarth, R. M. , and Silk, J. B. (1995). The role of grunts in reconciling opponents and facilitating interactions among adult female baboons. *Animal Behaviour*, 50, 249-257.

［75］ Chu, R. , Rivera, C. , and Loftin, C. (2000). Herding and homicide: An examination of the Nisbett-Reaves hypothesis. *Social Forces*, 78, 971-987.

［76］ Clark, A. J. (2005). Forgiveness: A neurological model. *Medical Hypotheses*, 65, 649-654.

［77］ Glutton-Brock, T. H. , and Parker, G. A. (1995). Punishment in animal societies. *Nature*, 373, 209-216.

［78］ Cohen, A. B. , Malka, A. , Rozin, P. , and Cherfas, L. (2006). Religion and unforgivable offenses. *Journal of Personality*, 74, 85-117.

［79］ Cohen, D. , Nisbett, R. E. , Bowdle, B. F. , and Schwarz, N. (1996). Insult, aggression, and the Southern culture of honor: An "experimental ethnography. " *Journal of Personality and Social Psychology*, 70, 945-960.

［80］ Cohen, R. (2004). Apology and reconciliation in international relations. In Y. Bar-Simian-Tov (Ed.), *From conflict resolution to reconciliation* (pp. 177-195). New York: Oxford University

266

Press.

[81] Cords, M. , and Thurnheer, S. (1993). Reconciliation with valuable partners by long-tailed macaques. *Ethology*, 93, 315-325.

[82] Crombag, H. , Rassin, E. , and Horselenberg, R. (2003). On vengeance. *Psychology, Crime and Law*, 9, 333-344.

[83] Daly, M. , andWilson, M. (1988). *Homicide*. New York: Aldine de Gruyter.

[84] Daly, M. , and Wilson, M. I. (1994). Some differential attributes of lethal assaults on small children by stepfathers versus genetic fathers. *Ethology and Sociobiology*, 15, 207-217.

[85] Darwin, C. (1952). *The descent of man, and selection in relation to sex*. Chicago: University of Chicago Press. Originally published in 1871.

[86] David, R. , and Choi, S. Y. P. (2006). Forgiveness and transitional justice in the Czech Republic. *Journal of Conflict resolution*, 50, 339-367.

[87] Davis, J. A. , and Smith, T. W. (1998). General Social Survey. Retrieved December 30, 2002, from www. thearda. com/archive/codebooks/gss1998cb. html.

[88] Davis, J. A. , Smith, T. W. , and Marsden, P. V. (2002). *General Social Survey* 2000. Chicago: National Opinion Research Center.

[89] Daye, R. (2004). *Political forgiveness: Lessons from South Africa*. Maryknoll, NY: Orbis.

[90] de Jong, P. J. , Peters, M. L. , and de Cremer, D. (2003). Blushing may signify guilt: Revealing effects of blushing in ambiguous social situations. *Motivation and Emotion*, 27, 225-249.

[91] de Quervain, D. J.-F. , and others. (2004). The neural basis of altruistic punishment. *Science*, 305, 1254-1258.

267　　[92] de Waal, F. B. M. (1989). *Peacemaking among primates*. Cambridge, MA: Harvard University Press.

[93] de Waal, F. B. M. (1996). *Good natured: The origins of right and wrong in humans and other animals*. Cambridge, MA: Harvard University Press.

[94] de Waal, F. B. M. (2000). The first kiss: Foundations of conflict resolution research in animals. In F. Aureli and F. B. M. de Waal (Eds.), *Natural conflict resolution* (pp. 15-33). Berkeley: University of California Press.

[95] de Waal, F. B. M. (2001). *The ape and the sushi master: Cultural reflections of a primatologist*. New York: Basic Books.

[96] de Waal, F. B. M. (2002). Evolutionary psychology: The wheat and the chaff. *Current Directions in Psychological Science*, 11, 187-191.

[97] de Waal, F. B. M. , and Johanowicz, D. L. (1993). Modification of reconciliation behavior through social experience: An experiment with two macaque species. *Child Development*, 64, 897-908.

[98] de Waal, F. B. M. , and Luttrell, L. M. (1988). Mechanisms of social reciprocity in three primate species: Symmetrical relationship characteristics or cognition? *Ethology and Sociobiology*, 9, 109-118.

[99] de Waal, F. B. M. , and Pokorny, J. J. (2005). Primate conflictand its relation to human forgiveness. In E. L. Worthington (Ed.), *Handbook of forgiveness* (pp. 17-32). New York: Routledge.

[100] de Waal, F. B. M. , and Ren, R. (1988). Comparison of the reconciliation behavior of stumptail and rhesus macaques. *Ethology*, 78, 129-142.

[101] de Waal, F. B. M. , and van Roosmalen, A. (1979). Reconciliation and consolation among chimpanzees. *Behavioral Ecology and Sociobiology*, 5, 55-66.

[102] Diamond, S. R. (1977). The effect of fear on the aggressive responses of anger aroused and revenge motivated subjects. *Journal of Psychology*, 95, 185-188.

[103] Dobzhansky, T. (1973). Nothing in biology makes sense except in the light of evolution. *American Biology Teacher*, 35, 125-129.

[104] Dooley, E. (2001). *Homicide in Ireland 1992-1996* (No. 9435). Dublin: Government of Ireland

[105] Dugatkin, L. A. (1988). Do guppies play tit-for-tat during predator inspection visits? *Behavioral Ecology and Sociobiology*, 25, 395-399.

[106] Dugatkin, L. A. (1991). Dynamics of the TIT FOR TAT strategy during predator inspection in the guppy (Poecilia reticulata). *Behavioral Ecology and Sociobiology*, 29, 127-132.

[107] Dugatkin, L. A. , and Alfieri, M. (1992). Interpopulation differences in the use of the tit-for-tat strategy during predator inspection in the guppy, Poecilia reticulata. *Evolutionary Ecology*, 6, 519-526.

[108] Dunbar, R. I. M. (1996). *Grooming, gossip, and the evolution of language*. Cambridge, MA: Harvard University Press.

[109] Dunbar, R. I. M. (2003). The social brain: Mind, language, and society in evolutionary

268

237

perspective. *Annual Review of Anthropology*, 32, 163-181.

[110] Dunbar, R. I. M. , Clark, A. , and Hurst, N. L. (1995). Conflict and cooperation among the Vikings: Contingent behavioral decisions. *Ethology and Sociobiology*, 16, 233-246.

[111] Eaton, J. , and Struthers, C. W. (2006). The reduction of psychological aggression across varied interpersonal contexts through repentance and forgiveness. *Aggressive Behavior*, 32, 195-206.

[112] Eisenberger, N. I. , and Lieberman, M. D. (2004). Why rejection hurts: A common neural alarm system for physical and social pain. *TRENDS in Cognitive Sciences*, 8, 294-300.

[113] Eisenberger, N. I. , Lieberman, M. D. , and Williams, K. D. (2003). Does rejection hurt? An fMRI study of social exclusion. *Science*, 302, 290-292.

[114] Eisner, M. (2001). Modernization, self-control, and lethal violence. *British Journal of Criminology*, 41, 618-638.

[115] Elias, N. (1969). *The civilizing process* (Vol. 2, E. Jephcott, Trans.). New York: Pantheon.

[116] Ember, C. R. (1978). Myths about hunter-gatherers. *Ethnology*, 17, 439-448.

[117] Enright, R. D. , Freedman, S. R. , and Rique, J. (1998). The psychology of interpersonal forgiveness. In R. D. Enright and J. North (Eds.), *Exploring forgiveness* (pp. 46-62). Madison: University of Wisconsin Press.

[118] Europol. (2005). 2005 *EU organized crime report: Public version*. The Hague: Council of the European Union.

[119] Exline, J. J. , DeShea, L. , and Holeman, V. T. (2007). Is apology worth the risk? Predictors, outcomes, and ways to avoid regret. *Journal of Social and Clinical Psychology*, 26, 479-504.

[120] Federal Bureau of Investigation. (2006). *Crime in the United States: Uniform crime reports for the United States* 2005. Washington, DC: Federal Bureau of Investigation.

[121] Fehr, E. , and Gächter, S. (2002). Altruistic punishment in humans. *Nature*, 415, 137-140.

[122] Felson, R. B. (1982). Impression management and the escalation of aggression and violence. *Social Psychology Quarterly*, 45, 245-254.

[123] Finkel, E. J. , Rusbult, C. E. , Kumashiro, M. , and Hannon, P . A. (2002). Dealing with a betrayal in close relationships: Does commitment promote forgiveness? *Journal of Personality*

and Social Psychology, 82，956-974.

[124] Flaxman，S. M.，and Sherman，P. W. （2000）. Morning sickness: A mechanism for pro- *269*
tecting mother and embryo. *Quarterly Review of Biology*, 75，113-148.

[125] Fletcher，R. （2003）. *Bloodfeud: Murder and revenge in Anglo-Saxon England*. New
York: Oxford University Press.

[126] Ford，R.，and Blegen，M. A. （1992）. Offensive and defensive use of punitive tactics in
explicit bargaining. *Social Psychology Quarterly*, 55，351-362.

[127] Frean，M. R. （1994）. The prisoner's dilemma without synchrony. *Proceedings of the
Royal Society of London*, *Series B—Biological Sciences*, 257，75-79.

[128] Frijda，N. H. （1994）. The lex talionis: On vengeance. In S. H. M. van Goozen，
N. E. Van de Poll，and J. A. Sargeant （Eds.），*Emotions: Essays on emotion theory* （pp. 263-289）.
Hillsdale，NJ: Lawrence Erlbaum Associates.

[129] Fry，D. P. （2000）. Conflict management in cross-cultural perspective. In F. Aureli and
F. B. M. de Waal （Eds.），*Natural conflict resolution* （pp. 334-351）. Berkeley: University of Cali-
fornia Press.

[130] Fry，D. P. （2006）. *The human potential for peace*. New York: Oxford University
Press.

[131] Fujisawa，K. K.，Kutsukake，N.，and Hasegawa，T. （2005）. Reconciliation pattern af-
ter aggression among Japanese preschool children. *Aggressive Behavior*, 31，138-152.

[132] Gaertner，S. L.，Dovidio，J. F.，Banker，B. S.，Houlette，M.，Johnson，K. M.，and
McGlynn，E. A. （2000）. Reducing intergroup conflict: From superordinate goals to decategoriza-
tion，recategorization，and mutual differentiation. *Group dynamics: Theory*, *research*, *and practice*,
4，98-114.

[133] Gangestad，S. W.，Thornhill，R.，and Garver-Apgar，C. E. （2005）. Adaptations to o-
vulation. In D. M. Buss （Ed.），*Handbook of evolutionary psychology* （pp. 344-371）. Hoboken，
NJ: John Wiley&Sons.

[134] Gaylord，M. S.，and Galligher，J. F. （1994）. Death penalty politics and symbolic law in
Hong Kong. *International Journal of the Sociology of Law*, 22，19-37.

[135] General Accounting Office. （2007）. *Military operations: The Department of Defense's
uses of sotatia and condolence payments in Iraq and Afghanistan* （No. GAO-07-699）. Washington，
DC: United States Government Accounting Office.

239

[136] Geronimo. (1983). *Geronimo's story of his life.* New York: Irvington. Originally published in 1906.

[137] Giancola, P. R. (2000). Executive functioning: A conceptual framework for alcohol-related aggression. *Experimental and Clinical Psychopharmacology*, 8, 576-597.

270   [138] Giancola, P. R. (2003). The moderating effects of dispositional empathy on alcohol-related aggression in men and women. *Journal of Abnormal Psychology*, 112, 275-281.

[139] Gibson, J. L. (2006). The contributions of truth to reconciliation: Lessons from South Africa. *Journal of Conflict Resolution*, 50, 409-432.

[140] Godfray, H. C J. (1992). The evolution of forgiveness. *Nature*, 355, 206-207.

[141] Gold, G. J., and Weiner, B. (2000). Remorse, confession, group identity, and expectancies about repeating a transgression. *Basic and Applied Social Psychology*, 22, 291-300.

[142] Gordon, K. C., Burton, S., and Porter, L. (2004). Predicting the intentions of women in domestic violence shelters to return to partners: Does forgiveness play a role? *Journal of Family Psychology*, 18, 331-338.

[143] Gorsuch, R. L., and Hao, J. Y. (1993). Forgiveness: An exploratory factor analysis and its relationships to religious variables. *Review of Religious Research*, 34, 333-347.

[144] Greer, T., Berman, M., Varan, V., Bobrycki, L., and Watson, S. (2005). We are a religious people; we are a vengeful people. *Journal for the Scientific Study of Religion*, 44, 45-57.

[145] Grim, P. (1995). The greater generosity of the spatialized prisoner's dilemma. *Journal of Theoretical Biology*, 108, 353-359.

[146] Grim, P. (1996). Spatialization and greater generosity in the stochastic prisoner's dilemma. *BioSystems*, 37, 3-17.

[147] Gürerk, O., Irlenbusch, B., and Rockenbach, B. (2006). The competitive advantage of sanctioning institutions. *Science*, 312, 108-111.

[148] Haidt, J. (2001). The emotional dog and its rational tail: A social intuitionist approach to moral judgment. *Psychological Review*, 108, 814-834.

[149] Haidt, J., Sabini, J., and Worthington, E. L. (n. d.). *What exactly makes revenge sweet?* Unpublished manuscript, Charlottesville, VA.

[150] Handel, S. (1989). *Listening: An introduction to the perception of auditory events.* Cambridge, MA: MIT Press.

[151] Hareli, S. (2005). Accounting for one's behavior: What really determines its effective-

ness? Its type or its content? *Journal for the Theory of Social Behavior*, 35, 359-372

[152] Harmon-Jones, E., and Sigelman, J. (2001). State anger and prefrontal brain activity: Evidence that insult-related relative left prefrontal activity is associated with experienced anger and aggression. *Journal of Personality and Soceal Psychology*, 80, 797-803.

[153] Harmon-Jones, E., Vaughn-Scott, K., Mohr, S., Sigelman, J., and Harmon-Jones, C. (2004). The effect of manipulated sympathy and anger on left and right frontal cortical activity. *Emotion*, 4, 95-101.

[154] Hauert, C., and Schuster, H. G. (1998). Extending the iterated prisoner's dilemma without synchrony. *Journal of Theoretical Biology*, 192, 155-166.

[155] Hayner, P. B. (1994). Fifteen truth commissions—1974-1994: A comparative study. *Human Rights Quarterly*, 16, 597-655.

[156] Henrich, J., and others. (2006). Costly punishment across human societies. *Science*, 312, 1767-1770.

[157] Hewstone, M., Cairns, E., Voci, A., Hamberger, J., and Niens, U. (2006). Intergroup contact, forgiveness, and experience of "the troubles" in Northern Ireland. *Journal of Social Issues*, 62, 99-120.

[158] Hewstone, M., Cairns, E., Voci, A., McLernon, F., Niens, U., and Noor, M. (2004). Intergroup forgiveness and guilt in Northern Ireland: Social psychological dimensions of "the troubles". In N. R. Branscombe and B. Doosje (Eds.), *Collective guilt: International perspectives* (pp. 193-215). New York: Cambridge University Press.

[159] Hewstone, M., Rubin, M., and Willis, H. (2002). Intergroup bias. *Annual Review of Psychology*, 53, 575-604.

[160] Hickson, L. (1986). The social contexts of apology in dispute settlement: A cross-cultural study. *Ethnology*, 25, 283-294.

[161] Homerin, T. E. (2006). Islam: What it is and how it has interacted with Western civilization. In J. Neusner (Ed.), *Religious foundations of Western civilization* (pp. 105-158). Nashville: Abingdon Press.

[162] Hoover, J. P., and Robinson, S. K. (2007). Retaliatory mafia behavior by a parasitic cowbird favors host acceptance of parasitic eggs. *Proceedings of the National Academy of Sciences*, 104, 4479-4483.

[163] Hoppe, D. (2003). Still Vonnegut after all these years. *Utne Reader*, May-June, pp. 86-

271

89.

[164] Horney, K. (1948). The value of vindictiveness. *American Journal of Psychoanalysis*, 8, 3-12.

[165] Hostetler, J. A. (1993). *Amish society* (4th ed.). Baltimore: Johns Hopkins University Press.

[166] Hruschka, D. J., and Henrich, J. (2006). Friendship, cliquishness, and the emergence of cooperation. *Journal of Theoretical Biology*, 239, 1-15.

[167] Iraq Family Health Survey Study Group (2008). Violence-related mortality in Iraq from 2002 to 2006. *New England Journal of Medicine*, 358, 484-493.

[168] Irons, W. (2001). Religion as a hard-to-fake sign of commitment. In R. M. Nesse (Ed.), *The evolution of commitment* (pp. 292-309). New York: Russell Sage Foundation.

[169] Jacobs, B. A. (2004). A typology of street criminal retaliation. *Journal of Research in Crime and Delinquency*, 41, 295-323.

[170] Jacoby, S. (1983). *Wild justice: The evolution of revenge*. New York: Harper and Row.

[171] Jampolsky, G. G., and Walsch, N. D. (1999). *Forgiveness: The greatest healer of all*. Hillsboro, OR: Beyond Words.

[172] Juergensmeyer, M. (2003). *Terror in the mind of God: The global rise of religious violence* (3rd ed.). Berkeley: University of California Press.

[173] Kadiangandu, J. K., Mullet, É., and Vinsonneau, G. (2001). Forgivingness: A Congo-France comparison. *Journal of Cross-Cultural Psychology*, 32, 504-511.

[174] Kaplan, E. H., Mintz, A., Mishal, S., and Samban, C. (2005). What happened to suicide bombings in Israel? Insights from a terror stockmodel. *Studies in Conflict and Terrorism*, 28, 225-235.

[175] Karremans, J. C., and Van Lange, P. A. M. (2004). Back to caring after being hurt: The role of forgiveness. *European Journal of Social Psychology*, 34, 207-227.

[176] Karremans, J. C., Van Lange, P. A. M., Ouwerkerk, J. W., and Kluwer, E. S. (2003). When forgiving enhances psychological well-being: The role of interpersonal commitment. *Journal of Personality and Social Psychology*, 84, 1011-1026.

[177] Katsukake, N., and Castles, D. L. (2004). Reconciliation and post-conflict third-party affiliation among wild chimpanzees in the Mahale Mountains, Tanzania. *Primates*, 45, 157-165.

[178] Keeley, L. H. (1996). *War before civilization*. New York: Oxford University Press.

[179] Kelly, R. C. (2003). *Warless societies and the origin of war*. Ann Arbor: University of Michigan Press.

[180] Keltner, D., Young, R. C., and Buswell, B. N. (1997). Appeasement in human emotion, social practice, and personality. *Aggressive Behavior*, 23, 359-374.

[181] Kim, S. H., Smith, R. H., and Brigham, N. L. (1998). Effects of power imbalance and the presence of third parties on reactions to harm: Upward and downward revenge. *Personality and Social Psychology Bulletin*, 24, 353-361.

[182] Kimmel, M. S., and Mahler, M. (2003). Adolescent masculinity, homophobia and violence: Random school shootings, 1982-2001. *Amerecan Behavioral Scientist*, 46, 1439-1458.

[183] King-Casas, B., Tomlin, D., Anen, C., Camerer, C. F., Quartz, S. R., and Montague, P. R. (2005). Getting to know you: Reputation and trust in a two-person economic exchange. *Science*, 308, 78-83.

[184] Kirkpatrick, L. A. (2005). *Attachment, evolution, and the psychology of religion*. New York: Guilford.

[185] Knutson, B. (2004). Sweet revenge? *Science*, 305, 1246-1247.

[186] Knutson, B., and Wimmer, G. E. (2007). Reward: Neural circuitry for social valuation. In E. Harmon-Jones and P. Winkielman (Eds.), *Fundamentals of social neuroscience* (pp. 157-175). New York: Guilford.

[187] Köhler, W. (1956). *The mentality of apes*. New York: Vintage Books.

[188] Kohut, A. (2005). *Support for terror wanes among Muslim publics*. Washington, DC: *273* Pew Global Attitudes Project.

[189] Korchmaros, J. D., and Kenny, D. A. (2001). Emotional closeness as a mediator of the effect of genetic relatedness on altruism. *Psychological Science*, 12, 262-265.

[190] Koski, S. E., Koops, K., and Sterck, E. H. M. (2007). Reconciliation, relationship quality, and postconflict anxiety: Testing the integrated hypothesis in captive chimpanzees. *American Journal of Primatology*, 69, 158-172.

[191] Krishnan, V. (1993). Religious homogamy and voluntary childlessness in Canada. *Sociological Perspectives*, 36, 83-93.

[192] Kubrin, C. E., and Weitzer, R. (2003). Retaliatory homicide: Concentrated disadvantage and neighborhood culture. *Social Problems*, 50, 157-180.

[193] Kurzban, R., DeScioli, P., and O'Brien, E. (2007). Audience effects on moralistic punishment. *Evolution and Human Behavior*, 28, 75-84.

[194] Kurzban, R. O., Tooby, J., and Cosmides, L. (2001). Can race be erased? Coalitional computation and social categorization. *Proceedings of the National Academy of Sciences*, 98, 15387-15392.

[195] Kuschel, R. (1988). *Vengeance is their rely: Blood feuds and homicides on Bellona Island, part Ⅰ: Conditions underlying generations of bloodshed.* Copenhagen: Dansk Psykologisk Forlag.

[196] Lawler, K. A., and others. (2003). A change of heart: Cardiovascular correlates of forgiveness in response to interpersonal conflict. *Journal of Behavioral Medicine*, 26, 373-393.

[197] Lazare, A. (2004). *On apology.* New York: Oxford University Press.

[198] Le Blanc, S. A., and Register, K. E. (2003). *Constant battles: The myth of the peaceful, noble savage.* New York: St. Martin's Press.

[199] Lerner, J. S., and Keltner, D. (2000). Beyond valence: Toward a model of emotion-specific influences on judgement and choice. *Cognition and Emotion*, 14, 473-493.

[200] Lerner, J. S., and Keltner, D. (2001). Fear, anger, and risk. *Journal of Personality and Social Psychology*, 81, 146-159.

[201] Lindskold, S., and Aronoff, J. (1980). Conciliatory strategies and relative power. *Journal of Experimental Social Psychology*, 16.

[202] Ljungberg, T., Horowitz, L., Jansson, L., Westlund, K, and Clarke, C. (2005). Communicative factors, conflict progression, and use of reconciliatory strategies in pre-school boys—a series of random events or a sequential process? *Aggressive Behavior*, 31, 303-323.

[203] Ljungberg, T., and Westlund, K. (2000). Impaired reconciliation in rhesus macaques with a history of early weaning and disturbed socialization. *Primates*, 41, 79-88.

[204] Lodge, O. (1941). *Peasant life in Jugvslavia.* London: Seeley, Service and Co.

[205] Long, W. J., and Brecke, P. (2003). *War and reconciliation: Reason and emotion in conflict resolution.* Cambridge, MA: MIT Press.

[206] Marlatt, G. A., Kosturn, C. F., and Lang, A. R. (1975). Provocation to anger and opportunity for retaliation as determinants of alcohol consumption in social drinkers. *Journal of Abnormal Psychology*, 84, 652-659.

[207] Marongiu, P., and Newman, G. R. (1987). *Vengeance: The fight against injustice.*

274

Totowa, NJ: Rowman and Littlefield.

[208] McCullough, M. E. , Bellah, C. G. , Kilpatrick, S. D. , and Johnson, J. L. (2001). Vengefulness: Relationships with forgiveness, rumination, well-being, and the Big Five. *Personality and Social psychology Bulletin*, 27, 601-610.

[209] McCullough, M. E. , Bono, G. B. , and Root, L. M. (2005). Religion and forgiveness. In R. Paloutzian and C. Park (Eds.), *Handbook of the psychology of religion and spirituality* (pp. 394-411). New York: Guilford.

[210] McCullough, M. E. , Emmons, R. A. , Kilpatrick, S. D. , and Mooney, C. N. (2003). Narcissists as "victims": The role of narcissism in the perception of transgressions. *Personality and Social Psychology Bulletin*, 29, 885-893.

[211] McCullough, M. E. , Rachal, K. C. , Sandage, S. J. , Worthington, E. L. , Brown, S. W. , and Hight, T. L. (1998). Interpersonal forgiving in close relationships. II: Theoretical elaboration and measurement. *Journal of Personality and Social Psychology*, 75, 1586-1603.

[212] McCullough, M. E. , Worthington, E. L. , and Rachal, K. C. (1997). Interpersonal forgiving in close relationships. *Journal of Personality and Social Psychology*, 73, 321-336.

[213] McGee, J. P. , and DeBernardo, C. R. (1999). The classroom avenger. *Forensic Examiner*, 8, 16-18.

[214] Michod, R. E. , and Nedelcu, A. M. (2003). On the reorganization of fitness during evolutionary transitions in individuality. *Integrative and Comparative Biology*, 43, 64-73.

[215] Milinski, M. (1987) . Tit-for-tat in sticklebacks and the evolution of cooperation. *Nature*, 325, 433-435.

[216] Miller, D. T. (2001). Disrespect and the experience of injustice. *Annual Review of Psychology*, 52, 527-553.

[217] Miller, T. Q. , Smith, T. W. , Turner, C. W. , Guijarro, M. L. , and Hallet, A. J. (1996). A meta-analytic review of research on hostility and physical health. *Psychological Bulletin*, 119, 322-348.

[218] Moerk, E. L. (2002). Scripting war-entry to make it appear unavoidable. *Peace and Conflict: Journal of Peace Psychology*, 8, 229-248.

[219] Moeschberger, S. L. , Dixon, D. N. , Niens, U. , and Cairns, E. (2005). Forgiveness in Northern Ireland: A model for peace in the midst of the "troubles. " *Peace and Conflict: Journal of Peace Psychology*, 11, 199-124.

275

[220] Morgan, E. S. (1992). *The birth of the republic*: 1763-1789 (3rd ed.). Chicago: University of Chicago Press.

[221] Morris, C. J. (1992). *Marriage and murder in eleventh-century Northumbria*: *A study of* "*De Obsessione Dunelmi* " (*Borthmick Paper No.* 82) . York, England: Borthwick Institute of Historical Research, University of York.

[222] Mullet, É. , Houdbine, A. , Laumonier, S. , and Girard, M. (1998). "Forgivingness": Factor structure in a sample of young, middleaged, and elderly adults. *European Psychologist*, 3, 289-297.

[223] Murphy, J. G. (2003). *Getting even*: *Forgiveness and its Limits*. New York: Oxford University Press.

[224] Nadler, A. , and Liviatan, I. (2006). Intergroup reconciliation: Effects of adversary's expressions of empathy, responsibility, and recipients' trust. *Personality and Social Psychology Bulletin*, 32, 459-470.

[225] Nansel, T. R. , Overpeck, M. , Pilla, R. S. , Ruan, W. J. , Simons-Morton, B, and Scheidt, P. (2001). Bullying behaviors among U. S. youth: Prevalence and association with psychosocial adjustment. *Journal of the American Medical Association*, 285, 2094-2100.

[226] Newberg, A. B. , d'Aquili, E. G. , Newberg, S. K. , and deMarici, V. (2000). The neuropsychological correlates of forgiveness. In M. E. McCullough, K. I. Pargament, and C. E. Thoresen (Eds.), *Forgiveness*: *Theory*, *research*, *and practice* (pp. 91-110). New York: Guilford.

[227] Niebuhr, R. (1937, November 10). Japan and the Christian conscience. *Christian Century*, 1390-1391.

[228] Nisbet, E. C. , and Shanahan, J. (2004). *MSRG special report*: *Restrictions on civil liberties*, *views of Islam*, *and Muslim Amerecans*. Ithaca, NY: Media and Society Research Group.

[229] Nisbett, R. E. , and Cohen, D. (1996). *Culture of honor*: *The psychology of violence in the South*. Boulder, CO: Westview.

[230] Nowak, M. (2006). Five rules for the evolution of cooperation. *Science*, 314, 1560-1563.

[231] Nowak, M. , and Sigmund, K. (1992). Tit for tat in heterogeneous populations. *Nature*, 355, 250-252.

[232] Nowak, M. , and Sigmund, K. (1993). A strategy of win-stay, lose-shift that outperforms tit-for-tat in the prisoner's dilemma game. *Nature*, 364, 56-58.

[233] Nowak, M. , and Sigmund, K. (1994). The alternating prisoner's dilemma. *Journal of Theo-*

retical Biology, 168, 219-226.

[234] O'steen, S. , Cullum, A. J. , and Bennett, A. F. (2002). Rapid evolution of escape ability in Trinidadian guppies (Poecilia reticulata). Evolution, 56, 776-784.

[235] Ohbuchi, K. , Kameda, M. , and Agarie, N. (1989). Apology as aggression control: Its *276* role in mediating appraisal of and response to harm. *Journal of Personality and Social Psychology*, 56, 219-227.

[236] Öhman, A. , and Mineka, S. (2003). The malicious serpent: Snakes as a prototypical stimulus for an evolved module of fear. *Current Directions in Psychological Science*, 12, 5-9.

[237] Ohtsuki, H. , and Iwasa, Y. (2004). How should we define goodness? —Reputation dynamics in indirect reciprocity. *Journal of Theoretical Biology*, 231, 107-120.

[238] Ohtsuki, H. , and Iwasa, Y. (2006). The leading eight: Social norms that can maintain cooperation by indirect reciprocity. *Journal of Theoretical Biology*, 239, 435-444.

[239] Olshtain, E. (1989). Apologies across languages. In S. Blum-Kulka, J. House, and G. Kasper (Eds.), *Cross-cultural pragmatics: Requests and apologies* (pp. 155-173). Norwood, NJ: Ablex.

[240] Orcutt, H. K. (2006). The prospective relationship of interpersonal forgiveness and psychological distress symptoms among college women. *Journal of Counseling Psycholopy*, 53, 350-361.

[241] Orth, U. , Montada, L. , and Maercker, A. (2006). Feelings of revenge, retaliation motive, and posttraumatic stress reactions in crime victims. *Journal of Interpersonal Violence*, 21, 229-243.

[242] Otterbein, K. F. , and Otterbein, C. S. (1965). An eye for an eye, a tooth for a tooth: A cross-cultural study of feuding. *American Anthropologist*, 67, 1470-1482.

[243] Pagel, M. , and Mace, R. (2004). The cultural wealth of nations. *Nature*, 428, 275-278.

[244] Panksepp, J. (1998). *Affective neuroscience: The foundations of human and animal emotions.* New York: Oxford University Press.

[245] Pape, R. A. (2005). *Dying to win: The strategic logic of suicide terrorism.* New York: Random House.

[246] Park, S. , and Enright, R. D. (2000). Forgiveness across cultures. In F. Aureli and F. B. M. de Waal (Eds.), *Natural conflict resolution* (pp. 359-361). Berkeley: University of Cali-

fornia Press.

[247] Parkes, C. M. (1993). Psychiatric problems following bereavement by murder or manslaughter. *British Journal of Psychiatry*, 162, 49-54.

[248] Perlmutter, D. D., and Major, L. H. (2004). Images of horror from Fallujah. *Nieman Reports*, 58 (2), 71-74.

[249] Petrucci, C. J. (2002). Apology in the criminal justice setting: Evidence for including apology as an additional component in the legal system. *Behavioral Sciences and the Law*, 20, 337-362.

[250] Pettigrew, T. F. (1998). Intergroup contact theory. *Annual Review of Psychology*, 49, 65-85.

277 [251] Pinker, S. (1994). *The language instinct: Horn the mind creates Language*. New York: William Morrow.

[252] Pinker, S. (1997). *How the mind works*. New York: Norton.

[253] Pinker, S. (2002). *The blank slate: The modern denial of human nature*. New York: Viking.

[254] Plomin, R., DeFries, J. C., Graig, I. W., and McGuffin, P. (Eds.). (2003). *Behavioral genetics in the postgenomic era*. Washington, DC: American Psychological Association.

[255] Poundstone, W. (1992). *Prisoner's dilemma*. New York: Doubleday.

[256] Preuschoft, S., Wang, X., Aureli, F., and de Waal, F. B. M. (2002). Reconciliation in captive chimpanzees: A reevaluation with controlled methods. *International Journal of Primatology*, 23, 29-50.

[257] Price, M. E., Cosmides, L., and Tooby, J. (2002). Punitive sentiment as an anti-free rider psychological device. *Evolution and Human Behavior*, 23, 203-231.

[258] Richard, F. D., Bond, G. F., Jr., and Stokes-Zoota, J. J. (2003). One hundred years of social psychology quantitatively described. *Review of General Psychology*, 7, 331-363.

[259] Richerson, P. J., and Boyd, R. (2005). *Not by genes alone: How culture transformed human evolution*. Chicago: University of Chicago Press.

[260] Richerson, P. J., Boyd, R. T., and Henrich, J. (2003). Cultural evolution of human cooperation. In P. Hammerstein (Ed.), *Genetic and cultural evolution of cooperation* (pp. 357-388). Cambridge, MA: MIT Press.

[261] Ridley, M. (1996). *The origins of virtue: Human, instincts and the evolution of coop-

eration. New York: Penguin.

[262] Rilling, J. K., Gutman, D. A., Zeh, T. R., Pagnoni, G., Berns, G. S., and Kilts, C. D. (2002). A neural basis for social cooperation. *Neuron*, 35, 395-405.

[263] Roche, D. (2006). Dimensions of restorative justice. *Journal of Social Issues*, 62, 217-238.

[264] Rokeach, M., and Ball-Rokeach, S. J. (1989). Stability and change in American value priorities, 1968-1981. *American Psychologist*, 44, 775-784.

[265] Rolls, E. T. (2005). *Emotion explained*. Oxford, UK: Oxford University Press.

[266] Ross, M. H. (1983). Political decision making and conflict: Additional cross-cultural codes and scales. *Ethnology*, 22, 169-192.

[267] Rouhana, N. N. (2004). Group identity and power asymmetry in reconciliation processes: The Israeli-Palestinian case. *Peace and Coflict: Journal of Peace Psychology*, 10, 33-52.

[268] Rousseau, J. J. (1984). *Discourse on the origin of inequality*. Chicago: University of Chicago Press. Originally published in 1754.

[269] Rovinskii, P. (1901). *Chrnogoriia v eia proshlom i nastoiashchem* [Montenegro in its past and present] (Vol. 2, Part 2). St. Petersburg: Printing Office of the Imperial Academy of Sciences.

[270] Rudolph, U., Roesch, S. C., Greitemeyer, T., and Weiner, B. (2004). A meta-analytic review of help giving and aggression from an attributional perspective: Contributions to a general theory of motivation. *Cognition and Emotion*, 18, 815-848.

[271] Rushton, J. P. (1989). Genetic similarity, human altruism, and group selection. *Behavioral and Brain Sciences*, 12, 503-559.

[272] Rye, M. S., and others. (2000). Religious perspectives on forgiveness. In M. E. McCullough, K. I. Pargament, and C. E. Thoresen (Eds), *Forgiveness: Theory, research, and practice* (pp. 17-40). New York: Guilford.

[273] Sanfey, A. G, Rilling, J. K., Aronson, J. A., Nystrom, L. E., and Cohen, J. D. (2003). The neural basis of economic decision-making in the ultimatum game. *Science*, 300, 1755-1758.

[274] Sapolsky, R. M. (2004). Social status and health in humans and other animals. *Annual Review of Anthropology*, 33, 393-418.

[275] Scheff, T. J. (2000). *Bloody revenge: Emotions, nationalism and war*. Lincoln, NE:

278

iUniverse.

[276] Scher, S. J. , and Darley, J. M. (1997). How effective are the things that people say to apologize? Effects of the realization of the apology speech act. *Journal of Psycholinguistic Research*, 26, 127-140.

[277] Schijman, E. (2005). Artificial cranial deformation in newborns in the pre-Columbian Andes. *Child's Nervous System*, 21, 945-950.

[278] Schino, G. (1998). Reconciliation in domestic goats. *Behaviour*, 135, 343-356.

[279] Schino, G. (2000). Beyond the primates: Expanding the reconciliation horizon. In F. Aureli and F. B. M. de Waal (Eds.), *Natural conflict resolution* (pp. 225-242). Berkeley: University of California Press.

[280] Schmitt, D. P. , and Pitcher, J. J. (2004). Evaluating evidence of psychological adaptation: How do we know one when we see one? *Psychological Science*, 15, 643-649.

[281] Schönbach, P. (1990). *Account episodes: The management or escalation of conflict*. New York: Cambridge University Press.

[282] Seligman, M. E. P. , and Gsikszentmihalyi, M. (2000). Positive psychology: An introduction. *American Psychologist*, 55, 5-14.

[283] Shaw, J. G. , Wild, E. , and Golquitt, J. A. (2003). To justify or excuse? A meta-analytic review of the effects of explanations. *Journal of Allied Psychology*, 88, 444-458.

[284] Shelley-Tremblay, J. F. , and Rosen, L. A. (1996). Attention deficit hyperactivity disorder: An evolutionary perspective. *Journal of Genetic Psychology*, 157, 443-453.

279　　　[285] Sherif, M. , Harvey, O. , J. , White, B. J. , Hood, W. R. , and Sherif, G. W. (1961). *Intergroup conflict and cooperation: The Robbers Cave experiment*. Norman: University of Oklahoma Book Exchange.

[286] Sherman, L. W. , and others. (2005). Effects of face-to-face restorative justice on victims of crime in four randomized, controlled trials. *Journal of Experimental Criminology*, 1, 367-395.

[287] Shriver, D. W, Jr. (1995). *An ethic for enemies: Forgiveness in politics*. New York: Oxford University Press.

[288] Silk, J. B. (1992). The patterning of intervention among male bonnet macaques: Reciprocity, revenge, and loyalty. *Current Anthropology*, 33, 318-325

[289] Silk, J. B. (2000). The function of peaceful post-conflict interactions: An alternate

view. In F. Aureli and F. B. M. de Waal (Eds.), *Natural conflict resolution* (pp. 179-181). Berkeley: University of California Press.

[290] Silk, J. B. (2002). The form and function of reconciliation in primates. *Annual Review of Anthropology*, 31, 21-44.

[291] Simpson, J. A. , and Campbell, L. (2005). Methods of evolutionary sciences. In D. M. Buss (Ed.), *Handbook of evolutionary psychology* (pp. 119-144). Hoboken, NJ: John Wiley&Sons.

[292] Singer, P. (1981). *The expanding circle: Ethics and sociobiology.* New York: Farrar, Straus and Giroux.

[293] Singer, T. , Seymour, B. , O'Doherty, J. P. , Stephan, K. E. , Dolan, R. J. , and Frith, C. D. (2006). Empathic neural responses are modulated by the perceived fairness of others. *Nature*, 439, 466-469.

[294] Smale, G J. A, and Spickenheuer, H. L. P. (1979). Feelings of guilt and need for retaliation in victims of serious crimes against property and persons. *Victimology: An International Journal*, 4, 75-85.

[295] Smith, A. (1976). *The theory of moral sentiments* (6th ed.). Oxford, UK: Clarendon Press. Originally published in 1790.

[296] Smith, H. (1991). *The world's religions.* New York: HarperCollins.

[297] Smucny, D. A. , Price, C. S. , and Byrne, E. A. (1997). Post-conflict affiliation and stress reduction in captive rhesus macaques. *Advances in Ethology*, 32, 157.

[298] Sosis, R. (2003). Why aren't we all Hutterites? Costly signaling theory and religious behavior. *Human Nature*, 14, 91-127.

[299] Speckhard, A. , and Ahkmedova, K. (2006). The making of a martyr: Chechen suicide terrorism. *Studies in Conflict and Terrorism*, 29, 429-492.

[300] Staub, E. , Pearlman, L. A. , Gubin, A. , and Hagengimana, A. (2005). Healing, reconciliation, forgiving, and the prevention of violence after genocide or mass killing: An intervention and its experimental evaluation in Rwanda. *Journal of Social and Clinical Psychology*, 24, 297-334.

[301] Stillwell, A. , Baumeister, R. F, and Del Priore, R. E. (2005). *We're all victims here: 280 Toward a psychology of revenge.* Unpublished manuscript.

[302] Strang, H. (2002). *Repair or revenge: Victims and restorative justice.* Oxford, UK:

Clarendon Press.

[303] Strang, H., and Sherman, L. W. (2003). Repairing the harm: Victims and restorative justice. *Utah Law Review*, 15, 15-42.

[304] Strang, H., and others. (2006). Victim evaluations of face-to-face restorative justice conferences: A quasi-experimental analysis. *Journal of Social Issues*, 62, 281-306.

[305] Suganami, H. (1996). *On the causes of war*. New York: Oxford University Press.

[306] Summerfield, D. (2002). Effects of war: Moral knowledge, revenge, reconciliation, and medicalised concepts of "recovery." *British Medical Journal*, 325, 1105-1107.

[307] Tabak, B., McCullough, M. E., Root, L. M, Bono, G., and Berry, J. T. (2007). *Conciliatory gestures facilitate forgiveness by making offenders seem more agreeable* (Manuscript submitted for publication).

[308] Thornhill, R., and Palmer, C. T. (2000). *A natural history of rape: Biological bases of sexual coercion*. Cambridge, MA: MIT Press.

[309] Tindall, G. B., and Shi, D. E. (1996). *America: A narrative history* (4th ed.). New York: Norton.

[310] Tooby, J., and Cosmides, L. (1992). Psychological foundations of culture. In J. Barkow, L. Cosmides, and J. Tooby (Eds.), *The adapted mind: Evolutionary psychology and the generation of culture* (pp. 19-136). New York: Oxford University Press.

[311] Topalli, V., Wright, R., and Fornango, R. (2002). Drug dealers, robbery, and retaliation. *British Journal of Criminology*, 42, 337-351.

[312] Tsang, J., McCullough, M. E., and Hoyt, W. T. (2005). Psychometric and rationalization accounts for the religion-forgiveness discrepancy. *Journal of Social Issues*, 61, 785-805.

[313] Tutu, D. M. (1999). *No future without forgiveness*. New York: Doubleday.

[314] Twain, M. (1897). *More tramps abroad*. London: Chatto and Windus

[315] United States Department of State. (1996). *The Great Seal of the United States* (No. 10411). Washington, DC: United States Department of State.

[316] Van Biema, D. (1999, April 5). Should all be forgiven? *Time*, 153, 54-58.

[317] Van Lange, P. A. M., Ouwerkerk, J. W., and Tazelaar, M. J. A. (2002). How to overcome the detrimental effects of noise in social interaction: The benefits of generosity. *Journal of Personality and Social Psychology*, 82, 768-780.

[318] Vargha-Khadem, F., Gadian, D. G., Copp, A., and Mishkin, M. (2005). FOXP2 and

the neuroanatomy of speech and language. *Nature Reviews Neuroscience*, 6, 131-138.

[319] Veenema, H. C. (2000). Methodological progress in post-conflict research. In F. Aureli *281* and F. B. M. de Waal (Eds.), *Natural conflict resolution* (pp. 21-23). Berkeley: University of California Press.

[320] Vossekuil, B. , Fein, R. A. , Reddy, M. , Borum, R. , and Modzeleski, W. (2002). *The final report and findings of the Safe School Initiative: Implications for the prevention of school attacks in the United States*. Washington, DC: U. S. Department of Education, Office of Elementary and Secondary Education, Safe and Drug-Free Schools Program and U. S. Secret Service, National Threat Assessment Center.

[321] Walker, P. L. (2001). A bioarchaeological perspective on the history of violence. *Annual Review of Anthropology*, 30, 573-596.

[322] Weaver, A. , and de Waal, F. B. M. (2003). The mother-offspring relationship as a template in social development: Reconciliation in captive brown capuchins (Cebus apella). *Journal of Comparative Psychology*, 11, 101-110.

[323] Wechter, D. (Ed.). (1949). *The love letters of Mark Twain*. New York: Harper and Brothers.

[324] Wedekind, C. , and Milinski, M. (1996). Human cooperation in the simultaneous and the alternating prisoner's dilemma: Pavlov versus Generous tit-for-tat. *Proceedings of the National Academy of Sciences*, 93, 2686-2689.

[325] Weekes-Shackelford, V. A. , and Shackelford, T. K. (2004). Methods of filicide: Stepparents and genetic parents kill differently. *Violence & Victims*, 19, 75-81.

[326] Westermarck, E. (1898). The essence of revenge. *Mind*, 7 (27), 289-310.

[327] Westermarck, E. (1924). *The origin and development of the moral ideas*. London: MacMillan.

[328] Williams, G. C. (1966). *Adaptation and natural selection: A critique of some current evolutionary thought*. Princeton, NJ: Princeton University Press.

[329] Wilson, D. S. (2002). *Darwin's cathedral: Evolution, religion, and the nature of society*. Chicago: University of Chicago Press.

[330] Wilson, D. S. (2007). *Evolution for everyone*. New York: Delacorte Press.

[331] Wilson, D. S. , Dietrich, E. , and Clark, A. B. (2003). On the inappropriate use of the naturalistic fallacy in evolutionary psychology. *Biology and Philosophy*, 18, 669-682.

［332］Wilson，M. ，and Daly，M. （1985）. Competitiveness，risk taking，and violence：The young male syndrome. *Ethology and Sociobiology*，6，59-73.

［333］Wilson，M. L. ，and Wrangham，R. W. （2003）. Intergroup relations in chimpanzees. *Annual Review of Anthropology*，32，363-392.

［334］Witvliet，C. v. O. ，Ludwig，T. E. ，and Vander Laan，K. L. （2001）. Granting forgiveness or harboring grudges：Implications for emotion，physiology，and health. *Psychological Science*，12，117-123.

［335］Wohl，M J. A. ，and Branscombe，N. R. （2005）. Forgiveness and collective guilt assignment to historical perpetrator groups depend on level of social category inclusiveness. *Journal of Personality and Social Psychology*，88，288-303.

［336］Wrangham，R. W. ，and Peterson，D. （1996）. *Demonic males：Apes and the origins of human violence*. New York：Houghton Mifflin.

［337］Wright，R. （1994）. *The moral animal：Evolutionary psychology and everyday life*. New York：Pantheon.

［338］Wright，R. （2000）. *Nonzero：The logic of human destiny*. New York：Pantheon.

［339］Wu，J. ，and Axelrod，R. （1995），How to cope with noise in the iterated prisoner's dilemma. *Journal of Conflict Resolution*，39，183-189.

［340］Zechmeister，J. S. ，and Romero，C. （2002）. Victim and offender accounts of interpersonal conflict：Autobiographical narratives of forgiveness and unforgiveness. *Journal of Personality and Social Psychology*，84，675-686.

282

图书在版编目（CIP）数据

超越复仇/（美）麦卡洛著；陈燕，阮航译．—北京：中国人民大学出版社，2013.7
ISBN 978-7-300-17757-1

Ⅰ.①超… Ⅱ.①麦… ②陈… ③阮… Ⅲ.①人生哲学-通俗读物　Ⅳ.①B821-49

中国版本图书馆 CIP 数据核字（2013）第 155252 号

超越复仇

［美］迈克尔·E·麦卡洛　著

陈燕　阮航　译

Chaoyue Fuchou

出版发行	中国人民大学出版社	
社　　址	北京中关村大街 31 号	**邮政编码**　100080
电　　话	010 - 62511242（总编室）	010 - 62511398（质管部）
	010 - 82501766（邮购部）	010 - 62514148（门市部）
	010 - 62515195（发行公司）	010 - 62515275（盗版举报）
网　　址	http://www.crup.com.cn	
	http://www.ttrnet.com（人大教研网）	
经　　销	新华书店	
印　　刷	北京中印联印务有限公司	
规　　格	160 mm×235 mm　16 开本	**版　　次**　2013 年 9 月第 1 版
印　　张	17.25	**印　　次**　2013 年 9 月第 1 次印刷
字　　数	228 000	**定　　价**　39.00 元